城市自然灾害风险评估与应急响应方法研究

王　军　叶明武　李　响　许世远　著

科　学　出　版　社
北　京

内 容 简 介

自然灾害风险是当代国际社会、学术界普遍关注的热点问题之一。城市作为社会、经济发展的重要区域和集聚中心，灾害所带来的潜在影响巨大。在国家自然科学基金重点项目“沿海城市自然灾害风险应急预案情景分析”等的资助下，本书以地球系统科学思想和自然灾害风险理论为指导，对自然灾害风险评估的主要环节——孕灾环境演变分析、灾害危险性情景分析、灾害脆弱性评估、灾害损失评估和灾害风险区划等的研究方法进行系统阐述，并对城市灾害应急响应方法、城市防灾应急避难系统构建方法等进行了探讨。

本书理论与应用相结合，着重灾害风险评估与应急响应方法研究，可供从事城市自然灾害风险评估与应急管理研究的高校师生、科研院所研究人员、政府相关部门管理者以及地理、生态、环境、海洋和水利等相关专业的科研教学人员阅读。

图书在版编目（CIP）数据

城市自然灾害风险评估与应急响应方法研究/王军等著. —北京：科学出版社，2013.12
ISBN 978-7-03-039271-8

Ⅰ.①城…　Ⅱ.①王…　Ⅲ.①城市-自然灾害-风险评价-研究 ②城市-自然灾害-突发事件-处理-研究
Ⅳ.①X43

中国版本图书馆 CIP 数据核字（2013）第 292938 号

责任编辑：许　健　谭宏宇
责任印制：徐晓晨 / 封面设计：殷　靓

科学出版社 出版
北京东黄城根北街 16 号
邮政编码：100717
http://www.sciencep.com
北京凌奇印刷有限责任公司 印刷
科学出版社发行　各地新华书店经销

*

2013 年 12 月第　一　版　开本：787×1092　1/16
2017 年 5 月第二次印刷　印张：14　1/2
字数：324 000

POD定价：　90.00元
（如有印装质量问题，我社负责调换）

前　言

自然灾害风险研究旨在探究致灾根源，发现御灾薄弱环节，推动降险战略实施，避免或减轻社会和经济损失，已成为当代国际社会、学术界普遍关注的热点方向之一。随着全社会灾害管理理念逐步由“减轻灾害”转变为“降低灾害风险”，灾害风险研究已成为科学制订减灾对策的必要步骤和重要环节。国际减灾战略的实践证明，在灾害预防、防备和减灾工作中，预防工作最为重要，而灾害风险评估作为灾害风险管理和控制的核心内容，是人类社会预防灾害，降低灾害风险的重要基础性工作。重视自然灾害风险评估，加强灾害风险预警，尤其是早期预警能力建设，已在国际社会和世界各国形成共识。系统开展城市自然灾害风险评估与应急响应方法研究，是提高城市自然灾害风险防范科学性、精度与工作效率的关键环节之一，意义重大。

十余年来，我们在国家自然科学基金重点项目“沿海城市自然灾害风险应急预案情景分析（编号：40730526）”，国家重大科技水专项“城市黑臭河道外源阻断、工程修复与原位多级生态净化关键技术研究与示范（编号：2009ZX07317－006）”，国家高技术研究发展计划项目“城市复杂时空数据集成分析与空间决策模拟（编号：2013AA122302）”，国家自然科学基金面上项目“暴雨灾害在城市基础设施网络中的扩散与防范策略研究（编号：71373084）”、“沿海三角洲地区洪灾的气候变化响应与风险评估——以黄浦江流域为例（编号：41201550）”、“城市多灾种自然灾害综合风险评估——以上海为例（编号：41071324）”、“城市暴雨洪涝灾害的气候变化响应与风险评估研究（编号：41371493）”、“中国沿海城市自然灾害风险评估体系研究（编号：40571006），教育部人文社科项目“全球变化背景下沿海地区极端灾害风险管理——上海案例研究（编号：12YJCZH257）”，上海市科学技术委员会启明星人才计划项目“基于情景分析的上海市自然灾害风险评估与区划研究（编号：09QA1401800）”，上海市浦江人才计划项目“地理信息系统在城市大型突发事件应用管理中应用的关键技术研究（编号：07PJ14035）”，上海市教育委员会科研创新重点项目“上海地区台风－风暴潮－暴雨灾害链综合风险防范研究（编号：13ZZ035）”，华东师范大学创新基金重点项目“不同时空尺度灾害链综合风险评估研究——以上海为例”和面上项目“面向复杂建筑群的环境监控与应急疏散关键技术研究”等的联合资助下，在综合考虑我国沿海地区自然地理环境和社会经济特征的基础上，以上海（三角洲河网城市）、天津（沿海平原城市）和温州（山地丘陵城市）为实证区，系统开展了台风、风暴潮、暴雨内涝等自然灾害风险研究工作，出版了专著《城市自然灾害风险评估研究》、《城市暴雨内涝灾害风险评估：理论、方法与实践》。在此基础上，本书着重于对城市自然灾害风险评估、应急响应等方法进行探索性研究，试图为构建以“风险芳范”为核心的灾害风险管理和区域安全预警体系、规范灾害风险与应急响应等的研究方法提供范例，以促进沿海城市可持续发展战略的实施。

在上述国家和省部级项目等的联合资助下，本书以地球系统科学思想和自然灾害风险理论为指导，对自然灾害风险评估主要环节的研究方法进行系统阐述，并对城市灾害应急响应方法进行研究。本书共分八章：第一章为绪论，主要阐述城市自然灾害风险研究背景、灾害风险评估与应急响应的意义以及自然灾害风险评估基本方法；第二章为城市自然灾害孕灾环境演变信息获取方法，主要对陆域和海域孕灾环境演变研究的方法进行总结；第三章为城市自然灾害危险性情景分析方法，主要包括基于极值频率的灾害危险性情景生成方法，台风、风暴潮、暴雨危险性情景模拟方法等；第四章为城市自然灾害脆弱性评估方法，主要包括基于指标体系、历史灾情、灾损曲线以及以用地类型为承灾体的灾害脆弱性评估方法；第五章为城市自然灾害损失评估方法，主要包括自然灾害损失类型、基于分类统计的灾害经济损失评估方法和基于土地利用类型的灾害潜在损失评估方法；第六章为城市自然灾害风险区划方法，主要包括自然灾害风险表征方法、自然灾害风险空间展布方法、自然灾害风险分级方法以及自然灾害风险区划图编制；第七章为城市灾害应急响应方法，主要包括避难所服务范围划分方法、避难所选址方法、有组织分阶段疏散方法；第八章对城市防灾应急避难体系构建方法进行研究。

本书是华东师范大学自然灾害风险研究团队集体劳动的成果。全书由王军和许世远负责策划、构思、整理、统稿和审定完成，叶明武参与了本书部分组织撰写工作。全书第一至第六章由王军执笔，第七章由李响执笔，第八章由叶明武执笔。石勇、刘耀龙、殷杰、胡蓓蓓、黄静、谢翠娜、董军刚、王虎、徐先瑞、胡于杰、孙阿丽、张庆伟、陈晶晶、孙靖、将益娟、赵旻玥等提供了本书相关章节的原始素材。在著作酝酿、撰写过程中，得到了俞立中教授、陈振楼教授、刘敏教授、石纯教授、虞志英教授、周乃晟教授、袁雯教授、温家洪教授、尹占娥教授、张卫国教授、黄余明教授、唐曦副教授、王初副教授、孙小静高级工程师、张昆副教授，以及课题组全体研究生的大力支持与帮助，在此深表谢意。胡子梅、宋城城、吴绽蕾、郑璐、李梦雅参与了本书部分图件制作等工作。另外，特别感谢联合国开发计划署（UNDP）灾害风险评估专家颜建平教授，正是他过去近10年的无私指导，才使华东师范大学灾害风险研究团队不断成长。

由于作者水平有限，书中不妥之处在所难免，敬请广大读者批评指正。

作　者
2013 年 11 月 10 日

目　　录

第一章 绪　　论

第一节 研 究 背 景

自然灾害风险是当代国际社会、学术界普遍关注的热点问题之一(许世远等，2006)。1981年,国际风险协会(SRA)成立,系统开展灾害风险分析、风险管理与政策研究(Goldstein,2003)。1987年,第42届联合国大会确定在全世界范围内开展"国际减轻灾害十年"(International Decade for Natural Disaster Reduction)活动,其宗旨是把人类的消极救灾活动转变为积极的防灾、抗灾和救灾活动(United Nation,1989)。1994年,联合国第一届国际减灾大会通过《横滨声明》和《减灾行动计划》,提出建立更安全世界的预防、防备和减轻自然灾害的指导方针。1999年,国际全球环境变化人文因素计划(IHDP)设立全球环境变化与人类安全综合研究计划(GECHS)办公室,开始重视城市脆弱性等的研究(孙成权等,2003)。2005年1月,联合国第二届全球减灾会议提出《兵库宣言》,强调将自然灾害风险识别、评价、灾害风险监测与预警列为未来10年减灾的五个优先领域(United Nation,2005a)。2005年11月,第60届联合国大会通过的国际减少灾害战略决议(International Strategy for Disaster Reduction),进一步推动灾害风险研究和管理理念的转变,即更加强调和高度重视降低综合灾害风险(United Nation,2005b)。2006年,CNC - IHDP - RG(全球环境变化人文因素计划中国国家委员会风险工作组)提出IHDP - IRG(Integrated Risk Governance)核心科学计划,主要开展巨灾风险形成的机制、过程与动力学,巨灾风险"进入与转出"的转型机制,巨灾风险评价模型与模拟,巨灾应对的案例比较和巨灾应对的国家政策和范式的研究(Jaeger et al.,2008;史培军等,2009)。2008年,国际科学理事会(ICSU)提出关于灾害风险综合研究的科学计划(Integrated Research on Disaster Risk, IRDR),关注自然和人为的环境灾害风险(ICSU,2008)。另外,近年来,瑞士达沃斯论坛举行了一系列国际灾害与风险大会(International Disaster and Risk Conference),并使其成为国际灾害风险评估与管理领域最重要的国际会议之一(GRF,2012)。上述项目、会议不断推进和宣传灾害风险的理念,使全社会不断清晰认识到:人类社会与灾害风险共存,做到忧患在心、准备在前、居安思危、防患未然,是灾害风险研究的基本出发点。

沿海地区是人口、经济和社会发展的重要区域和集聚中心。全球约有12亿人口生活在近岸100 km的沿海地区(Small et al.,2003)。到2030年,将有近50%的人口生活在沿海地区(Adger et al.,2005)。沿海地区是陆地与海洋的过渡地带,海陆交互作用强烈,同时受到大气圈、水圈、岩石圈、生物圈和智慧圈的相互作用、相互渗透、相互影响。该区域自然灾害频发,给社会经济造成严重损失。2004年12月的印度洋海啸,导致

29.2 万人死亡,200 万人失去家园,直接经济损失超过 1 000 亿美元;2005 年 8 月,发生在美国新奥尔良的"卡特里娜"飓风带来的特大风暴潮导致 1 836 人死亡,直接经济损失达 840 亿美元;2011 年 3 月日本宫城县东北外海地震引发海啸,并导致核泄漏,造成约 1.5 万人死亡,经济损失达 1 220 亿 ~ 2 350 亿美元,并令全球经济(除日本外)损失逾 1 000 亿美元;美国东部时间 2012 年 10 月 29 日,超级风暴"桑迪"在新泽西州登陆,造成美国 17 个州受影响,截至 11 月 4 日上午,飓风"桑迪"导致美国 113 人死亡,财产损失约 200 亿美元,联合国总部亦受损,这是美国历史上最"昂贵"的自然灾害之一。另外,全球变暖诱发的海平面上升也会对沿海地区造成潜在威胁。据估计,如果西南极冰盖在 2030 年左右发生崩塌,则在此后数个世纪内,海平面将快速上升 5 ~ 6 m(Tol et al.,2004;Kasperson et al.,2005;Dawson et al.,2005)。在最初二十年(2030 ~ 2050 年),海平面将可能突然发生 1 m 上升,而后将以 1 ~ 5 m/ha 的速度持续上升。即便不考虑未来沿海地区居住人口和台风频率的变化,在全球变暖背景下,当海平面上升 0.5 m,将有约 9 000 万人口受到影响;当海平面上升 1 m,受影响人口将达到 1.2 亿。随着全球进一步变暖,在西北太平洋将会出现更多强台风(Webster et al.,2005;Hoyos et al.,2006)。增强的台风叠加快速上升的海平面,将导致风暴潮、洪水等灾害在强度与频率上进一步变大,持续时间上进一步加长。

我国是世界上受自然灾害影响最严重的国家之一。我国 70% 以上的大城市、50% 以上的人口和 75% 以上的工农业产值分布在气象灾害、海洋灾害、洪水灾害和地震灾害都十分严重的沿海及东部平原、丘陵地区(王绍玉等,2005)。根据中华人民共和国民政部《社会服务发展统计公报(1990—2012 年)》、《中国统计年鉴(1992—2013 年)》、《中国海洋灾害公报(1991—2012 年)》中相关灾害统计信息,在不考虑货币价值变化的前提下,我国自然灾害影响的变化规律为:① 自然灾害直接经济损失总体呈现不断上升的趋势。1990 ~ 1999 年,年均损失 1 847 亿元,2000 ~ 2009 年,年均损失 3 039 亿元,而 2010 ~ 2012 年,年均损失则达 4 207 亿元。② 农作物受灾面积和绝收面积变化较小。农作物受灾面积多年平均为 4 603 万 hm^2,绝收面积多年平均为 517 万 hm^2。③ 除了受 2008 年汶川大地震和 2010 年舟曲泥石流灾害影响造成严重房屋倒塌和人员死亡外,其余年份倒塌房屋和死亡人数呈现不断下降的趋势。④ 我国自然灾害损失占 GDP 比重总体呈现出不断下降的趋势。1990 ~ 1999 年,约占 3.4%,2000 ~ 2009 年,约占 1.5%,而 2010 ~ 2012 年,则降至 0.9%。⑤ 我国民政部门的救灾支出不断攀升。1990 ~ 1999 年,年均为 28.9 亿元,2000 ~ 2009 年,年均为 64.3 亿元,而 2010 ~ 2012 年,年均为 104 亿元(表 1 - 1)。在这些结论中,"自然灾害损失占 GDP 比重"具有更重要的意义,该指标消除了货币升值(贬值)带来的不可比问题,能够较为客观地反映自然灾害对我国经济的影响。由此看出,自然灾害对我国经济的影响总体呈现不断下降的趋势,反映出我国长期防灾减灾努力取得了较明显的成效。但需要特别关注的是,近年来一系列极端自然灾害对我国的影响十分严重,社会经济损失巨大,尤以 2008 年 1 月冰冻雨雪灾害、2008 年汶川大地震以及 2010 年 8 月舟曲泥石流灾害最为显著,体现了自然灾害对我国影响的新特点。

表 1-1 近 20 余年我国自然灾害社会经济损失情况统计

年度	灾害直接经济损失（亿元）	海洋灾害（亿元）	农作物受灾面积（万 hm^2）	绝收面积（万 hm^2）	倒塌房屋（万间）	死亡人数	救灾支出（亿元）	灾害损失占 GDP 比重（%）
1991	1 215	/	5 530	560	/	/	22.51	5.58
1992	854	92.6	5 133	433	/	/	15.89	3.17
1993	993	84.1	4 867	/	271	6 125	15.40	2.81
1994	1 876	193.0	5 504	/	512	8 549	19.42	3.89
1995	1 863	87.0	4 533	560	439	5 561	27.27	3.06
1996	2 882	290.3	4 698	535	809	7 273	39.06	4.05
1997	1 975	308.0	5 343	642	287	3 212	34.51	2.50
1998	3 007	20.0	5 015	761	821	5 511	52.32	3.56
1999	1 962	50.0	4 998	680	175	2 966	34.05	2.19
2000	2 031	120.8	5 469	1 015	147	3 014	28.73	2.06
2001	1 942	100.1	5 215	822	92	2 538	35.17	1.77
2002	1 717	65.9	4 712	656	176	2 840	32.93	1.43
2003	1 884	80.5	5 439	855	343	2 259	55.71	1.39
2004	1 602	54.2	3 711	436	155	2 250	49.40	1.00
2005	2 042	332.4	3 882	460	226	2 475	62.97	1.10
2006	2 528	218.5	4 109	541	193	3 186	59.30	1.17
2007	2 363	88.0	4 899	575	147	2 325	79.80	0.89
2008	11 752	206.0	3 999	403	1 098	88 928	/	3.74
2009	2 524	100.0	4 721	492	84	1 528	174.50	0.74
2010	5 340	133.0	3 743	486	273	7 844	113.44	1.33
2011	3 096	62.1	3 247	289	94	1 126	86.40	0.65
2012	4 186	155.3	2 496	183	91	1 530	112.70	0.81

注：“/”表示暂未收集到数据。

沿海地区占我国陆地面积的 13.4%，承载着 44.5% 的人口，创造着 54.9% 的 GDP（王伟，2012）。该区地处太平洋风暴盆地的西北缘，台风、风暴潮、暴雨和洪水等自然灾害频繁发生，造成的损失严重。尤其是近年来，自然灾害给我国东部沿海地区带来了重大影响：2004 年 8 月，台风“云娜”肆虐浙江 15 小时，导致浙江全省 164 人死亡，24 人失踪，直接经济损失高达 181.28 亿元。2006 年 7 月，登陆的“碧利斯”共造成 2 540.5 万人受灾，190 人死亡，155 人失踪，直接经济损失高达 250.9 亿元。2009 年 8 月 7 日，“莫拉克”台风在台湾花莲登陆，并于 8 月 9 日在福建霞浦沿海再次登陆，8 月 10 日又穿过温州，据国家防总办公室统计，“莫拉克”台风共造成浙江、福建、江西、安徽、江苏和上海等省市，共 133 个县（市、区）934.4 万人受灾，因灾死亡 7 人、失踪 3 人，倒塌房屋 6 743 间，直接经济损失 92.7 亿元。另据台湾统计，截至 8 月 25 日 18 时，“莫拉克”台风造成全台 461 人死亡、192 人失踪、46 人受伤，农业损失累计 164.7 亿新台币（吴元峰，2011）。2012 年，第 9 号台风“苏拉”和第 10 号台风“达维”所引发的风雹、洪涝、泥石流等灾害造成江苏、浙江、福建、江西、山东5省8人死亡,1 166.5万人受灾(其中江苏省80.1万人受灾,浙江省87.5万人受灾,福建省78.9万人受灾,江西省21.6万人受灾,山东省510.6万人受灾,河北省241.9万人受灾,辽宁省145.9万人受灾)(民政部,2012)。

我国东部沿海地区地处生态环境敏感区,加之人类活动密集、各种社会经济要素集聚,因此成为全球变化响应最为强烈的区域之一。突出表现为全球气候变暖、海平面上升和快速城市化导致的气候异常和灾害事件频发,以及过度开采地下水与大规模人工建筑和工程带来的地面沉降等综合影响。随着城市化进程加速,人口、经济快速增长,相伴而生的灾害隐患不断增多,原有的致灾因素和致灾源不断外延和激化,新的灾种和致灾源不断产生,人为因素的致灾、成灾频率呈非线性提高,灾害的“放大效应”更为显著;而海平面上升、海陆、水气交互作用以及海洋与河流交互作用可能产生的复合型、多变性、突发性灾害,进一步加剧了沿海地区的灾害强度与频度,变异型和群发性灾害类型繁多,脆弱性和风险日趋增强,直接威胁沿海地区人民生命财产安全。在我国东部沿海地区,随着区域防灾标准的不断提高,常规程度的自然灾害已经难以产生严重影响,而极端灾害和多种灾害叠加影响成为当前灾害风险研究的重要方向。系统开展沿海地区自然灾害风险研究可为中央及地方各级政府提高综合减灾能力、应对灾害风险提供科学依据。

目前,日益严重的自然灾害问题已引起我国政府和学术界的高度关注,在《国家中长期科学和技术发展规划纲要(2006—2020年)》“公共安全”重点领域6个优先主题之一的“重大自然灾害监测与防御”中,国家要求“重点研究开发地震、台风、暴雨、洪水、地质灾害等监测、预警和应急处置关键技术,森林火灾、溃坝、决堤险情等重大灾害的监测预警技术以及重大自然灾害综合风险分析评估技术”。2007年,国务院颁布的《国家综合减灾“十一五”规划》也指出,“十一五”期间要完成的八大任务之首是加强自然灾害风险隐患和信息管理能力建设。全面调查我国重点区域各类自然灾害风险和减灾能力,对我国重点区域各类自然灾害风险进行评估,编制全国灾害高风险区及重点区域灾害风险图,以此为基础,开展对重大项目的灾害综合风险评价试点工作。2011年12月发布的《国家综合防灾减灾规划(2011—2015年)》提出,“十二五”将完成的10项任务中“(七)加强防灾减灾科技支撑能力建设”明确关注“重特大自然灾害链综合风险”研究,而在7项重大研究项目中,有2项明确开展“多灾种和灾害链综合风险评价”(国务院办公厅,2011)。

十余年来,我们在国家自然科学基金项目、国家重大水专项、省部级科研项目等的共同资助下,在综合考虑我国沿海地区自然地理环境和社会经济特征基础上,以上海(三角洲河网地区)、天津(沿海平原地区)和温州(山地丘陵地区)为实证区,系统开展了台风、风暴潮、暴雨内涝等自然灾害风险研究工作,出版专著《城市自然灾害风险评估研究》(尹占娥等,2012)、《城市暴雨内涝灾害风险评估:理论、方法与实践》(刘敏等,2012)。在此基础上,对自然灾害风险评估、应急响应等方法进行探索性研究,试图为构建以“风险防范”为核心的灾害风险管理和区域安全预警体系、规范灾害风险与应急响应等研究方法提供范例,以促进沿海城市可持续发展战略的实施。

第二节 研究意义

国际减灾战略的实践证明，在自然灾害预防、防备和减灾三项工作中，灾害预防工作最为重要，而自然灾害风险评估作为灾害风险管理和控制的核心内容，是人类社会预防自然灾害，降低和减轻自然灾害风险的重要的基础性研究（尹占娥等，2010）。重视灾害风险评估和管理工作，加强灾害风险预警，尤其是早期预警能力建设，已在国际社会和世界各国达成共识（范一大，2008）。10余年来防灾减灾工作实践表明，系统开展沿海城市自然灾害风险评估与应急响应方法研究是提高灾害风险评估科学性、精度与工作效率的关键措施之一，意义重大。

（一）自然灾害风险评估是落实区域降险减灾战略的重要环节

自然灾害严重威胁着人类生存和发展，制约着社会进步，降险减灾是人类长久奋斗的目标。从1994年联合国第一届国际减灾大会通过《横滨战略》，到2005年联合国第二届全球减灾会议通过《兵库宣言》（United Nation，2005a）；从联合国发展计划署（UNDP）、联合国环境规划署（UNEP）合作开展“Disaster Risk Index”计划（UNDP，2004），到近年ProVention联盟、UNDP合作开展“Global Risk Identification Program”计划（GRIP，2006），均推动了自然灾害研究的不断深入，关注和探讨灾害风险已成为重要趋势。全社会灾害管理理念也逐步由“减轻灾害”转变为“降低灾害风险”，风险评估成为了科学制订减灾政策、措施的必要步骤和基础环节（葛全胜等，2008）。全面认识和正确评估自然灾害给人类社会造成的风险，既是防灾减灾工作的基础环节和有效途径，也是人类社会经济可持续发展的迫切需要（苏桂武等，2003），对不断提高全社会的风险意识具有重要意义。因此，依托科学的自然灾害风险评估方法得出的研究结果，可为防灾减灾三大对策体系——监测预报体系、防御体系和紧急救援体系在时间域与空间域上的优化配置、有序建设提供重要支撑。

（二）自然灾害风险评估可为区域可持续发展战略的实施提供科学依据

自然灾害风险评估是采取恰当、成功的减灾政策与措施的重要步骤（ICTP，2007）。沿海地区是人类社会和经济发展的重要区域，是全球大部分财富的产生和聚集地（Turner et al.，1995），在全球经济发展和社会进步中发挥着举足轻重的作用，一直是开展自然灾害风险评估的热点区域。不断发生的自然灾害表明，准确预报和阻止自然灾害的发生并不现实，但若采用有效的灾害风险评估与管理战略，则可避免或减轻其带来的巨大损失。通过自然灾害风险评估，找出沿海地区自然灾害高风险区域、环节，采取有效的风险管控方法，可以全面提高沿海地区灾害风险防范的能力和水平，从而保证了沿海地区社会经济的健康、高效发展，具有重要的意义。

（三）开展自然灾害风险评估方法研究可为规范灾害风险研究提供重要参考

自然灾害风险研究是一个复杂的系统工程，涉及风险系统中各个子系统的研究。为高效开展风险研究工作,需要梳理和构建一整套完善的研究思路和方法。另外,灾害类型不同,研究方法也有所差异。近年来,国内外已开展了大量自然灾害风险评估的实证性研究,这些研究采用的方法因人而异,从而使目前自然灾害风险评估方法体系不完善,不利于自然灾害风险评估的全面推广和技术普及。另外,常规程度的自然灾害对我国社会经济的影响越来越小,而在极端自然灾害影响不断增强的背景下,情景分析的方法成为开展极端灾害风险评估的重要途径。近年来,我们基于情景分析的方法,对我国沿海地区台风、风暴潮和暴雨等灾害开展风险评估研究,初步梳理并形成了一套可行的自然灾害风险评估方法,对我国沿海城市灾害风险评估具有一定的借鉴意义。

(四)开展自然灾害应急响应方法的研究是自然灾害风险防范体系构建的重要内容

当突发事件发生后,人员的疏散与避险是救灾工作最紧迫的任务之一,大量疏散人员要有相应的空间进行就近避灾、安置。应急避难场所作为应对灾害的重要空间,其设置得当与否,对人员安全避难、灾后有效救援以及城市恢复重建都有重要意义(蒲德群等,2007)。我国很多灾害造成了严重的人员伤亡,究其原因除了灾害本身强度大、影响广外,应急避难场所设置的不合理以及灾民应急响应的不及时等,导致灾民选择了不正确的避难场所或者错过了最佳的避灾时机。当前我国在自然灾害应急响应方面存在两方面问题:① 应急响应方法研究仍较落后。例如,应急避难场所筛选、新建避难场所选址、避难服务范围确定、逃跑路径优选等方面,科学的技术或方法支撑不够。② 城市应急响应管理的实践与应急响应方法的研究脱节。我国很多城市的用地十分紧张,在优选应急避难场所或新建场所时,更多地从土地资源的可利用性出发,对应急避难场所设定的合理性方面考虑不足,导致已有的应急响应方法推广与应用滞后。近年来,我们在城市应急避难场所优选、新建应急避难场所选址、应急避难路径选择等方法和实证方面开展了研究,初步形成了可用于城市灾害风险防范的方法,对我国沿海城市应急响应水平的提高具有一定参考价值。

第三节　自然灾害风险评估基本方法

自然灾害风险评估是一项复杂的系统工程,主要涉及孕灾环境演变、致灾因子危险性与承灾体脆弱性分析、灾害潜在损失评估以及灾害风险区划等众多研究领域。自然灾害风险评估方法随着自然灾害类型、空间尺度和研究内容等的不同而存在差异。但其基本方法主要包括下列4类。实施中的各种自然灾害风险评估方法大多都是这些基本方法的具体化。

(一)基于"3S"技术方法

运用遥感(RS)、地理信息系统(GIS)和全球定位系统(GPS)方法开展自然灾害风险评估已成为国内外灾害风险评估的最基本方式。遥感(RS)可为灾害风险评估提供实时、大范围的数据;地理信息系统(GIS)则利用其强大的数据库管理功能、空间分析功能和建模能力为灾害风险评估提供了便利;全球定位系统(GPS)则为灾害信息获取、野外调查以及灾害救援等方面提供了实时准确的位置信息。1999年,欧洲空间局与法国空间局发起创建了“空间与重大灾害”国际公约组织,旨在利用空间对地观测技术进行灾害监测、评估与危险性分析,其中利用气象和海洋卫星进行台风风暴潮全过程监测、预报、预警、危险性评估已经成为目前世界各国防灾减灾的重要手段之一。国内外大量的灾害风险评估是采用“3S”技术开展的,如:Zerger(2002)利用GIS分析了澳大利亚风暴潮洪涝淹没情景及其危险性;Demirkesen等(2007)利用SRTM-DEM数据开展了土耳其海平面上升及其风暴增水淹没风险分析;Syvitski等(2009)利用SRTM数据与历史地形数据对比分析了世界上33个主要三角洲地区的台风风暴潮以及洪涝灾害的危险性;Yin等(2011)基于SRTM和多社会经济的GIS图层,分析了中国沿海地区海平面上升及不同重现期潮位淹没的潜在影响。近年来,随着我国“3S”技术的不断普及,国家对灾害信息的实时获取给予了高度关注。2011年12月,我国发布的《国家综合防灾减灾规划(2011—2015年)》,其首要任务为“加强自然灾害监测预警能力建设”,重点内容包括加强国家防灾减灾空间信息基础设施建设,逐步完善环境与灾害监测预报小卫星星座、气象卫星、海洋卫星、资源卫星和航空遥感等系统,提高自然灾害综合观测能力、高分辨率观测能力和应急观测能力,提高自然灾害的大范围、全天候、全天时、多要素、高密度、集成化的立体监测能力和业务运行水平(国务院办公厅,2011)。国内外开展的自然灾害风险评估,在数据获取上离不开遥感(RS)和全球定位系统(GPS),在空间数据分析上离不开地理信息系统(GIS),这已经成为一种必然趋势。

目前,“3S”技术在我国自然灾害风险评估中的使用已较为成熟,并推动了近年来自然灾害风险评估的快速发展。但还存在两方面问题:① 灾情信息获取的时效性还需提高。利用遥感信息对历史灾情评估方面取得了实效,但突发灾害发生后,如何第一时间获得高精度灾情信息,仍需科技攻关。② 地理信息系统(GIS)功能存在明显局限性。国内多数自然灾害风险评估多是采用商业GIS软件开展分析,仅具有常规的空间分析功能,没有专门用于灾害风险分析的功能,从而使得利用GIS软件开展灾害风险研究的便捷性受到影响。如何建立如美国FEMA(美国联邦应急管理署)开发的国家尺度自然灾害风险评估的标准方法或工具(HAZUS-MH),将是我们应该重视的内容之一。

(二)定量化数值模拟方法

近年来,自然灾害风险评估已逐步从传统的基于指标体系的自然灾害风险评估方法走向定量化的数值模拟方法。定量化数值模拟方法是基于灾害演变的机制,采用计算机技术开发和建立专业模型、软件,利用其进行灾害危险性分析的方法。其最大优势是提高危险性评估结果的精度,且直观可见。以台风风暴潮危险性研究为例,研究方法逐步由定性、半定量分析转向数值模拟与情景分析的定量化研究。20世纪80年代,美国国家气象局(NMS)和国家大气海洋管理局(NOAA)联合开发了SLOSH(Sea, Lake, and Overland Surges from Hurricanes)模型(Jelesnianski et al.,1992),这是目前世界上应用最为广泛的台风风暴潮数值模拟系统,该模型在综合考虑台风风场、气压场、运移轨迹、潮流等要素基础上,对飓风所带来的风暴潮过程进行情景模拟和预报。英国自动化温带风暴潮预报模型——海模型(Sea Model),其气压场和风应力场采用10层大气模式提供的预报结果,可进行温带风暴潮预报。荷兰的DELFT数值模拟系统中也引入了风暴潮计算模式,通过与其他水流运动计算模型结合,形成了一套著名的数值模拟计算系统——DELFT3D,根据台风资料和相应土地利用信息,模拟风暴潮增水发生的位置和可能淹没范围、台风登陆可能的致灾范围。该模型还配有一套决策支持系统,通过不同工程调度,选择不同方案,提出减灾措施(黄金池,2002)。澳大利亚和美国部分研究机构联合开发了GCOM2D/3D系统(Hubbert et al. ,1999a,1999b;Mcinnes et al. ,2003),该系统通过二维或三维的方式直观地再现台风发生场景;中美洲与加勒比地区的TAOS是一套风暴潮综合风险分析与模拟系统,该系统不但能提供与SLOSH模型相同的分析功能,而且对风暴潮波高、最大风速、内涝以及整个区域因风暴潮造成的损坏作出快速分析(Watson et al. ,1998,1999)。美国联邦应急管理局(FEMA)开发的HAZUS - MH的灾害模拟与评估系统中也集成了飓风评估模型,可以模拟与分析飓风过程及其对承灾体的危害(HAZUS,2012)。丹麦水利环境技术有限公司(DHI Water&Environment)的MIKE 21风暴潮预警预报模拟系统,基于风暴潮发生的潮流场、台风场和波浪场等二维场景模拟,对于潮灾发生场景的动态再现和预警模拟效果极佳(DHI,2008)。

目前,国内外大多数风暴潮灾害的研究都是基于上述模型在开展研究,研究成果有效地指导了防灾减灾战略的实施。基于"定量化数值模拟方法"的自然灾害风险评估已成为提高灾害风险评估成果精度和可靠性的重要途径,国外的诸多成熟商业(免费)软件与模型发挥了重要作用。我国也出现了不少专门的灾害研究数值模型,但这些模型的推广使用往往受到局限,因此,我国在针对专门灾种的本土成熟数值模型研究方面急需加强。

(三)"关联性"方法

近年来,各致灾因子间的"关联性"和综合作用受到广泛关注。即在灾害危险性研究中,十分强调各致灾因子间的内在联系。以台风风暴潮灾害为例,它由不可控制或未加控制的多个因素造成,主要包括台风大风、风暴增水、暴雨洪涝、天文大潮等众多因素。在全球变暖背景下,海平面的快速上升使得沿海地区台风风暴潮灾害的强度和频率明显加剧,在一些特定地区或时段(如汛期),通常出现多种致灾因子群发或链发的现象,如何分析和模拟各致灾因子之间的关系是开展台风风暴潮综合风险评估的关键。例如,Albeverio等(2005)系统分析了地震、电力故障、飓风、暴雨、洪灾以及恐怖袭击和传染病等灾害之间及其与承灾体之间的综合关系;Fabbrocino等(2005)提出应当关注灾害对工业设施的破坏,尤其是化工产业及石油加工业的摧毁造成的人员伤亡、损失加重等连锁效应;史培军(1991,1996,2002,2005)基于灾害系统理论,提出了台风灾害链和灾害群的理论模型和框架;高庆华等(2007)提出了台风灾害链模型及其评估方法;还有学者探讨了台风灾害链的区域影响(陈香,2007;潘安定等,2002);Phan等(2008)研究了风速与风暴潮的联合概率分布与危险性;刘德辅等(2008)针对台风特征、致灾因素、相应后果和防灾需求,使用多维复合极值分布理论,构造了一个双层嵌套、多目标的联合概率预测模式,进而建立台风灾害区划及相应防灾标准体系。欧盟开展了"DRR(disaster risk reduction)"战略计划,主要面向发展中国家的灾害高发区和脆弱性区域,强调开展包括台风风暴潮在内的多致灾因子的综合危险性研究(European Commission,2008)。近几年,国外通过一系列项目的研究在不断探索解决这一难点问题,以欧盟资助的 MATRIX 项目(New Multi-hazard and Multirisk Assessment Methods for Europe, 2010 ~ 2013 年)为例,该研究通过建立灾害理论框架,从风险的相似性、传递性等方面对灾害发生和扩散机制进行研究,探究灾害的触发因子及其内在关联性,从而深入研究灾害耦合风险这一难点问题(MATRIX,2010)。

应当指出,"关联性"方法不是一套具体的方法,强调的是一种思想,一种开展灾害风险评估的理念。如何把多种存在内在关联的灾害进行综合研究是其内在核心。目前,国内外在灾害"关联性"研究方法的构建方面仍处于探索阶段,对灾害之间关联的复杂机制认识不足。它不仅涉及灾害与灾害间、灾害与次生灾害间的耦合性,还体现了自然系统和社会系统的交互影响,如何定量反映或者准确模拟这种内在耦合关系是当前研究的瓶颈所在。

(四)"情景分析"方法

情景(scenario)是对未来情形以及事态由初始状态向未来状态发展过程的描述(赵思健等,2012)。"情景分析"(scenario analysis)是在对经济、产业或技术的重大演变提出各种关键假设的基础上,通过对未来详细地、严密地推理和描述来构想未来各种可能的方案(McBurney et al. ,2003;Kapur,2005;Marshall et al. ,2005;Lopez-Baldovin et al. ,2006;Wei et al. ,2006)。情景分析方法是继 1973 年能源危机后兴起的一种有效预测方法,预测各种态势的产生并比较分析可能产生影响的整个过程,主要包括:对发展态势的确认,各态势的特性、发生的可能性描述,并对其发展路径进行分析(叶明武等,2007)。近年来,全球气候异常导致极端灾害事件频繁发生,用传统的趋势外推等方式来开展灾害研究已无法有效防范灾害风险,因此,情景分析思想被引入到灾害风险评估中。自然灾害风险情景分析是将地理信息系统(GIS)、虚拟现实、多智能体、神经网络、元胞自动机等技术相结合,建立可能发生灾害的危险性情景,模拟其演化趋势,实现灾害风险可视化的方法。它有明显优点:① 紧扣风险的情景定义,实现从未来情景的角度进行风险分析;② 克服了传统方法仅从灾害因子角度进行评估的不足,利用情景发展连接所有参与要素;③ 实现了灾害过程与破坏过程的验证,使风险评估结果相对可靠;④ 易于空间网格化分析,能发现真正高风险区域(赵思健等,2012)。因此,灾害风险情景分析对开展灾害风险评估和风险防范具有重要意义(王军等,2011)。

情景分析方法已成为自然灾害风险评估的重要手段,是揭示灾害成因、影响程度和范围、辅助抢险救援的重要方法,其基本方法之一是对已发生的灾害、影响程度与范围、灾后救援、恢复和重建进行全面调查;二是对可能发生的自然灾害极端危害场景进行模拟,以评估和预测未来灾害造成的损失和受灾范围,并验证或辅助制订控制预案。它拓展了灾害风险评估的思路,为揭示灾害成因、辅助抢险救援、模拟和制订应急控制预案等提供了重要依据。但目前还存在两个问题:① 情景设定的合理性。该方法往往考虑的是极端情景,这类情景有较大的不确定性,故在情景设定时,必须基于合理的假设,小心求证。② 情景分析工具或模型的可靠性。在沿海城市台风、风暴潮、暴雨内涝灾害风险情景分析中，不同人采取不同的工具或模型进行研究，在此过程中，需要重视工具或模型的应用领域和使用条件，以及在情景分析中所采用工具或模型边界条件设定的科学依据等。

参考文献：

陈香. 2007. 福建省台风灾害风险评估与区划. 生态学杂志，26(6)：961－966.
范一大. 2008. 自然灾害风险管理与预警能力建设研究. 中国减灾，(5)：21.
高庆华，马宗晋，张业成，等. 2007. 自然灾害评估. 北京：气象出版社.
葛全胜，邹铭，郑景云，等. 2008. 中国自然灾害风险综合评估初步研究. 北京：科学出版社.
国务院办公厅. 2011. 国家综合防灾减灾规划(2011—2015年).
黄金池. 2002. 中国风暴潮灾害研究综述. 水利发展研究，2(12)：63－65.
刘德辅，庞亮，谢波涛，等. 2008. 中国台风灾害区划及设防标准研究——双层嵌套多目标联合概率模式及其应用. 中国科学(E辑)，38(5)：698－707.
刘敏，权瑞松，许世远. 2012. 城市暴雨内涝灾害风险评估：理论、方法与实践. 北京：科学出版社.
民政部. 2012－08－05. 受台风影响冀辽苏浙闽赣鲁7省受灾. http://news.xinhuanet.com/politics/2012－08/05/c_112629834.htm.
潘安定，唐晓春，刘会平. 2002. 广东沿海台风灾害链现象与防治途径的设想. 广州大学学报，1(3)：55－61.
蒲德群，刘西拉. 2007. 特大城市安全措施—应急避难所的建设. 四川建筑科学研究，33(2)：153－156.
史培军. 1991. 论灾害研究的理论与实践. 南京大学学报，11：37－42.
史培军. 1996. 再论灾害研究的理论与实践. 自然灾害学报，5(4)：6－17.
史培军. 2002. 三论灾害研究的理论与实践. 自然灾害学报，11(3)：1－9.
史培军. 2005. 四论灾害系统研究的理论与实践. 自然灾害学报，14(6)：1－7.
史培军，李宁，叶谦，等. 2009. 全球变化与综合灾害风险防范研究. 地球科学进展，24(4)：428－435.
苏桂武，高庆华. 2003. 自然灾害风险的分析要素. 地学前缘，10(特刊)：272－279.
孙成权，林海，曲建升. 2003. 全球变化与人文社会科学问题. 北京：气象出版社.
王军，谢翠娜，叶明武，等. 2011. 基于MIKE 21长江口区9711号台风暴潮情景模拟. Disaster Risk Analysis and Management in China's Coastal Regions(RAC－2011)，Paris：Atlantis Press：1－8.
王绍玉，冯百侠. 2005. 城市灾害应急与管理. 重庆：重庆出版社.
王伟. 2012. 我国沿海地区金融集聚的经济发展效应研究. 青岛：中国海洋大学硕士学位论文.
吴元峰. 2011. 0908号台风"莫拉克"特征及风暴增水分析. 海洋预报，28(4)：6－13.
许世远，王军，石纯，等. 2006. 沿海地区自然灾害风险研究. 地理学报，61(2)：127－138.
叶明武，陈振楼，王军，等. 2007. 情景分析在区域生态环境安全预警研究中的应用——以上海崇明岛主要城镇为例. 资源环境与发展，(4)：8－12.
尹占娥，许世远，殷杰，等. 2010. 基于小尺度的城市暴雨内涝灾害情景模拟与风险评估. 地理学报，65(5)：553－562.
尹占娥，许世远. 2012. 城市自然灾害风险评估研究. 北京：科学出版社.
赵思健，黄崇福，郭树军. 2012. 情景驱动的区域自然灾害风险分析. 自然灾害学报，21(1)：9－17.
Adger W N, Hughes T P, Folke C, et al. 2005. Social-ecological resilience to coastal disasters. Science, 309: 1036－1039.
Albeverio S, Jentsch V, Kantz H. 2005. Extreme events in nature and society. (The Frontiers Collection). New York: Springer-Verlag.

Danish Hydraulic Institute (DHI). 2008. MIKE 21 user manual.

Dawson R J, Hall J W, Bates P D, et al. 2005. Quantified analysis of the probability of flooding in the thames estuary under imaginable worst case sea-level rise scenarios. International Journal of Water Resources Development, 21(4): 577 - 591.

Demirkesen A C, Evrendilek F, Berberoglu S, et al. 2007. Coastal flood risk analysis using Landsat - 7 ETM + imagery and SRTM DEM: a case study of izmir, turkey. Environmental Monitoring and Assessment, 131: 293 - 300.

European Commission. 2008. EU strategy for disaster risk reduction in developing countries: 1 - 13.

Fabbrocino G, Iervolino I, Orlando F, et al. 2005. Quantitative risk analysis of oil storage facilities in seismic areas. Journal of Hazardous Materials, A123: 61 - 69.

Global Risk Identification Programme (GRIP). Website 2006. http://www.ldeo.columbia.edu/chrr/news/2006/grip.html.

Goldstein B D. 2003. SRA president's message. SRA Risk Newsletter, 23(2).

GRF. 2012 - 08 - 30. 4th international disaster and risk conference IDRC davos 2012. http://idrc.info/pages_new.php/ IDRC-Davos - 2012/831/1/.

HAZUS. 2012. Hurricane model Hazus-MH 2.0 technical manual. Department of Homeland Security, Washington D. C.

Hoyos C D, Agudelo P A, Webster P J, et al. 2006. Deconvolution of the factors contributing to the increase in global hurricane intensity. Science, 312(5770): 94 - 97.

Hubbert G D, McInnes K L. 1999a. A storm surge inundation model for coastal planning and impact studies. Journal of Coastal Research, 15: 168 - 185.

Hubbert G D, McInnes K L. 1999b. Modeling storm surges and coastal ocean flooding. In: B J Noye (ed.). Singapore: Modelling coastal sea processes. World Scientific Publishing Co. : 159 - 187.

ICSU. 2008. A science plan for integrated research on disaster risk: addressing the challenge of natural and human-induced environmental hazards. Paris: ICSU.

ICTP. 2007. Workshop on the physics of tsunami, hazard assessment methods and disaster risk management. Miramare-Trieste, Italy, 5: 14 - 18.

Jaeger C, Shi P J. 2008. Core science initiative on integrated risk governance. IHDP Update, (1): 27 - 28.

Jelesnianski C P, Chen J, Shaffer W A. 1992. SLOSH: sea, lake, and overland surges from hurricanes. NOAA Technical Report NWS 48, United States Department of Commerce, NOAA, NWS, Silver Springs, MD. : 71.

Kapur A. 2005. The future of the red metal scenario analysis. Futures, 37(10).

Kasperson R E, Bohn M T, Goble R. 2005. Assessing the risks of a future rapid large sea level rise: a review. http://www.uni-hamburg.de/Wiss/FB/15/Sustainability/annex4.pdf.

Lopez-Baldovin M J, Gutierrez-Martin C, Berbel J. 2006. Multicriteria and multiperiod programming for scenario analysis in guadalquivir river irrigated farming. Journal of the Operational Research Society, 57(5).

Marshall N, Grady B. 2005. Travel demand modeling for regional visioning and scenario analysis. Transportation Research Record (1921).

MATRIX. 2010 - 10 - 01. New multi-hazard and multi-risk assessment methods for europe. http://matrix.gpi.kit.edu/.

McBurney P, Parsons S. 2003. Chance discovery and scenario analysis. New Generation Computing, (1).

Mcinnes K L, Walsh K J E, Hubbert G D, et al. 2003. Impact of sea-level rise and storm surges on a coastal community. Natural Hazards, 30: 187 – 207.

Phan L T, Simiu E. 2008. A methodology for developing design criteria for structures subjected to combined effects of hurricane wind speed and storm surge. The 4th International Conference on Structural Engineering and Mechanics(ASEM'08). Jeju: Korea Advanced Institute of Science & Technology, Korea Association of Computational Mechanics: 1510 – 1524.

Small C, Nicholls R J. 2003. A global analysis of human settlement in coastal zones. Journal of Coastal Resources, 19(3): 584 – 599.

Syvitski J P M, Kettner A J, Overeem I, et al. 2009. Sinking deltas due to human activities. Nature Geoscience, 2: 681 – 686.

Tol R S J, Bohn M, Downing T E, et al. 2004. Adaptation to five meters of sea level rise. Special issue from the society of risk analysis-europe annual conference, Paris. Journal of Risk Research.

Turner R K, Adger W N, Doktor P. 1995. Assessing the economic costs of sea level rise. Environment and Planning, 27(11): 1777 – 1796.

United Nation. 1989. International decade for natural disaster reduction, Resolution 44/236 adopted at the 44th session of the United Nations General Assembly, 22 December. http://www. un. org/ru/documents/ods. asp? m = A/RES/44/236.

United Nation. 2005a. Resolution adopted by the General Assembly: International Strategy for Disaster Reduction. UN General Assembly 60th Session. http://www. un. org/Depts/dhl/resguide/r60. htm.

United Nation. 2005b. Draft programme outcome document. Building the resilience of nations and communities to disasters: Hyogo framework for action 2005 – 2015 [EB/OL], World Conference on Disaster Reduction, Kobo, Hyogo, Japan.

United Nations Development Programme (UNDP). 2004. A global report reducing disaster risk: a challenge for development. New York: UNDP: 1 – 144.

Watson C, Johnson M. 1998. A modular, object oriented model for meteorological hazard assessment. http://hurricane. methaz. org/papers/ams_taos_det_00. pdf.

Watson C, Johnson M. 1999. Design, implementation, and operation of a modular integrated tropical cyclone hazard model, AMS 23rd conference on hurricanes and tropical meteorology, Dallas, TX, January 1999.

Webster P J, Holland G J, Curry J A, et al. 2005. Changes in tropical cyclone number, duration, and intensity in a warming environment. Science, 309: 1844 – 1846.

Wei Y M, Liang Q M, Fan Y. 2006. A scenario analysis of energy requirements and energy intensity for China's rapidly developing society in the year 2020. Technological Forecasting and Social Change, 73 (4): 405 – 421.

Yin J, Yin Z E, Xu S Y, et al. 2011. Multiple scenario analyses forecasting the confounding impacts of sea level rise and tides from storm induced coastal flooding in the city of Shanghai, China. Environmental Earth Sciences, 63: 407 – 414.

Zerger A. 2002. Examining GIS decision utility for natural hazard risk modeling. Environmental Modelling & Software, 17: 287 – 294.

第二章　城市自然灾害孕灾环境演变信息获取方法

自然灾害研究所指的孕灾环境，是由大气圈、岩石圈、水圈、生物圈以及智慧圈相互作用而形成的一种综合环境，是灾害形成、灾情产生的重要场所。我国沿海地区海陆相互作用剧烈，自然环境演变迅速，往往又是社会经济重点发展的地区，快速的自然演化和城市化对地表系统的改造剧烈，孕灾环境的演变直接关系到灾害风险评估效果。孕灾环境可分为自然孕灾环境和社会孕灾环境，前者以自然演变为主要驱动因素，包括地貌、水文、气候、土壤、动植物等；后者则以人类活动为主要驱动因素，包括基础设施网络、经济和人类活动等。正确获取孕灾环境演变信息，为自然灾害风险评估奠定了坚实基础，使自然灾害危险性和脆弱性等研究结果更为科学。多年来，我们对土地利用变化、地面沉降和近岸水下地形演变等孕灾环境演变信息获取方法的探索及其应用，在我国沿海城市台风风暴潮和暴雨内涝灾害风险评估研究中发挥了重要作用。

第一节　土地利用变化

随着我国东部沿海地区城市化的不断加剧，人类活动已经成为影响陆域孕灾环境的首要因素，突出地反映在土地利用变化上。遥感信息是开展土地利用变化研究的重要信息来源。利用“3S”技术和相关模型即可获取土地利用动态变化信息，为陆域孕灾环境演变分析提供重要的科学依据。

一、基于土地规划的土地利用变化信息提取

土地利用规划（以下简称“土地规划”）是在充分考虑区域可持续发展和科学发展的基础上，根据土地开发利用的自然和社会经济条件、历史基础和现状特点、国民经济发展的需要等，对各类用地结构和布局进行调整和配置，是集整体性、长期性、战略性和科学性为一体的行动方案。它以定性、定量、定位的方式体现了未来土地利用方案。因此，利用土地利用规划信息进行孕灾环境分析的可信度较高。以天津市滨海新区土地利用规划为例，通过遥感图像处理、解译，获取天津滨海新区土地利用/土地覆被的现状信息。并根据《天津市滨海新区城市总体规划（2005—2020 年）用地布局规划》中给出的天津市滨海新区 2020 年土地利用/土地覆被信息，对比分析得出天津市滨海新区土地利用变化特征。

根据实际需要、各种数据源的优缺点以及资料的可获得性，选择 2008 年 4 月 Landsat/TM 卫星遥感数据，提取天津市滨海新区土地利用/土地覆被的现状信息。TM 卫星遥感数据波谱分辨率较高，对水体以及植被反映较好，30 m 空间分辨率能满足研究需要。在

进行了几何校正、图像配准、研究区图像数据的提取、波段选择、图像增强等遥感图像预处理以后,确定天津市滨海新区土地利用/土地覆被遥感分类系统。这主要考虑:① 与其他分类体系的兼容性,参考了土地部门仍在广泛应用的全国农业区划委员会 8 大类分类方案以及新土地管理法所规定的 3 大类分类方案;② 研究目的的需要,本研究所进行的遥感信息提取是以获取承灾体指标为目的;③ 该地区土地利用/覆被状况及其变化特点,所建立的土地利用/覆被遥感分类系统必须能够反映天津滨海新区海岸带主要土地利用/覆被类型状况及其未来发展变化趋势;④ 遥感影像的分辨率,该研究所用的遥感图像是陆地卫星 TM 影像,所建立的分类系统必须与这一分辨率相适应。通过对遥感数据进行解译,获得了天津市滨海新区 2008 年土地利用/土地覆被空间分布(图 2-1)和分类面积(表 2-1)。

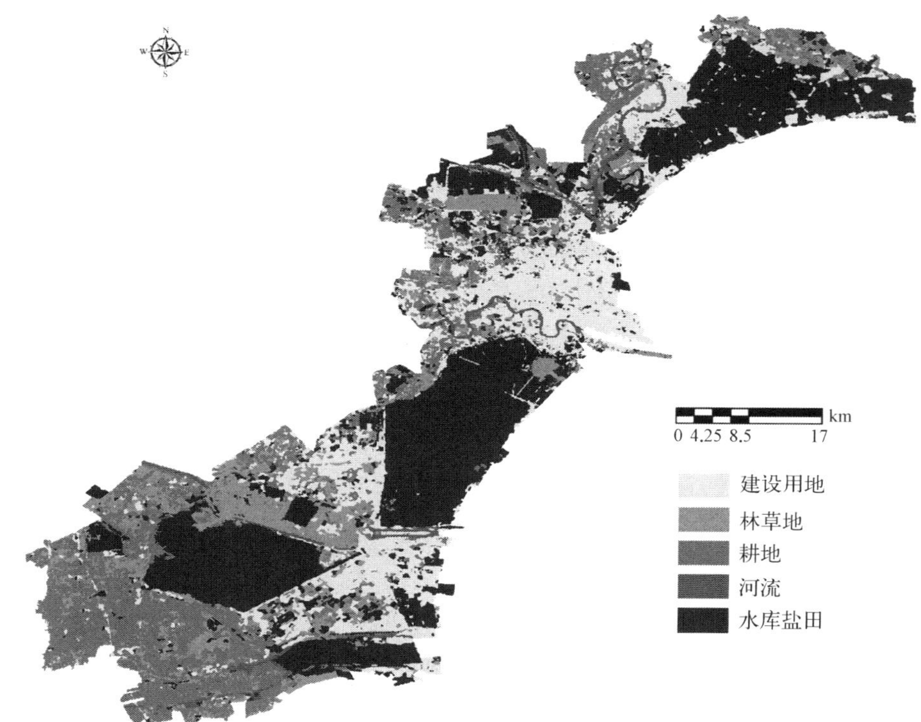

图 2-1 天津市滨海新区土地利用/土地覆被分类图(2008 年)

表 2-1 天津市滨海新区土地利用/土地覆被分类(2008 年)

土地利用/覆被类型	面积(km^2)	占总面积比例(%)
建设用地	446.76	21.81
林草地	291.95	14.25
耕地	447.19	21.83
河流	46.74	2.28
水库盐田	815.56	39.82
总计	2 048.20	100.00

根据《天津市滨海新区城市总体规划(2005—2020 年)》中的《用地布局规划》，利用 GIS 对用地布局规划进行矢量化，即可获得天津市滨海新区 2020 年土地利用空间分布(图 2-2)和分类面积信息(表 2-2)。通过对比天津市滨海新区 2008 年土地利用/土地覆被信息和 2020 年用地布局规划信息，定量地获得了天津市滨海新区土地利用变化的总体趋势。

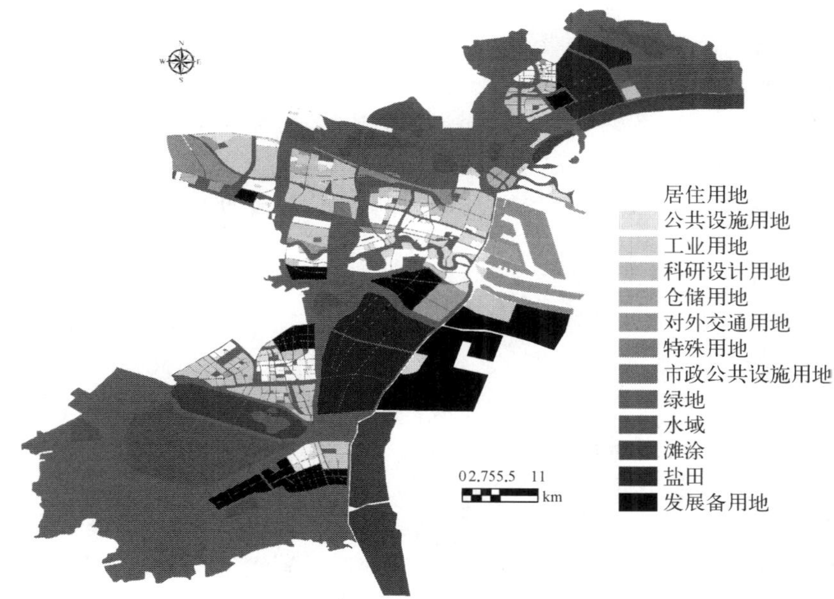

图 2-2 天津市滨海新区土地利用/土地覆被分类图(2020 年)

表 2-2 天津市滨海新区土地利用/土地覆被分类(2020 年)

土地利用/覆被类型	面积(km^2)	占总面积比例(%)
居住用地	129.25	4.69
公共设施用地	68.96	2.50
工业用地	198.01	7.19
科研设计用地	15.83	0.57
仓储用地	40.96	1.49
对外交通用地	126.26	4.58
特殊用地	3.66	0.13
市政公共设施用地	4.57	0.17
绿　地	1 225.03	44.45
水　域	285.04	10.34
滩　涂	216.52	7.86
盐　田	198.39	7.20
发展备用地	243.23	8.83
总　计	2 755.71	100.00

二、基于 GeoCA - Urban 的土地利用变化信息提取

由于土地规划中土地利用变化考虑的情景单一，无法进行多情景构建，故如何动态反映或者预测土地利用演化特征成为近年来研究的热点。20 世纪 90 年代末，我国开展基于元胞自动机（cellular automaton，CA）的城市空间扩张和土地利用的时空演变研究。GeoCA - Urban 是一个基于栅格的模型，主要包括居住用地、工业用地、商业服务用地、道路交通用地、农地以及其他类型用地 6 类，它将各类用地类型转化为用地栅格细胞。基于城市动态演化模型（Xie，1996），通过一系列决策规则（如细胞年龄、发展策略、距离和方向、密度条件等）来确定各种用地类型之间的转换概率（Batty et al.，1999）。此外，该模型还考虑了城市发展的控制因素（如地形、城市规划、法律法规等），通过一个控制图层来限制各类用地栅格的转换变化。

我们在开展上海城市土地利用/土地覆被动态变化分析时，其信息获取采用GeoCA - Urban 模型。具体建模过程为：① 设置模型生长的种子，即具有生长能力的土地利用栅格。基于 2000 年、2003 年和 2006 年上海土地利用矢量图，利用 ArcGIS 9.3“空间分析”模块中的“矢量转栅格”工具，将其分别转换成 50 m 分辨率的栅格图。所有数据均转换成“.asc”格式导入 GeoCA - Urban 模型，并将居住、工业和商业用地类型的栅格设置为模型发展的种子。② 控制图层通过历史土地利用/土地覆被数据和上海城市规划（1999 ~ 2020）来获取，将整个上海分为 5 类，包括限制城市化地区、居住用地发展适宜区、工业用地发展适宜区、商业用地发展适宜区和不受限制地区。限制城市化地区主要是土地利用图中的道路交通用地、公共设施用地、水域、湿地和林地。居住、工业和商业用地的发展适宜区则为上海城市规划（1999 ~ 2020）中各自的规划区域。不受限制地区则是农业用地和未利用地，这两类用地类型可以转化为其他各类用地。③ 模型参数的获取。基于上述步骤，2000 年的土地利用/土地覆被数据被用来模拟 2003 年的土地利用/土地覆被格局，而 2003 年的土地利用/土地覆被数据则被用来模拟 2006 年的土地利用/土地覆被格局。在模拟过程中尝试不同的参数组合，并将模拟结果与原数据进行比对，最终获取了一套较为满意的模型参数用于上海 2030 年的土地利用/土地覆被预测。

图 2 - 3 是上海地区 2003 年和 2006 年土地利用/土地覆被模拟结果与实际类型的对比图。利用 Erdas 8.7 分类采样方法，对两组图分别选取 256 个参考点进行精度检验。结果显示，2003 年和 2006 年模拟结果的 KAPPA 系数分别达到 0.83 和 0.81，高于 Lucas 等（1994）的推荐标准，说明模型参数合理且适用于未来上海城市土地利用/土地覆被变化的模拟。

上海城市自然地理图集（许世远等，2004）中的 1947 年到 2003 年上海城市土地利用/土地覆被图显示，上海城市发展可以分为 3 个阶段：① 1947 ~ 1964 年，经历了八年抗战和国内战争后的恢复和重建阶段，上海城市发展较为显著；② 1964 ~ 1979 年，受国内政治因素和外部因素的影响，城市发展缓慢，几乎陷于停滞；③ 1979 年至今，改革开放政策开启了上海城市新一轮快速城市化的发展。依据方创琳（2009）、曾明星等（2004）研究预测，上海快速城市化将在 2030 年前后结束，其后城市的发展将趋于成熟和稳定。

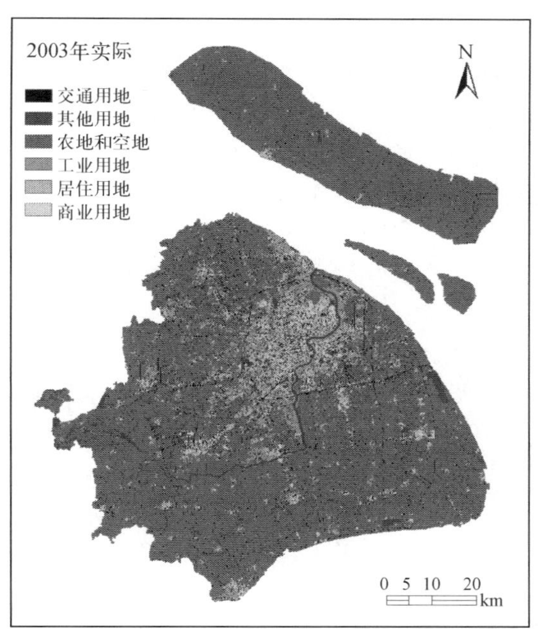

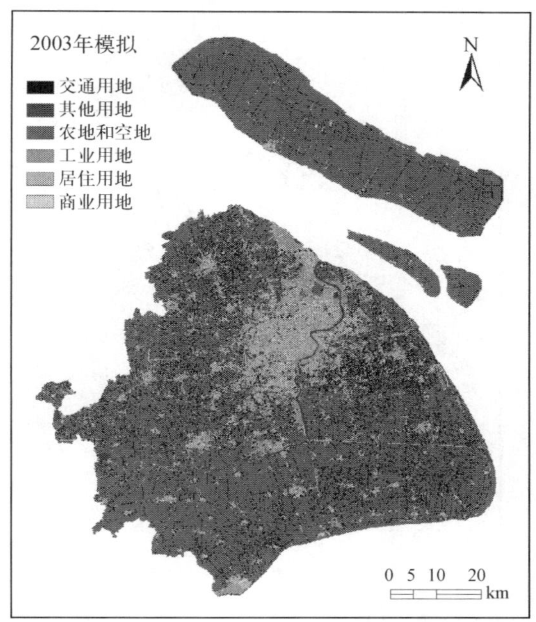

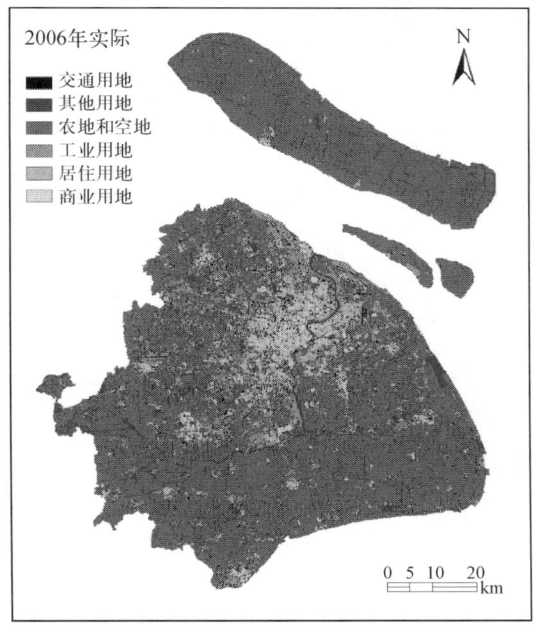

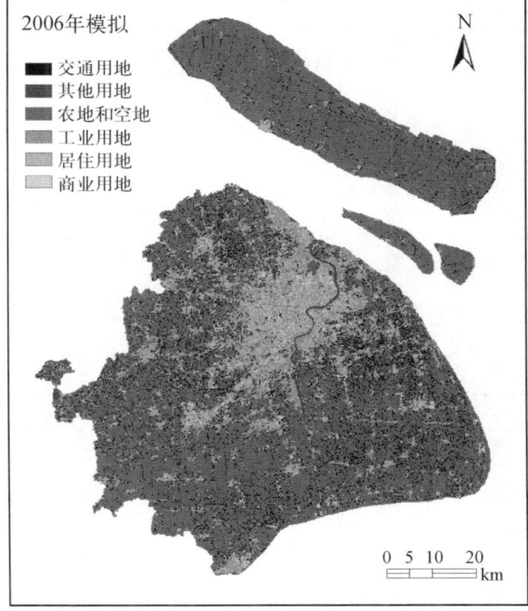

图2-3　上海市土地利用/土地覆被变化实际与模拟对比(左侧为实际,右侧为模拟)

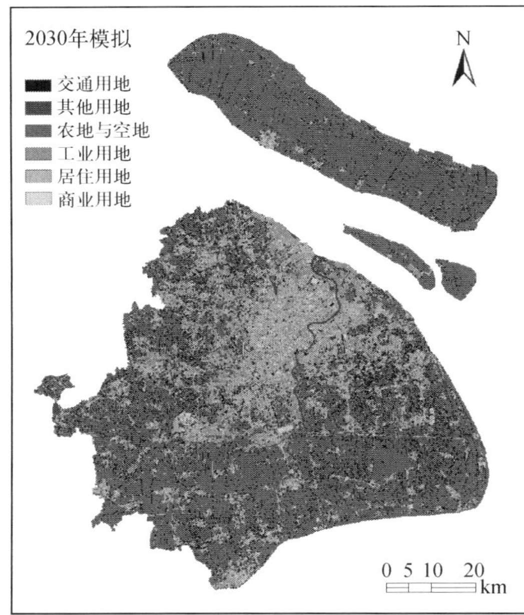

图 2-4 上海市土地利用/土地覆被变化模拟(2030 年)

基于对过去城市发展过程的模拟和验证,以 2006 年上海市土地利用/土地覆被数据作为模型的初始值,考虑到一般的城市远景规划多以 20 年为限,未来 2030 年被设为模型运行的合理目标年份。另外,考虑到 2030 年之前上海均处于快速城市化阶段,因此,2006～2030 年的模拟依然采用上述的模型参数组合。同时,因为缺乏未来基础设施规划的相关数据,尤其是其空间分布,这里假设道路交通用地、公共设施用地以及特殊用地类型未来均不发生变化。2030 年的上海市土地利用/土地覆被模拟结果见图2-4(Yin et al.,2011)。模拟结果统计值与上海土地利用规划中的未来各类用地的推荐值相似(表 2-3)。

表 2-3 上海市土地利用/土地覆被变化统计(2030 年)

土地利用/覆被类型	面积(km^2)	占总面积比例(%)
农业用地	3 910.35	59.72
道路交通用地	528.54	8.07
居住用地	520.01	7.94
工业仓储用地	783.88	11.97
商业服务用地	276.16	4.22
其他用地	525.90	8.03
总　　计	6 544.84	100.00

第二节　地面沉降演化

地面沉降(land subsidence)是指在自然和人为因素作用下地面高程降低的现象。随着社会经济的快速发展,地面沉降已经成为我国东部沿海城市,尤其是天津、上海等城市严重的地质灾害。地面沉降对孕灾环境的变化影响明显,主要体现在地形的变化上。在开展台风风暴潮和暴雨内涝灾害风险研究时,必须考虑到这一因素的影响。在考虑地面沉降对陆地地形的影响时,通常可以采用两种方法。

一、基于年均沉降速率的地形演变信息提取

该方法是利用区域年均地面沉降速率来推算地形变化，简单易操作，但精度相对偏低。基本实现过程为：① 收集区域地面沉降信息，包括地面沉降监测点的监测数据，或者地面沉降等值线数据；② 利用 GIS 技术，对收集到的地面沉降数据进行空间插值，得到累计沉降速率；③ 通过 GIS 的栅格运算，获得区域年均沉降速率分布图；④ 在区域现状数字高程模型构建基础上，依据年均地面沉降速率，推测未来目标年份的地形变化。

上海自 1921 年发现地面沉降，至 1965 年采取地面沉降控制措施前，中心城区地面平均沉降量 176 mm，最大沉降量达 263 mm，分布于北京路和西藏路。1965 年，上海市政府采取了减少地下水开采强度、人工回灌地下水和调整地下水开采层次等措施，地面沉降控制取得了良好效果，1966 ~ 1996 年，上海地面年平均沉降量仅 2.5 mm。但 1991 ~ 1995 年，中心城区累计平均沉降量达 47.2 mm（图 2 - 5），这引起了社会各界和政府部门对上

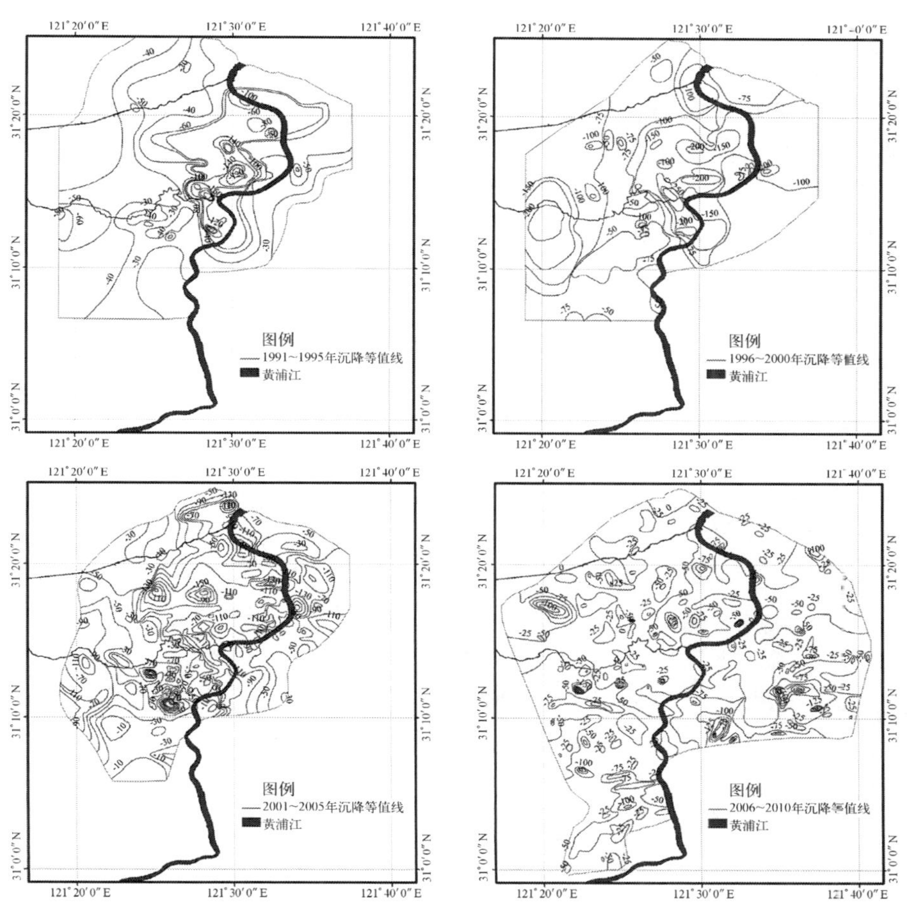

图 2 - 5　上海地区地面沉降等值线（1991 ~ 2010 年）

注：数据来源于“上海地质资料信息共享平台”。

海城市建设对地面沉降影响的关注。为此,上海市采取了一系列严格的地面沉降控制措施,取得了明显效果,1996 ~2010 年,上海中心城区地面沉降量不断降低,尤其是 2004 年以来,平均沉降量明显下降(图 2 -5,图 2 -6),2007 年上海外环线以内中心城区地面沉降量为7.8 mm,较 2006 年降低 0.5 mm;2005 ~2011 年,上海年均地面沉降量从 8.4 mm 减少到 6.0 mm,减少幅度达 29% * 。

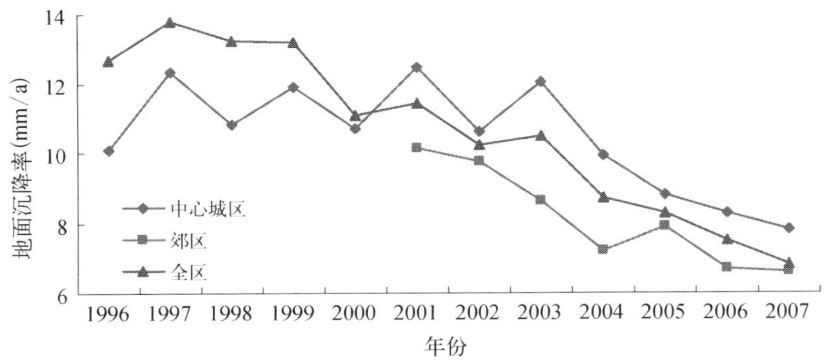

图 2 -6　上海地区地面沉降变化率

利用上海中心城区 2001 ~2005 年和 2006 ~2010 年的累计地面沉降速率,计算获得上海中心城区近年来的年均地面沉降速率(图 2 -7)。利用上海中心城区现状地面高程模型(DEM),结合上海中心城区近年来的年均地面沉降速率,即可对上海中心城区未来目标年份的地形变化进行预测。

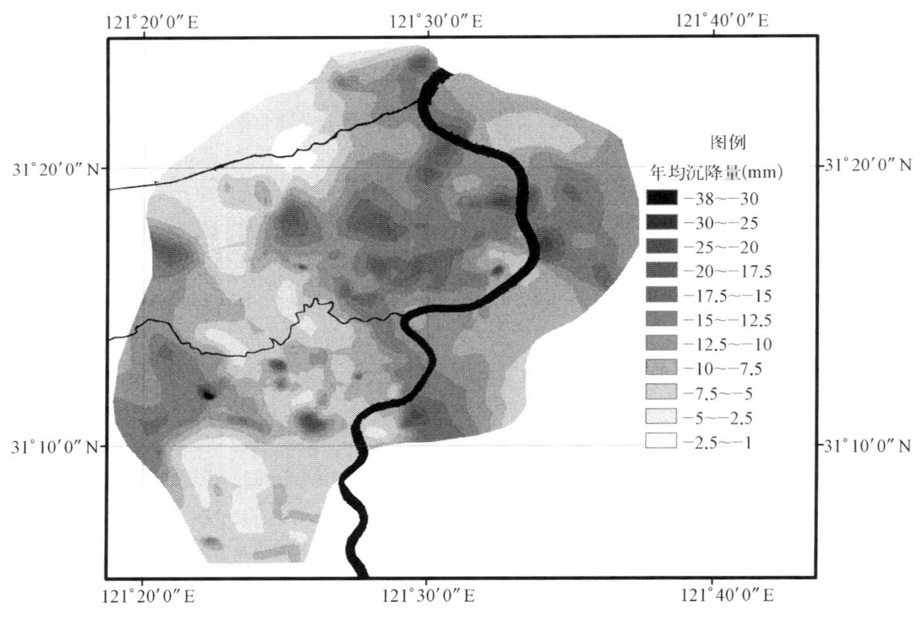

图 2 -7　上海中心城区年均地面沉降速率(2001 ~2010 年)

* 上海近 45 年地面沉降 0.29 米,高层建筑兴建为诱因.第一财经日报,2012 -11 -21.

二、基于地下水-地面沉降数值模型的地形演变信息提取

我国许多城市过量开采地下水是引发地面沉降的主要原因,地面沉降与地下水之间存在明显的相关性。因此,地下水开采是地面沉降主因的区域内,可采用地下水-地面沉降数值模型开展地面沉降预测工作。这类地面沉降数值模型包括地下水运动数值模型和地下水-地面沉降数值模型两部分,地下水运动数值模拟是地下水-地面沉降数值模拟的基础(周俊等,2010)。地下水运动数值模拟是在地质实体模型基础上,依据掌握的水文地质条件,针对各地下介质进行水文地质参数赋值以及地下水系统边界水文地质条件设定。地下水-地面沉降数值模拟可概化为含水层中的弹性压缩模型和弱透水层中的弹塑性压缩变形模型。由于弱透水层渗透系数比含水层小二到三个数量级,水位抬升过程中地下水很难回流到弱透水层,所以计算中假定发生于弱透水层的压缩变形均为不可恢复沉降量。

天津市滨海新区位于渤海湾的西岸,随着社会经济的快速发展,过量开采地下流体资源,地面沉降已成为滨海新区最为严重的灾害之一。通过地下水-地面沉降数值模型分析,天津市滨海新区出现了塘沽、汉沽、大港三个沉降中心,塘沽区 1959 ~2006 年最大累计地面沉降值为 3.25 m,汉沽区 1957 ~2006 年最大沉降值为 3.11 m,大港区 1964 年以后最大累计沉降值为 1.04 m* 。地面沉降给滨海新区造成了多方面的危害,如建筑物下沉变形、开裂乃至破坏;市政给排水管线的破坏;海水倒灌影响地下水质;地面标高损失,风暴潮灾害加剧;河流排泄能力降低;土壤盐渍化等(胡蓓蓓等,2008a,2008b)。

根据天津滨海新区水文地质条件,把计算区概化为 8 层,即 4 个含水层和 4 个弱透水层。地面沉降数值模拟实体模型构建中把收集到的 1:10 000 到 1:100 000 不同比例尺的地质、水文地质剖面图、各含水层底板埋深等值线图以及若干钻孔资料,在 GIS 环境下集成。模型概化中各含水层厚度,根据第Ⅰ、Ⅱ、Ⅲ、Ⅳ含水组砂层厚度拼层而成。模型中第Ⅰ含水层为潜水含水层,其他 3 个含水层为承压含水层。4 个弱透水层以特征水文地质参数区别于含水层。

天津滨海新区地下水系统的流入项包括大气降雨入渗、河流入渗、水库入渗以及侧向地下径流四项,流出项包括人工开采、潜水蒸发。地下水数值模拟采用美国地质调查局于 20 世纪 80 年代开发的 MODFLOW(Modular Three Dimensional Finite Difference Ground Water Flow Model)模型。模型东边界定义为定水头边界,采用 MODFLOW 的 Specific Head 模块定义;西边界及西北边界定义为定流量边界,用 General Head 模块定义;河流采用 River 模块定义,降雨入渗用 Recharge 模块定义。关于抽水量,以行政乡镇为单元,假定在同一乡镇单元区抽水量均一分布,借用 Recharge 模块定义。抽水量在各个含水层的分布,按照水利部门统计分配。收集了 2001 ~2007 年滨海新区各乡镇地下水开采量资料,作为水均衡计算、模型输入和非稳定流计算模型输入资料。各含水组渗透系数分区情况、模型

* 天津市控制地面沉降工作办公室. 1986—2006 天津市地面沉降年报.

输入的边界条件和含水层系统特征参数参考《滨海新区地面沉降趋势预测及优化控制研究》*。

首先预测地下水的动态变化：南水北调工程2012年给天津供水后，展开了大规模地下水压采，同时，根据近几年地下水开采逐年减少的实际情况，设计三种地下水开采方案，预测不同情景下地下水系统动态变化情况。

第一方案：2001～2007年以实际开采量为准输入，2007年以后地下水开采量按照2007年实际开采量输入，各含水组开采量参照2001～2005年年均各含水组地下水开采比例计算，其目的是预测最不利情况下的地面沉降发展状态。

第二方案：2001～2007年以实际开采量为准输入，2007年以后地下水开采量，以2007年实际开采量为基准逐年降低2%，各含水组开采量参照2001～2005年年均各含水组地下水开采比例计算，以模拟没有外来水源、保持现在控沉措施条件下地面沉降发展状况。

第三方案：2001～2007年以实际开采量为准输入，2007～2012年地下水开采量，以2007年实际开采量为基准逐年降低2%，各含水组开采量参照2001～2005年年均各含水组地下水开采比例计算；2013～2020年以各乡镇压采方案为准。第三方案模拟预测南水北调水源利用以后，地下水系统动态变化和地面沉降的发育状况，这是地下水限采的最理想方案。

通过编译计算机程序，计算滨海新区地下水位动态变化过程中的地面沉降值。图2－8与图2－9分别为第一方案下2007～2015年、2007～2020年预测累计等值线图。在保持2007年抽水条件不变情况下（第一方案），到2015年最大累计沉降量可达450 mm，两个沉降中心分别在东丽和汉沽；到2020年，最大累计沉降量可达650 mm，全区平均累计沉降量达268 mm。从沉降的层位分布特征分析，大港区沉降主要发生在第Ⅳ含水层，东丽、塘沽沉降主要发生于第Ⅲ、第Ⅳ含水层，汉沽沉降主要发生于第Ⅱ含水层。本次计算结果还显示，90%以上的沉降发生于含水层，而隔水层沉降所占份额较小。

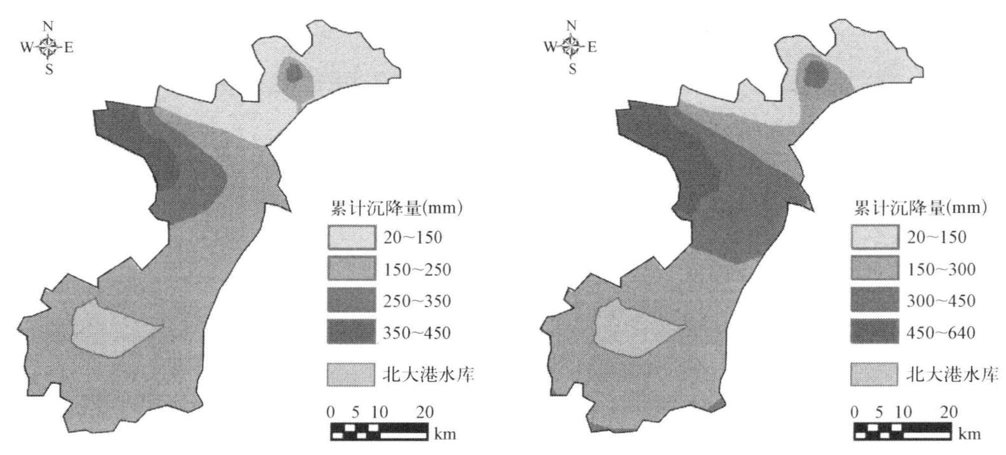

图2－8　2007～2015年累计沉降量图（方案1）　　图2－9　2007～2020年累计沉降量图（方案1）

* 天津市控制地面沉降工作办公室. 2008. 滨海新区地面沉降趋势预测及优化控制研究.

图 2－10 与图 2－11 分别为第二方案下 2007～2015 年、2007～2020 年预测累计等值线图。在抽水量历年递减 2% 的情况下（第二方案），第Ⅱ含水层水位基本稳定，故沉降主要发生在第Ⅲ、第Ⅳ含水层，主要沉降区位于东丽、塘沽两区。至 2015 年，最大累计沉降量达 350 mm；至 2020 年，最大累计沉降量达 520 mm，全区平均累计沉降量达 177 mm。

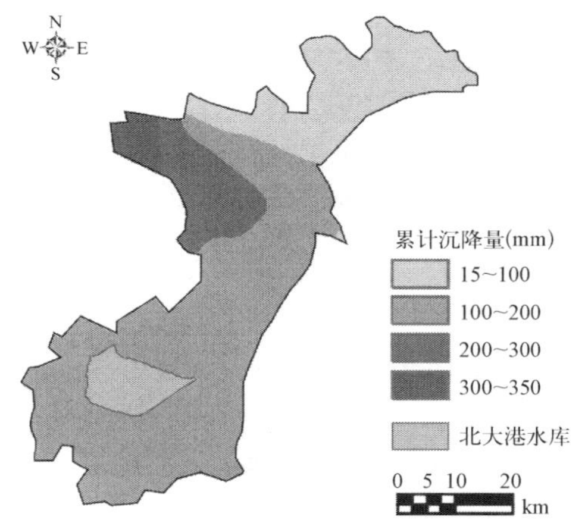

图 2－10　2007～2015 年累计沉降量图（方案 2）

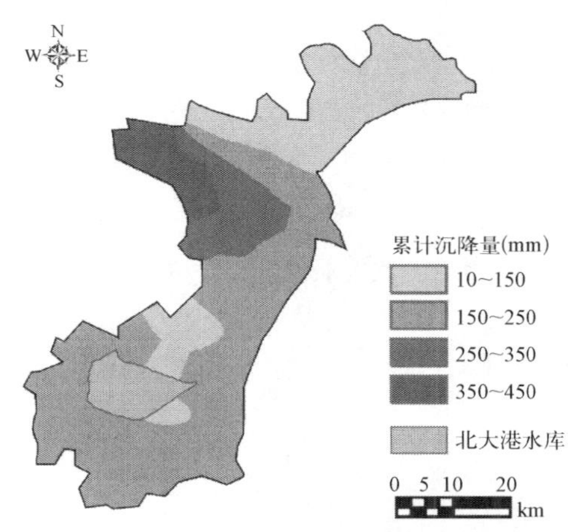

图 2－11　2007～2020 年累计沉降量图（方案 2）

第三方案是目前地下水限采的最理想方案，即南水北调水源逐步替换地下水开采，到最后完全替换地下水源。地下水动态数值模拟显示，根据规划方案，2013 年开始水源替换以后，全区各层水位基本上呈现稳定恢复的态势，故地面沉降持续发展的趋势将得到扭转。图 2－12 所示的第三方案中 2007～2020 年累计沉降量实际上是 2007～2013 年累计沉降量，最大累计沉降量达 150 mm，全区平均累计沉降量达 95 mm。

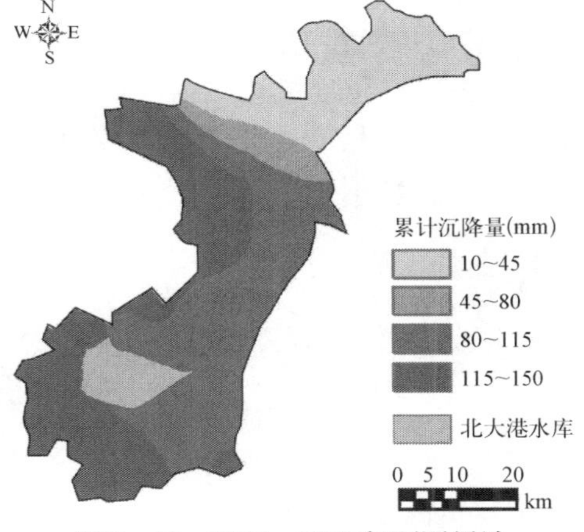

图 2－12　2007～2020 年预测累计沉降量图（方案 3）

第三节　近岸水下地形演变

近岸水下地形是沿海地区孕灾环境演变分析不可缺少的重要因素。它在潮汐、波浪、沿岸流和入海河流的共同作用下，含沙量、动力沉积类型复杂多变，不同时段、不同地理位置的冲淤强度和幅度颇有差别，这导致近岸水下地形变化多端，因此及时地提供水下地形时空变化信息对孕灾环境演变分析具有重要意义。多年来，我们采用聚类指数增长模型和改进的幂函数模型方法在获取长江口及邻区域近岸水下地形演变信息方面取得良好效果。

一、基于聚类指数增长模型的水下地形信息提取

在海床冲淤变化及预测中利用水深点数据，采用一维聚类分析法对插值数据进行分类，用水深点测度值来表征所有的水深点集，将水深点进行分类。聚类准则采用最小方差准则，称作 C 方差算法。设有 n 个水深点，$z_i(i=1, 2, \cdots, n)$ 表示水深点冲淤变化值。基本步骤为：① 确定分类个数 C 及分类阈值 $z_1, z_2, \cdots, z_{c-1}$，分为 $w_1, w_2, \cdots, w_c$类，根据水深点冲淤变化值的概率分布函数初步确定分类数和分类阈值；② 设已进行到第 k 次迭代，若对某一水深点 X 有 $z_i > z_{i+1}$，则 X 属于 w_{i+1}，再按第一种方法将全部水深点分配到 C 个类中；③ 计算各类的深度平均值 $E_i = \frac{1}{n_i}\sum_{x\in w_i} x$，以及各类的方差 $D_i = \frac{1}{n_i}\sum_{x\in w_i}(X-E_i)^2$，式中 n_i为 w_i中所包含的水深点；④ 比较 $D_1, D_2, \cdots, D_c$的大小，并计算所有水深点的方差之和 $D=\sum_{i=1}^{C} D_i$，若有 $D_i > D_{i+1}$，则回到②，适当改变 w_i与 w_{i+1}之间的分类阈值，对水深点重新分类，重复迭代计算，直到使得各类方差 D_i均较小，且所有水深点方差之和 D 达到最小为止。

事实上，海床并不是按照某一规律无限制地冲刷或淤积，随着淤积量或冲刷量的增加，自然环境等因素对海底淤积或冲刷的限制作用会越来越显著。如果早期标志海底冲淤状况的水深点深度变化率可以看作常数，当海床淤积或冲刷到一定的程度后，这个变化率会随着海底淤积量或冲刷量的增加而减小（苑惠丽等，2005）。经过分析检验，可采用以下指数增长模型。

1. 条件假设

（1）水深点变化率（假设为增长率）r 为水深点值 $z(t)$的函数 $r(z)$

$$r(z)=\frac{z(t)-z(t_0)}{\Delta t}\qquad 且\ t\geqslant t_0 \tag{2-1}$$

其中 $\Delta t = t - t_0$，代入式（2－1）得

$$r(z)=\frac{z(t)-z(t_0)}{t-t_0} \tag{2-2}$$

（2）各种自然因素和环境条件下海底水深变化率 $r(z)$随时间的增加以指数形式逐步减少：

$$r(t)=r(z)\Delta t^a \tag{2-3}$$

把式（2－2）代入式（2－3），得

$$r(z)=\frac{z(t)-z(t_0)}{t-t_0}(t-t_0)^a \tag{2-4}$$

2. 建立模型

记时刻 $t=0$ 时水深点值为 z_0，时刻 t 的深度为 $z(t)$，t_0 到 $t_0+\Delta t$ 时间段内水深点深度的增量为 $r(t)(t-t_0)^a$。以 t_0 为起始时刻，模型为 $z(t)=z_0+r(t-t_0)^a$。模型参数采用最小二乘法拟合得到 r 和 a 估计值。

依据聚类指数增长模型中的聚类准则及研究区范围，以长江口南汇嘴近岸海床实验区 2003 年、2005 年和 2010 年海床实测地形数据为基础①，对该实验区海床地形的变化趋势进行模拟。将 2003～2010 年冲淤区划分为 8 个区。各区冲淤强度的范围为：A 区为 −7.1～−1.4 m，B 区为 −1.4～−0.6 m，C 区为 −0.6～0.1 m，D 区为 0.1～0.8 m，E 区为 0.8～1.4 m，F 区为 1.4～2.3 m，G 区为 2.3～4.1 m，H 区为 4.1～7.6 m（图 2－13）。根据聚类指数增长模型，以 8 个区域水深点为基础，建立各个区域的预测模型。根据分区结果，得到 2003 年、2005 年以及 2010 年的水深数据序列，求解出模型中的参数并确定相应的预测模型（表 2－4）。

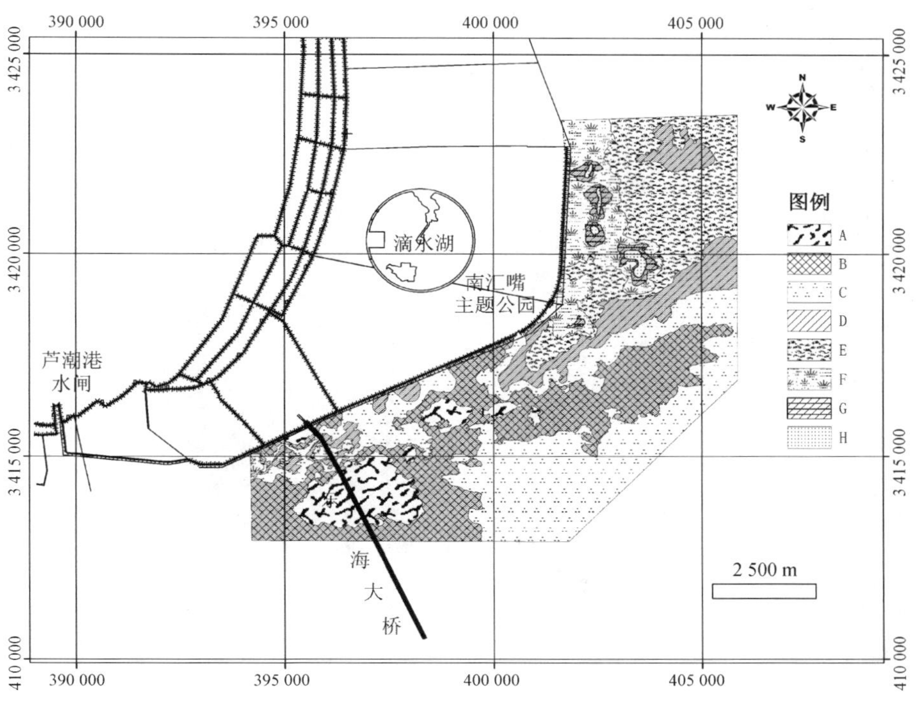

图 2－13 长江口南汇嘴水深点分区图

依据表 2－4 中所建立的各区域方程，预测 2011 年南汇嘴近岸海床水下地形。将预测获得的 2011 年水下地形与 2011 年实测水下地形进行对比分析，以确定预测误差（图 2－14 和图 2－15）。为了便于对比误差的空间差异，将误差在“−0.5～0.5 m”范围的区域定义为“小误差区域”，将误差“>1.0 m”与“< −1.0 m”的区域定义为“大误差区域”，

① 虞志英等. 上海临港新城旅游项目岸线稳定性咨询研究报告. 2012.

表 2-4 长江口南汇嘴地形分区模拟参数与方程

分区	时间			参数		方程
	2003 年	2005 年	2010 年	R	a	
A	-4.49	-7.57	-8.42	-1.6840	0.4355	$Z(t) = Z(2003) - 1.6840 \times (t-2003)^{0.4355}$
B	-4.45	-5.83	-6.42	-0.5714	0.6361	$Z(t) = Z(2003) - 0.5714 \times (t-2003)^{0.6361}$
C	-4.67	-5.46	-5.61	-0.5135	0.3107	$Z(t) = Z(2003) - 0.5135 \times (t-2003)^{0.3107}$
D	-1.66	-1.29	-0.76	0.0409	1.5884	$Z(t) = Z(2003) + 0.0409 \times (t-2003)^{1.5884}$
E	-1.62	-0.90	-0.46	0.2209	0.8522	$Z(t) = Z(2003) + 0.2209 \times (t-2003)^{0.8522}$
F	-1.66	-0.27	0.36	0.5507	0.6679	$Z(t) = Z(2003) + 0.5507 \times (t-2003)^{0.6679}$
G	-2.56	-0.38	-0.02	1.4929	0.2731	$Z(t) = Z(2003) + 1.4929 \times (t-2003)^{0.2731}$
H	-5.01	-0.49	0.05	3.4175	0.2017	$Z(t) = Z(2003) + 3.4175 \times (t-2003)^{0.2017}$

其余区域为“中误差区域”。预测误差由西南研究区向东北区域逐渐减小，“大误差区域”主要位于研究区地形变化复杂的西南部，该区有东海大桥穿过，东海大桥的建立在一定程度上影响了该区水动力条件，从而对预测结果产生较大影响，其他区域的误差相对较小。综合分析，所建立的水下地形预测方法在该区域具有一定的可适用性。

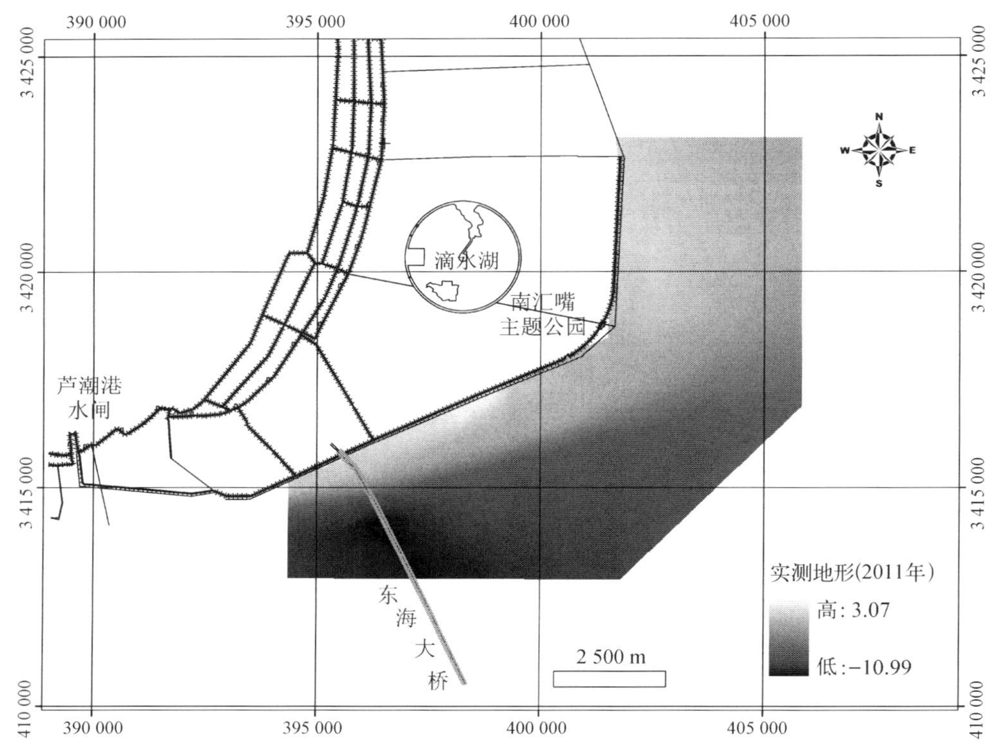

图 2-14 南汇嘴 2011 年实测海床水下地形

利用所建立的南汇嘴近岸海床水下地形预测模型，对该区域 2013 年水下地形进行预测(图 2-16)。由图可知，与研究区 2011 年水下地形相比，2013 年研究区北部区域将发生轻微淤积，南部和东部发生冲刷，东海大桥附近冲刷较为严重。

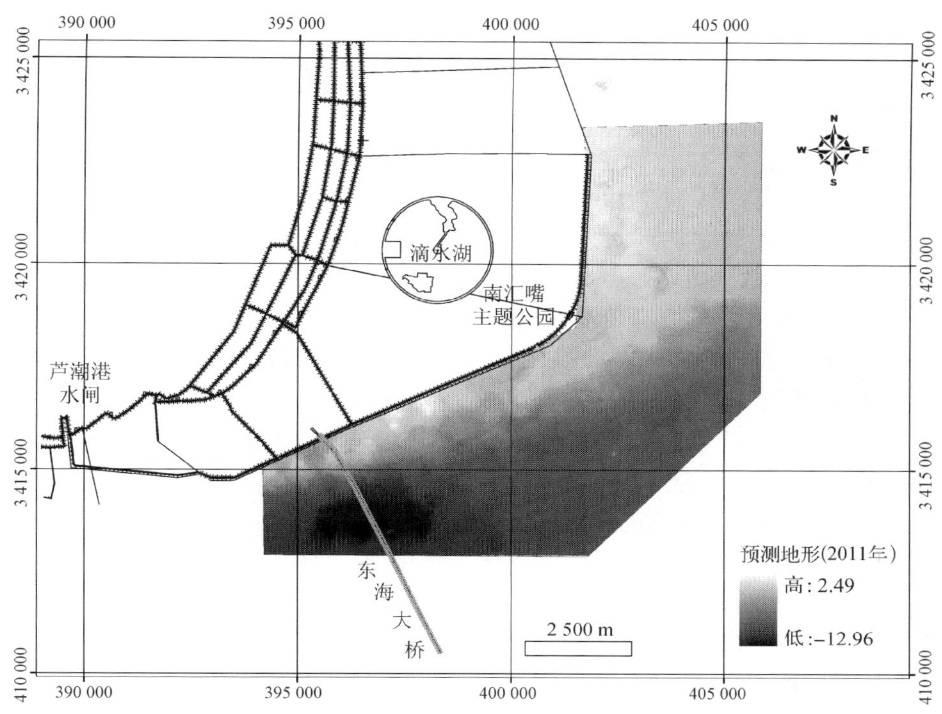

图 2－15　南汇嘴 2011 年预测海床水下地形

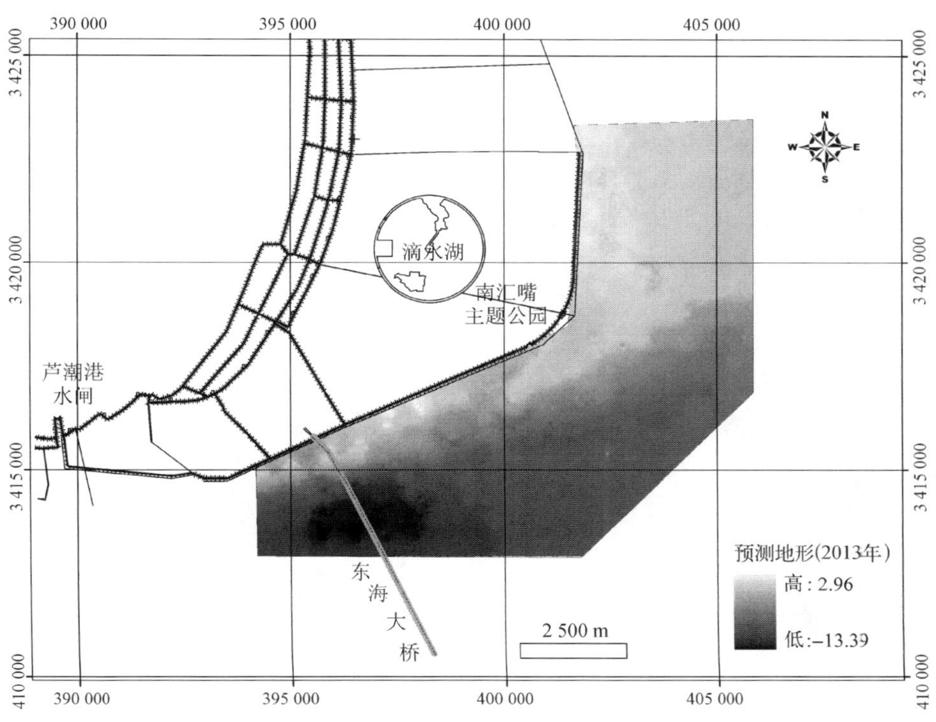

图 2－16　南汇嘴 2013 年海床水下地形预测

二、基于改进幂函数模型的水下地形信息提取

上述聚类指数增长模型对于海床地形的演变预测具有一定的可行性，但预测误差较大。我们在开展长江口洋山深水港前沿海床水下地形演变分析时，尝试建立了改进的幂函数模型，以提高水下地形的预测精度。海床冲淤变化是水流、泥沙、海底坡度、人类活动等综合作用的结果(Kniskern et al. ,2003)，对于这样一个难以将所有因子的影响和关联都考虑在内的复杂系统，采用的分析方法是基于数据变化特征本身来推求变化趋势。依据1998年、2005年、2006年和2008年的海床冲淤实测数据和基于海底地形变化的区域性特征(虞志英等,2013)，借鉴已有的聚类指数模型(苑惠丽等,2005)并对原方法进行改进，进而提出改进的幂函数模型，基于ArcGIS工具箱自主设计了LanModel来实现该模型，分析1998~2008年洋山海域受人为干扰期间及之后可能出现的水深变化趋势，方法如下。

基本假设：① 陆域边界无较大变化；② 海床在初始时间点受到人为活动的强烈干扰，冲淤状况远离平衡状态，此后一段时间内也会受到人为干扰，但相对较弱；③ 海床冲淤经过调整后趋向于同向的平衡，即淤积的区域在研究时段内不会转向冲刷；④ 海床冲淤在较长时段内的变化具有规律性，而较短时期的变化规律沿袭了这种长期变化趋势。

设研究区海床中有 N 个水深点，分别记为 $P_M(1 \leqslant M \leqslant N)$；$T_m$和 t 分别表示研究年份及其编号，定义 T_0年时 $t=1$；各点高程在起始年份 T_0时的初始变化率为 $R_0(P_M)$。

(1) 首先根据 $R_0(P_M)$将研究区分为 A_1, A_2, …, A_k共 k 个子区域，用 $R_i(1 \leqslant i \leqslant k-1)$表示 A_i和 A_{i+1}之间的分类阈值，子区域数目和分类阈值的选取要尽量遵循方差最小原则，首先用自然断点法粗分，然后对阈值进行调整。待分类数和阈值选好后，执行下述循环：

Find R_i in all threshold records, if $R_i \geqslant R_0(P_M)$, i. e., the point P_M falls into the region A_i.

Otherwise, repeat the following procedure while each point P_M is assigned.

If $R_i < R_0(P_M)$, the point P_M falls into the region A_{i+1};

$i = i + 1$;

Otherwise, go back to Step 1).

由此得到反映不同空间位置冲淤程度差异的 k 个分区，用 $A_j(1 \leqslant j \leqslant k)$表示，利用式(2-5)求得 A_j区域的海床在初始年份 T_0时的平均冲淤率 $R_0(A_j)$。

$$R_0(A_j) = \frac{1}{n} \sum_{m=1}^{n} R_0(P_{A_{j,m}}) \tag{2-5}$$

式中，$R_0(A_j)$表示子区域 A_j海床在初始年份 T_0时的平均冲淤率(即基准冲淤率)，符号为正号表示淤积，负号表示冲刷；n 表示子区域 A_j中的水深点个数；$P_{A_{j,m}}$表示子区域 A_j中的第 m 个水深点($1 \leqslant m \leqslant n$)；$R_0(P_{A_{j,m}})$表示点 $P_{A_{j,m}}$的初始冲淤速率。

(2) 海床冲淤速率 $R_0(A_j)$为起始速率呈指数形式递减，某区海床在 T_m年时的平均水深变化率见式(2-6)，T_0-T_m年间的水深变化值见式(2-7)。

$$R_m(A_j) = R_0(A_j) \times T^a \quad T = T_m - T_0 + 1 \tag{2-6}$$

$$Z_m(A_j) = Z_0(A_j) + R_0(A_j) \times \sum_{t=2}^{T} t^a \tag{2-7}$$

式中，$R_m(A_j)$表示 T_m年时 A_j区的水深变化率；$Z_m(A_j)$表示 T_0-T_m年间 A_j区域的水深值。若已知 T_0后某年份的高程值，便可根据式(2-6)、式(2-7)推求出各级子区域 a 的不同取值，即可求得式(2-6)、式(2-7)的表达式用来推求所需年份的水深变化率和变化量。

为了综合反映人类活动在 1998~2008 年对研究区造成的影响，将 1998~2008 年 11 年间海床各高程点的平均变化率作为初始速率 $R_0(P_M)$，之后水深高程点的变化率就据此速率呈指数变化。同时，由于人类活动和海床自身的调整几乎是同时进行的，海床的指数曲线规律在初期受到强烈干扰后便开始发挥作用，因而将 1998 年作为初始年分 T_0，所得结果如下。

(1) 根据 $R_0(P)$将研究区分为 7 个子区域(图 2-17)，分类阈值为 1.6 m/a，0.8 m/a，0.3 m/a，0 m/a，-0.2 m/a，-0.4 m/a，其中正值表示淤积变化率，负值表示冲刷变化率。将淤积率 >1.6 m/a 的区域定义为区域 A_1，淤积率在 0.8~1.6 m/a 之间的区域定义为区域 A_2，依次将变化率在 0.3~0.8 m/a，0~0.3 m/a，-0.2~0 m/a，-0.4~0.2 m/a，< -0.4 m/a区间的区域分别定义为区域 A_3，A_4，A_5，A_6，A_7。根据分类结果获得了各级相应的空间分布和基准冲淤率 $R_0(A_j)$。

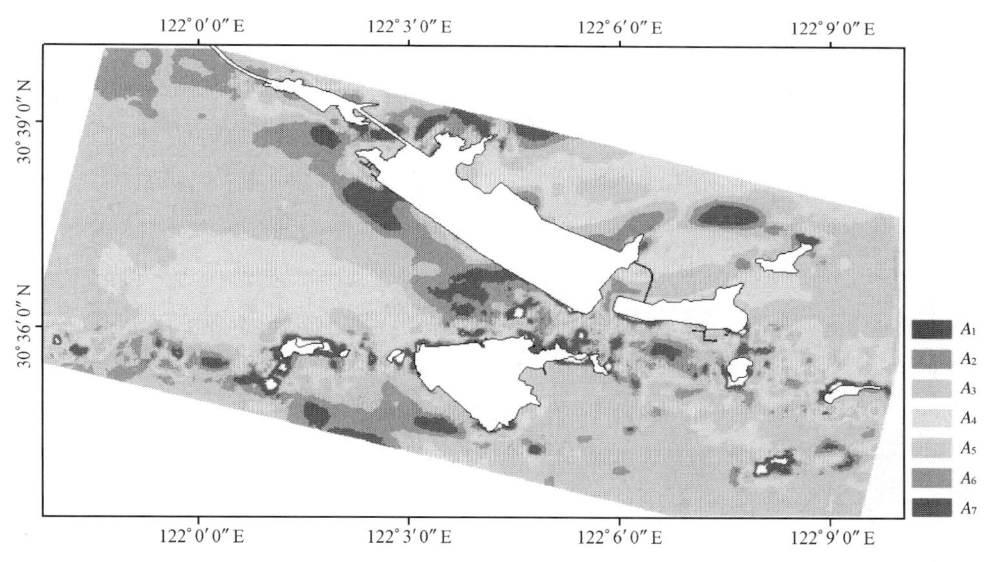

图 2-17　子区域 A_1至 A_7的空间分布

(2) 根据 2005 年的实测高程值推算 a 的取值，并做 $R_m(A_1)$至 $R_m(A_7)$的图像，依次如图 2-18 所示。

由图 2-18 可以看出，A_1、A_2的曲线走势较陡，可见这些区域受到人类活动影响较大，其中 A_1、A_2区域为淤积率较高的区域，A_1对应图 2-17 中人类吹填泥沙造陆的区域，A_2对应受吹填泥沙和围堵汉道工程影响的区域；A_7为冲刷率较高的区域，对应图 2-17 中航道

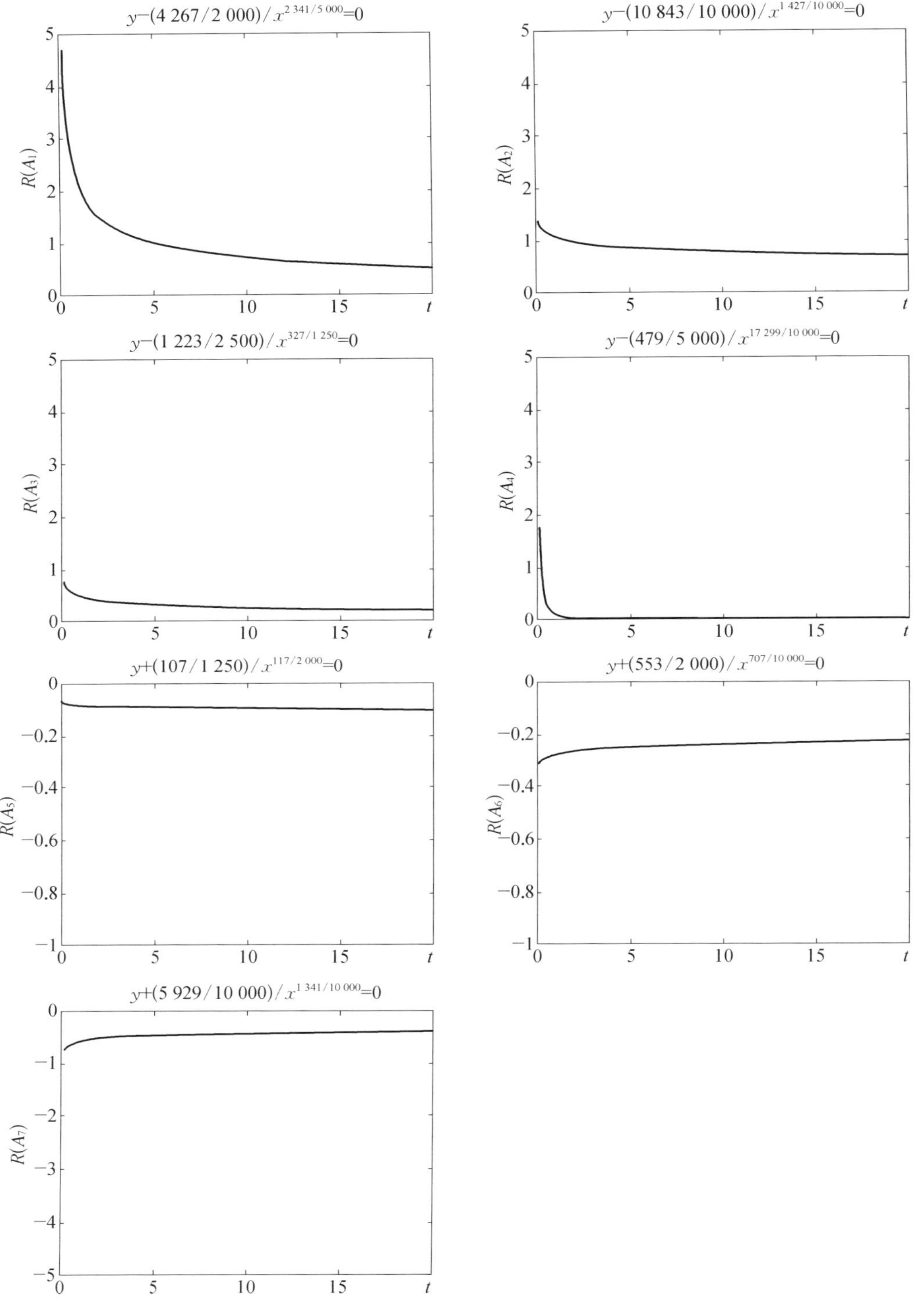

图 2－18　子区域 $A_1 \sim A_7$ 的水深变化率

加深区。综合可以看出这些区域受到人类活动的直接影响。

由图 2 - 18 可以看出，A_3、A_4、A_6、A_7区域的这 4 条曲线均比较平缓，即 A_3、A_4区域为速率较低的淤积区，对应图 2 - 17 中的岛链狭道西南侧的开阔海域，以及北侧岛链西北部受人为干扰相对较弱的区域；A_6、A_7为速率较低的冲刷区，对应图 2 - 17 中的岛链狭道和岛间狭道。这些区域未受到工程建设的直接影响，但是由于外在环境的改变，其冲淤受到间接影响。

图 2 - 18 中的 A_5曲线显示该区域略呈冲刷，冲淤率随时间变化不大，结合图 2 - 17 分布可得，该区域的冲淤基本没有受到人类活动的影响，仍然保持工程前相对平衡的冲淤状态。

上述结果用到了 1998 年、2005 年、2008 年的地形数据，为了排除这些年份的数据参与计算对模型结果造成的影响，选取 2006 年来做验证，利用上述方法预测 2006 年的海底地形，将预测结果与 2006 年的实测结果相对比，从等深线的分布来看结果吻合较好（图 2 - 19、图 2 - 20）。

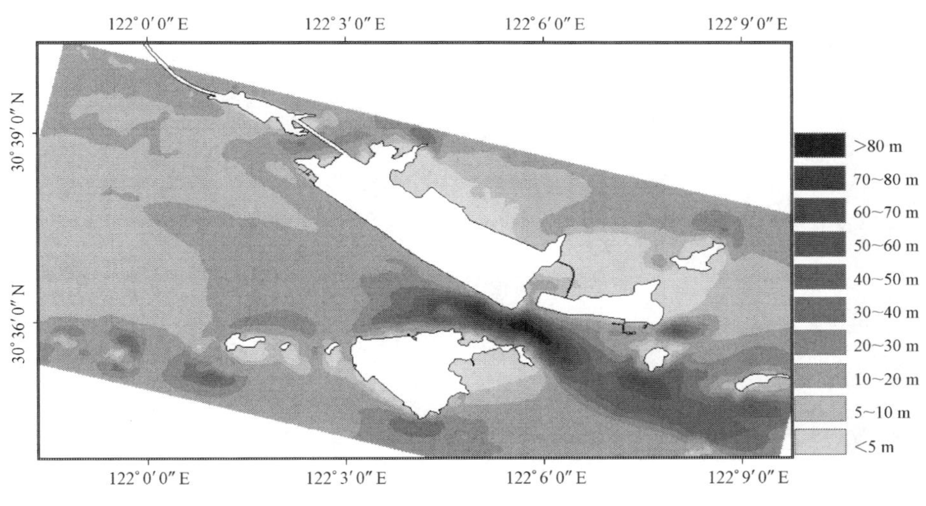

图 2 - 19 2006 年实际海底地形

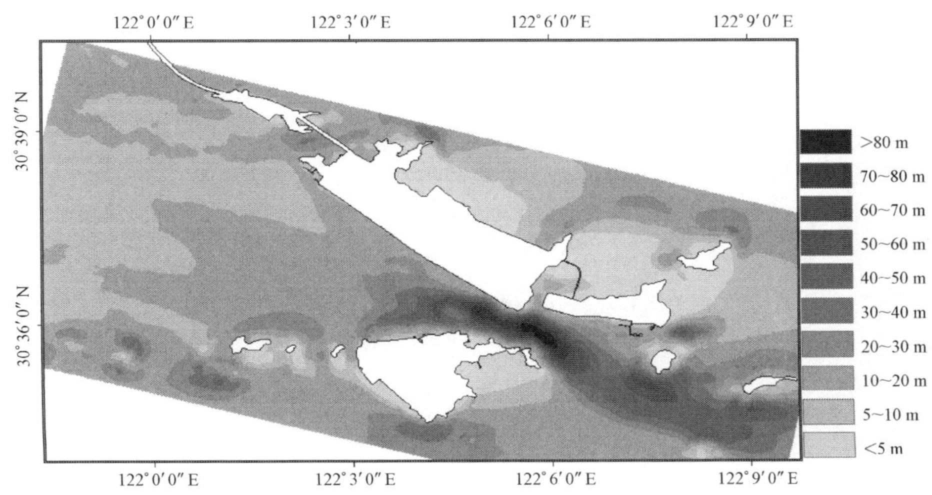

图 2 - 20 模型预测 2006 年海底地形

同时利用式(2－8)对各水深点进行相对误差计算,式中 E 表示各水深点的平均误差,Z_Y表示各水深点的预测高程值,Z_S表示各水深点的实测高程值。

$$E = \left| \frac{Z_Y - Z_S}{Z_S} \right| \tag{2-8}$$

最后得到相对误差 E 的空间分布如图 2－21 所示。根据已有标准,20% 以内的误差都是可以接受的误差,从图中可以看出水深点预测值的误差绝大多数在 10% 以内,误差较大的区域多分布于近岸及受人类干扰过于严重的区域,总体而言该模型在研究区内具有适用性。

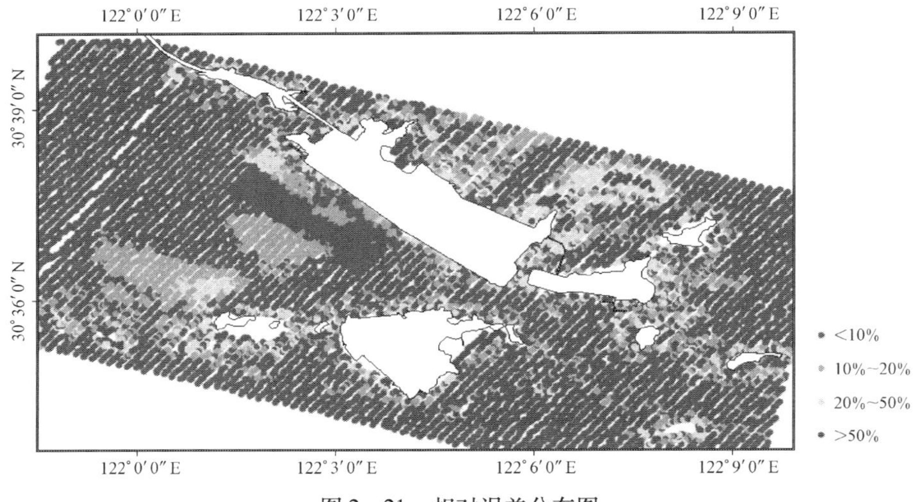

图 2－21　相对误差分布图

根据实测的 2008 年洋山港区水下地形实测数据和陆地实测等高线数据,构建研究区 2008 年数字高程模型(DEM)(图 2－22)。在此基础上,以研究区 2008 年为基准年份,利用所建立的地形预测模型,预测得到研究区 2015 年水下地形(图 2－23)。

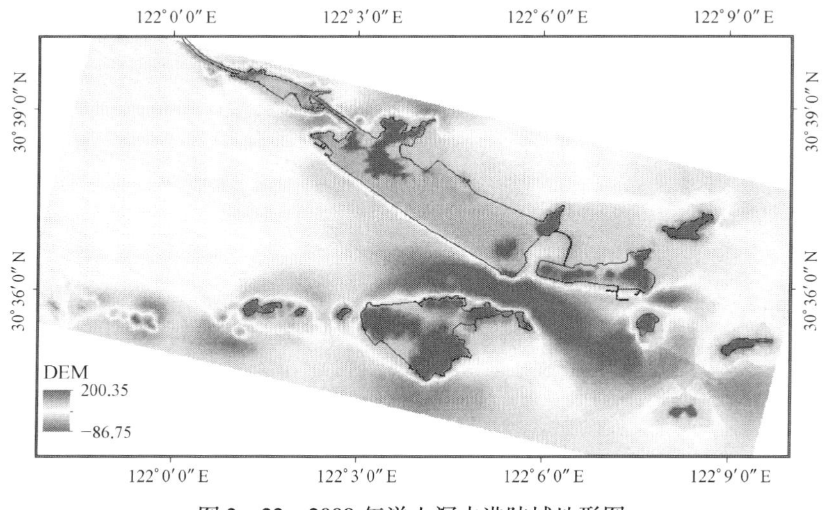

图 2－22　2008 年洋山深水港陆域地形图

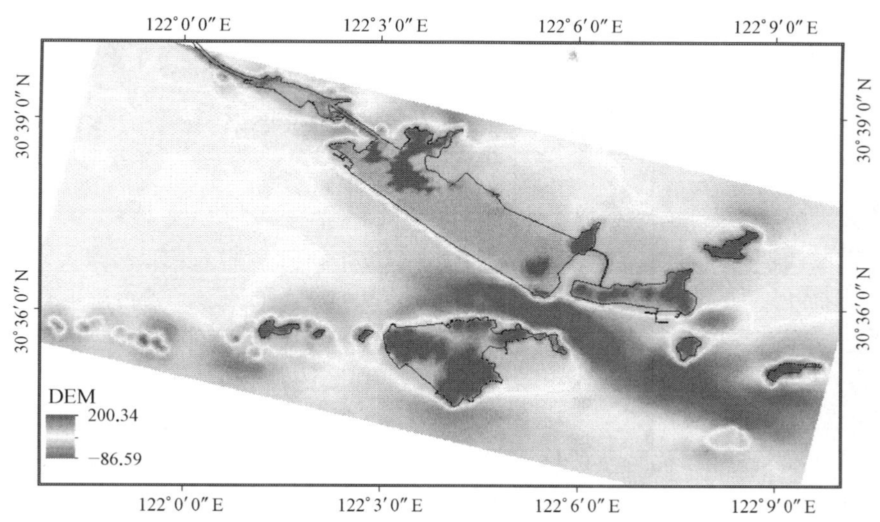

图2-23　洋山港区2015年水陆地形预测图

参考文献：

方创琳. 2009. 改革开放30年来中国的城市化与城镇发展. 经济地理, 29(1)：19-25.

胡蓓蓓, 姜衍祥, 周俊, 等. 2008a. 天津市区及近郊区地面沉降灾害风险评估与区划. 中国人口·资源与环境, 18(4)：28-34.

胡蓓蓓, 姜衍祥, 周俊, 等. 2008b. 天津市滨海地区地面沉降灾害风险评估与区划. 地理科学, 28(5)：693-697.

许世远, 束炯, 王铮, 等. 2004. 上海城市自然地理图集. 上海：中华地图学社.

虞志英, 李身铎, 张志林, 等. 2013. 上海国际航运中心洋山深水港工程动力地貌响应. 北京：科学出版社.

苑惠丽, 马劲松, 许武成. 2005. 海底冲淤变化预测的聚类指数增长模型研究. 海洋通报, 24(2)：52-56.

曾明星, 张善余. 2004. 基于比较研究的上海人口规模再思考. 人口学刊, 147：28-33.

周俊, 杨建图, 陆阳, 等. 2010. 基于情景分析的天津市滨海新区地面沉降预测. 地质灾害与环境保护, 21(1)：92-100.

Batty M, Xie Y C, Sun Z L. 1999. Modeling urban dynamics through GIS-based cellular automata. Computers, Environment and Urban Systems, 23：205-233.

Kniskern T, Kuehl S. 2003. Spatial and temporal variability of seabed disturbance in the York River subestuary. Estuarine, Coastal and Shelf Science, 58：37-55.

Lucas I F, Frans J M, Wel V D. 1994. Accuracy assessment of satellite derived land-cover data：A review. Photogrammetric Engineering and Remote Sensing, 60：410-432.

Xie Y. 1996. A generalized model for cellular urban dynamics. Geographical Analysis, 28：350-373.

Yin J, Yin Z, Hu X, et al. 2011. Multiple scenario analyses forecasting the confounding impacts of sea level rise and tides from storm induced coastal flooding in the city of Shanghai, China. Environmental Earth Sciences, 63(2)：407-414.

第三章　城市自然灾害危险性情景分析方法

自然灾害的活动程度即危险性，主要体现在灾害活动规律、灾害强度、灾害活动频次和概率等方面。灾害危险性分析精度在很大程度上会影响风险评估结果的可靠性。随着全球变化的不断加剧，未来极端灾害事件发生频率可能进一步变大，用传统的趋势外推等方式已无法深入探讨极端灾害导致的影响，情景分析方法已成为当前灾害危险性分析的重要途径。对于自然灾害危险性研究，国外始于20世纪60年代末70年代初，比较有代表性的研究成果是苏联针对全苏完成的第二代地震危险区划图，美国加州旧金山地区的地震危险评价、灾害综合危险性评价等；进入20世纪90年代，美国在其减灾系统工程框架计划中，明确提出研究重点之一是对灾害的实际风险和可承受风险进行评估，以用于备灾、减少隐患、储备资源和物资、对灾区进行干预、灾后财政援助、恢复以及重建等工作的开展（王绍玉等，2005）。我们在中国东部沿海城市（上海、天津）开展台风、风暴潮、暴雨内涝灾害危险性情景分析中，借助专业模型和地理信息系统（GIS）技术来实现。有些是基于成熟的商业（或免费）软件开展的，有些是基于自己设计、开发的工具或者方法。

第一节　自然灾害危险性情景构建方法

国内外最常用的自然灾害危险性情景构建方法是采用极值频率法。然而，由于地域的差异、环境的不同，单一模式很难具有普遍性，故处理实际问题时，应根据实测资料，采用与经验频率点拟合最佳的理论分布，以有利于客观合理地确定环境条件的重现值。

一、常用极值分布模型

在实践中应用最多的经典极值分布模型包括 Gumbel 型分布、Frechet 型分布和 Weibull 型分布三种，分别称为极值Ⅰ型分布、极值Ⅱ型分布和极值Ⅲ型分布（Leadbetter et al.，1982）。它们经常用于各种极端气候要素的分布拟合。

1．Gumbel 型分布函数

$$F(x) = \exp\left\{-\exp\left[-\left(\frac{x-\mu}{\sigma}\right)\right]\right\} \quad -\infty < x < +\infty \tag{3-1}$$

2．Frechet 型分布函数

$$F(x) = \begin{cases} 0 & x \leqslant \mu \\ \exp\left[-\left(\frac{x-\mu}{\sigma}\right)^{-\xi}\right] & x > \mu \end{cases} \tag{3-2}$$

3. Weibull 型分布函数

$$F(x) = \begin{cases} \exp\left[-\left(\dfrac{\mu - x}{\sigma}\right)^{\xi}\right] & x < \mu \\ 0 & x \geqslant \mu \end{cases} \tag{3-3}$$

式中,尺度参数 $\sigma > 0$; 位置参数 $\mu > 0$;形状参数 $\xi > 0$。

Genkinson 提出的广义极值分布(GEV)模型将以上三种类型的分布函数统一成一种形式。广义极值分布的分布函数为

$$G(x) = \begin{cases} \exp\left\{-\left[1 + \xi\left(\dfrac{x - \mu}{\sigma}\right)\right]^{-1/\xi}\right\} & -\infty < x \leqslant \mu - \sigma/\xi \quad \xi > 0 \\ & \mu - \sigma/\xi < x < +\infty \quad \xi < 0 \\ \exp\left\{-\exp\left[-\left(\dfrac{x - \mu}{\sigma}\right)\right]\right\} & -\infty < x < +\infty \quad \xi = 0 \end{cases} \tag{3-4}$$

式中, $-\infty < \mu < +\infty$ 为位置参数; $\sigma > 0$ 为尺度参数; $-\infty < \xi < +\infty$ 为形状参数。当 $\xi = 0$ 时, 对应于 Gumbel 型分布;当 $\xi > 0$ 和 $\xi < 0$ 时, 分别对应于 Frechet 型分布和 Weibull 型分布(丁裕国等,2009)。

此外,Pearson -Ⅲ型是一种经验型分布,具有广泛的概括和模拟能力,在气象上常用来拟合年、月的最大风速和最大日降水量等极值分布(杨水泉,1997)。其概率密度函数和保证率分布函数为

$$f(x) = \frac{\beta^{\alpha}}{\Gamma(\alpha)}(x - \alpha_0)^{\alpha-1}\exp[-\beta(x - \alpha_0)] \tag{3-5}$$

$$P(x \geqslant x_P) = \frac{\beta^{\alpha}}{\Gamma(\alpha)}\int_{x_P}^{\infty}(x - \alpha_0)^{\alpha-1}\exp[-\beta(x - \alpha_0)]\mathrm{d}x \tag{3-6}$$

式中,参数 α_0 为随机变量 x 所能取的最小值;α 为形状参数;β 为尺度参数;$\Gamma(\alpha)$ 是 α 的伽马函数。

对于极值分布模型的参数估计,普遍性的方法有极大似然法和矩法等,特定性的方法有最小二乘法、可靠性矩法、概率权值法和百分点法等(李峋等, 2010)。极大似然估计法是最基本的参数估计方法,应用最为普遍。不同极值分布模型的参数估计方法不尽相同,在实际应用中,可根据原始数据对各种常用的参数估计方法的拟合效果进行比较,以选出最适用该数据的方法来完成参数估计工作。

二、中国东部大风危险性情景分析

我国东部沿海地处太平洋风暴盆地的西北缘,台风灾害频发,平均每年会有 9 场左右的台风登陆(杨玉华等,2009)。台风灾害往往造成巨大损失,因此系统建立一套大风危险性情景构建与分析方法,并掌握台风所引起的大风特征,对防范台风灾害具有十分重要的意义(杨玉华等,2004)。灾害危险性研究关注的是一些可能带来损失的极端事件,国内外已有很多学者(HAZUS, 2012;Beguería et al. , 2006;Khan et al. , 2011;孙鹏等,2011;

江志红等,2010;安卫平等,2008;苏布达等,2008)将极值模型用于灾害危险性研究中,取得了良好的效果。

(一) 研究数据

在中国东部沿海台风大风危险性分布研究中,选取了海南、广西、广东、福建、浙江、上海、江苏、山东、天津、河北、辽宁等11个沿海省(自治区、直辖市)及江西、湖南、安徽、北京等4个邻近海域的省市作为研究区域。从中国气象科学数据共享服务网(http://cdc.cma.gov.cn)收集该区1951~2011年各风速测站的逐日最大风速记录数据。排除记录数据年份少于20年的站点,最终确定233个测站的记录数据作为台风大风危险性分析数据。根据中国东部沿海地区受台风影响严重时期统计(乐群等,2000),从各测站每日风速记录数据中提取每年6~11月最大风速作为由台风大风造成的年极值风速,以排除由北方地区寒潮大风造成极值风速的影响。统计每年最大风速,形成台风大风风速序列。

(二) 研究方法

基于对中国东部沿海地区历史风速数据极值分布的特征分析,选择Weibull概率模型与Pearson-Ⅲ型概率模型对历史台风大风灾害进行频率分析。利用各测站年最大风速监测资料,建立台风大风年最大风速时间序列,通过编程建立Weibull概率模型,并使用武汉大学水资源与水电工程科学国家重点实验室开发的Pearson-Ⅲ型分布曲线适线软件,分别计算得到不同重现期下的各测站极值风速。

1. Weibull极值分布模型

采用Weibull分布模型进行台风大风频率分析,其概率密度函数为

$$f(x)=\frac{\alpha}{\beta}\left(\frac{x-a_0}{\beta}\right)^{\alpha-1}\exp\left[-\left(\frac{x-a_0}{\beta}\right)^{\alpha}\right] \tag{3-7}$$

式中,α为形状参数;β为尺度参数;a_0为位置参数,当$a_0=0$时上式则为二参数Weibull分布。实际验证后发现三参数Weibull分布模型对台风大风的拟合效果大大优于二参数模型,因此本研究采用三参数Weibull分布模型。

其中α参数及β参数的计算方法采用最小二乘法,得到Weibull分布中参数α和β的值。而参数a_0较难确定,本研究采用试定法,以$a_0=\min(x_i)-0.1$为初值,代入上述的其余两个参数计算中,使a_0以0.1的降幅重复进行计算,直至计算得的剩余方差S_k最小,取此时的a_0值作为Weibull分布的位置参数,将a_0值代入上述的α参数及β参数计算,得到此两个参数的最终值。剩余方差的计算方法如下:

$$S_k=\sqrt{\frac{1}{n-1}\sum\left[Y_i-(aX_i-b)\right]^2} \tag{3-8}$$

对于台风大风风速频率来说,x表示风速值,$F(x)$表示小于等于该风速值的发生概率。因此分布函数的反函数即为通过概率值P计算该概率下最大风速v_P的公式

$$v_P = a_0 + \beta[-\ln(1-P)]^{1/\alpha} \tag{3-9}$$

计算一定重现期下台风风速情况，需要将重现期 T_y（年）换算为发生频率 P(%)，计算公式为

$$P = 1 - \frac{1}{T_y} \tag{3-10}$$

基于 Weibull 极值分布模型，我们使用 C#语言在 Microsoft Visual Studio 2008 平台下开发了 Weibull 分布拟合程序，以完成对 233 个风速测站的年极值风速数据的 Weibull 模型拟合工作。程序对输入的年极值风速序列数据使用最小二乘法计算 Weibull 极值模型的形状参数及尺度参数，并使用试定法计算位置参数，通过 Weibull 分布函数的反函数计算得到若干重现期下的风速数据，并输出到 Excel 表格中以进行后续的分析。程序界面如图 3－1 所示。

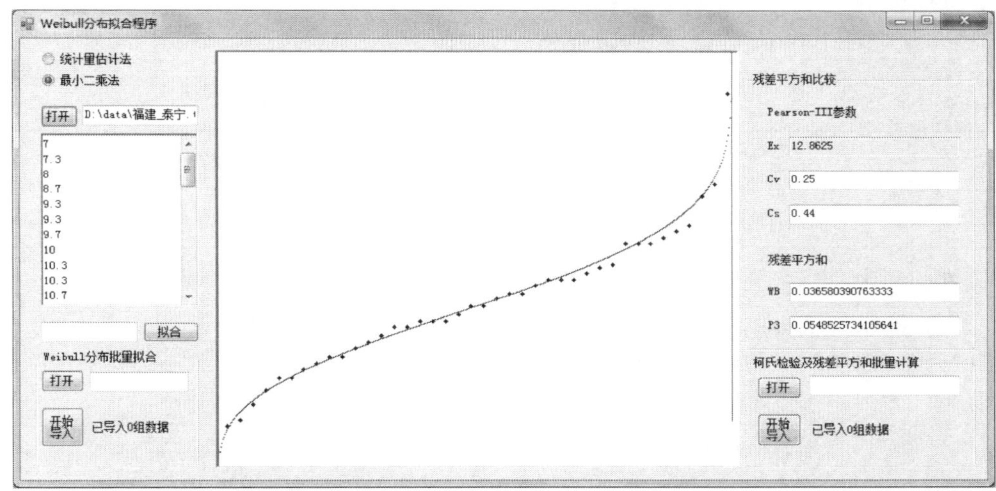

图 3－1　Weibull 分布拟合程序界面

2. Pearson－Ⅲ型极值分布模型

采用 Pearson－Ⅲ型概率模型进行台风大风频率分析，其概率密度函数

$$f(x) = \frac{\beta^\alpha}{\Gamma(\alpha)}(x-a_0)^{\alpha-1}\exp[-\beta(x-a_0)] \tag{3-11}$$

式中，$\Gamma(\alpha)$为 α 的伽马函数；α、β、α_0为 Pearson－Ⅲ型概率模型的三个参数。推证可知

$$\alpha = \frac{4}{C_s^2};\quad \beta = \frac{2}{\bar{x}C_vC_s};\quad a_0 = \bar{x}\left(1 - \frac{2C_v}{C_s}\right) \tag{3-12}$$

式中，$\bar{x}$为平均值；C_v为离差系数；C_s为偏差系数。

通过推导得到计算频率 P 对应的最大风速 v_P的公式

$$v_P = (\Phi C_v + 1)\bar{v} \tag{3-13}$$

式中，Φ 为离均系数；频率 P 对应的离均系数可通过查表获取（金光炎，1983）。

将台风系列值按从大到小排列，风速值对应的概率为 $P_i = 1/(n+1)$。然后把大风风速数值与其对应的概率标注到海森概率格纸坐标上，采用图解适线法求得与经验曲线拟合度最好的 C_v 与 C_s 系数，再通过公式得出一定重现期下的风速数值。这里重现期 T_y（年）等于频率 P（%）的倒数。

在对各测站的年极值风速进行 Pearson－Ⅲ型极值分布拟合时，使用了武汉大学水资源与水电工程科学国家重点实验室开发的 Pearson－Ⅲ型分布曲线适线软件。该软件采用图解适线法求出 Pearson－Ⅲ型极值分布所需的各项参数，完成极值分布拟合的工作，并输出不同重现期情景下的风速数据。软件界面如图 3－2 所示。

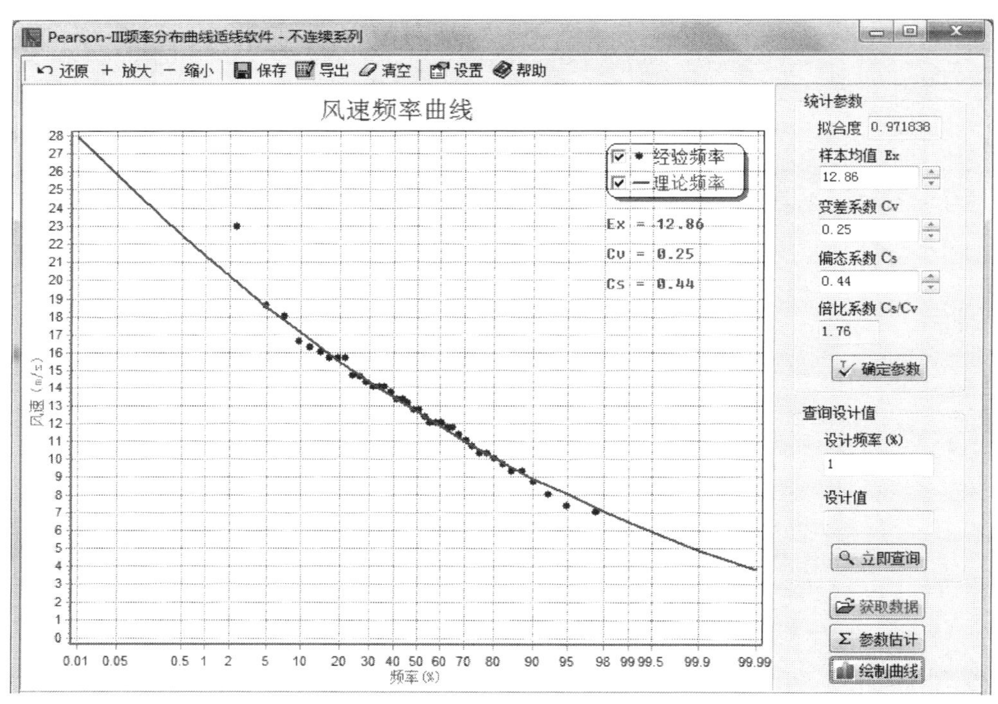

图 3－2　Pearson－Ⅲ型分布曲线适线软件界面

3. 柯尔莫哥洛夫检验

在 0.05 显著性水平下，使用柯氏检验法对两种极值分布拟合的结果进行检验（陈家鼎等，2007），结果表明，在 233 个风速测站中，两种分布都有 231 个测站通过了检验，仅有辽宁省的两个测站未通过柯氏检验，因此 Weibull 极值分布模型和 Pearson－Ⅲ型极值分布模型都对中国东部沿海地区的台风大风危险性有比较好的适配性。

对两种极值分布的柯尔莫哥洛夫检验统计量 D_n 进行对比。由于 D_n 代表求得拟合分布函数与经验分布函数的偏差大小，因此该统计量值越小则表示拟合效果越优。从表 3－1 可以看出，Weibull 分布模型的统计量 D_n 所有测站之和及均值小于 Pearson－Ⅲ型分布模型，标准差也较小，对各测站两种极值分布的 D_n 大小分别进行对比，有 138 个测站 Weibull

分布模型的统计量 D_n 小于 Pearson－Ⅲ型分布模型，占总测站数的 59.2%。因此对柯尔莫哥洛夫检验统计量 D_n 的分析结果表明 Weibull 分布模型对中国东部沿海地区大风危险性的拟合效果优于 Pearson－Ⅲ型分布模型。

表 3－1　极值分布模型柯尔莫哥洛夫检验统计量 D_n 对比表

极值分布模型	D_n 总和	D_n 均值	D_n 标准差
Weibull	28.626 5	0.122 9	0.030 4
Pearson－Ⅲ	30.457 3	0.130 7	0.038 5

4. 残差平方和对比

使用残差平方和 R 对两种极值分布的拟合效果进行对比，残差平方和表征极值分布的每个年极值数据经验分布函数值与对应极值分布曲线的函数值的差值的平方和，计算公式如式(3－14)所示。该统计量能反映极值分布模型与原数据之间的差距。

$$R = \sum_{i=1}^{n} (y_i' - \bar{y}')^2 \tag{3-14}$$

从表 3－2 可以看出，Weibull 分布模型的残差平方和各测站之和、均值及标准差都远小于 Pearson－Ⅲ型分布模型，对各测站两种极值分布的残差平方和 R 进行对比，有 162 个测站数据的 Weibull 模型残差平方和 R 小于 Pearson－Ⅲ型分布模型，占总测站数的 69.5%。因此从残差平方和 R 的对比也可以得出 Weibull 极值分布模型对中国东部沿海地区台风大风危险性的拟合效果更优。

表 3－2　极值分布模型残差平方和 R 对比表

极值分布模型	R 总和	R 均值	R 标准差
Weibull	20.951 9	0.089 9	0.061 4
Pearson－Ⅲ	29.495 2	0.126 6	0.134 4

（三）大风危险性情景

使用 Weibull 极值分布模型对提取获得的中国东部沿海地区 233 个风速测站的年最大风速序列进行拟合，并计算得到不同重现期情景下各测站的风速数据。将测站的地理信息及不同重现期下的风速数据在 ArcGIS 中矢量化，重点选择了 3 种典型重现期情景(20 年、50 年及 100 年一遇)，运用空间分析工具，通过克里格(Kriging)空间插值法得到 3 种情景下台风大风危险性空间分布图(图 3－3、图 3－4 和图 3－5)，并按照我国 2006 年发布的《热带气旋等级》国家标准(GB/T 19201—2006)，将风速区间划分为热带低压水平、热带风暴水平、强热带风暴水平、台风水平、强台风水平等，并针对风速等级划分危险性等级标准。由于热带气旋等级是根据热带气旋底层中心附近所出现的平均风速的最大值确定的，而在此并非是对热带气旋划分等级，而是确定各地的极值风速可达到何种台风危险性水平。危险性等级划分标准如表 3－3 所示。

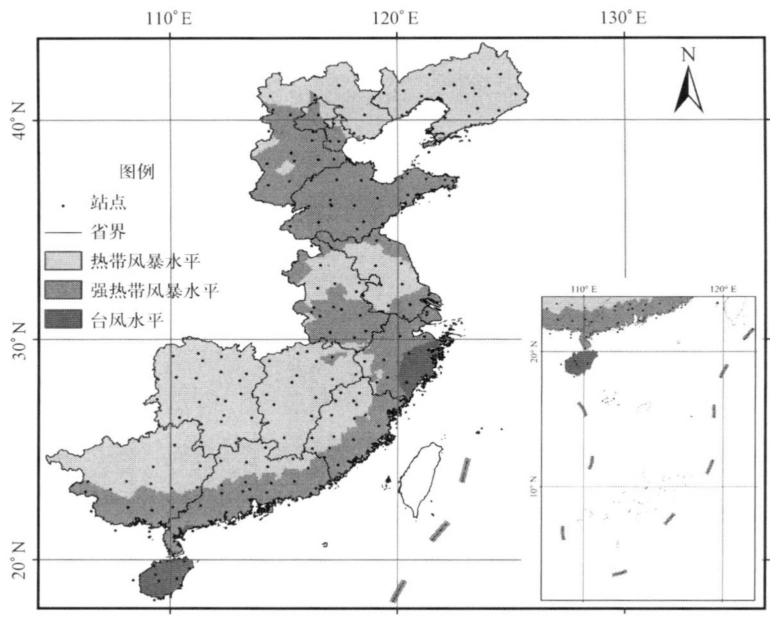

注：台湾省数据暂缺。

图 3－3　20 年一遇台风大风危险性空间分布图

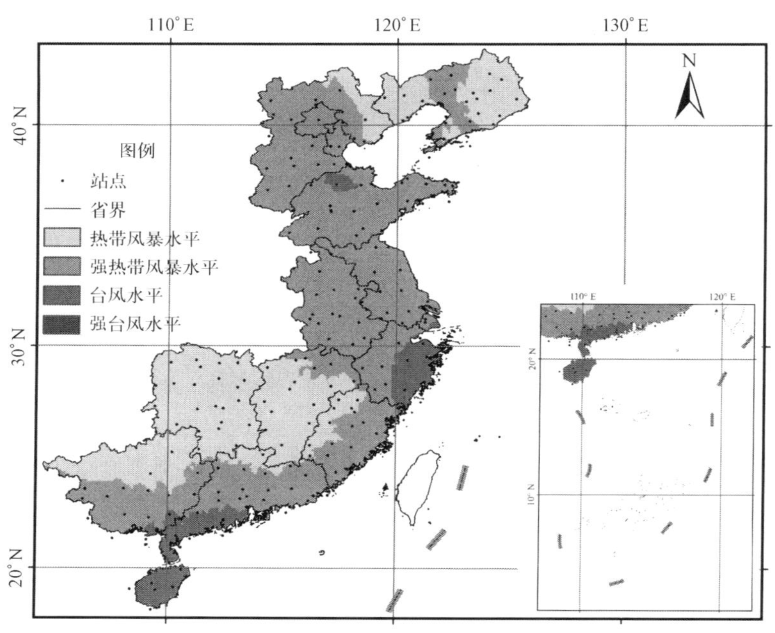

注：台湾省数据暂缺。

图 3－4　50 年一遇台风大风危险性空间分布图

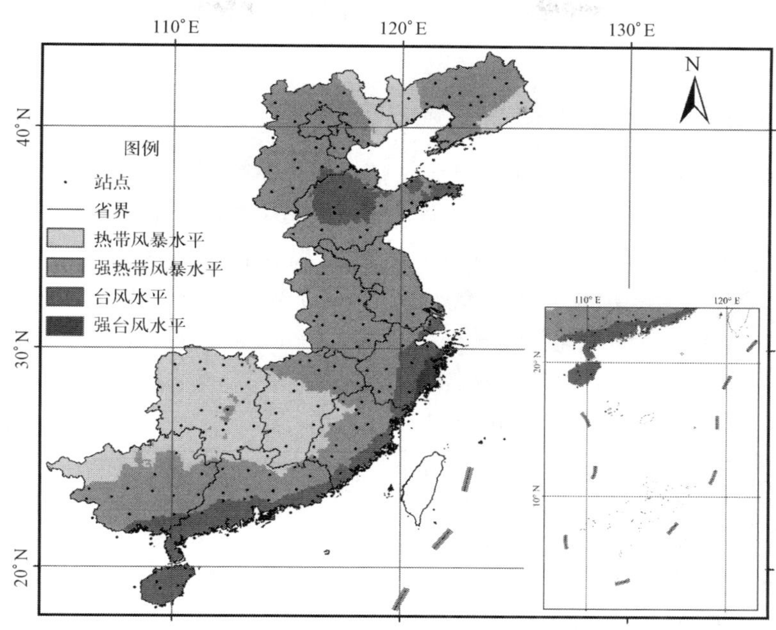

注：台湾省数据暂缺。

图3-5　100年一遇台风大风危险性空间分布图

表3-3　危险性等级划分表

极值风速等级	极值风速(m/s)	极值风力(级)	危险性等级
热带低压水平	10.8～17.1	6～7	很低
热带风暴水平	17.2～24.4	8～9	低
强热带风暴水平	24.5～32.6	10～11	中
台风水平	32.7～41.4	12～13	高
强台风水平	41.5～50.9	14～15	极高
超强台风水平	≥51.0	16或以上	极高

1. 20年一遇危险性情景

通过空间插值后，得到20年一遇重现期情景下的研究区台风大风危险性空间分布（图3-3）。整体分布趋势为以浙江、海南为两个高危险性区域，由沿海地区向内陆地区危险性逐步减弱。20年一遇最高风速值为39.3 m/s，最低风速值为18.0 m/s，其中浙江省沿海地区、海南省及雷州半岛小部分区域在该情景下属于高危险性区域，风速值达到台风水平；河北省南部、北京、天津、山东省及中国东南沿海地区（除浙江省）处在中危险性等级，处于强热带风暴水平；其他地区属于较低危险性区域，风速值处于热带风暴水平。两个高危险性等级的区域为西移型台风和西北移型台风频繁登陆所造成的；其他南部沿海地区登陆的台风少于上述两个地区，受台风大风直接影响较小，危险性略低；山东及河北南部地区受到转向型台风的影响，危险性略高于其他北方地区。从面积上看，危险性处于台风水平的区域面积较小，占总研究区的3.6%；处于强热带风暴水平的区域面积占总研究区的39.8%；大部分研究区域处于热带风暴水平，面积占总研究区面积的56.6%。

2. 50年一遇危险性情景

50年一遇重现期情景下的台风大风危险性空间分布如图3－4所示。整体趋势仍以浙江、海南及广东南部为高危险性区域，由沿海地区向内陆地区危险性逐步减弱，50年一遇重现期下高危险性区域的面积有所增加，最高风速值为45.2 m/s，最低风速值为19.5 m/s，以20年一遇高危险性区域为基础向内陆扩大。其中浙江沿海地区危险性为研究区内最大，临海有极小面积地区属于极高危险性等级，风速值可达到强台风水平；浙江省沿海地区、海南省及广东省沿海地区处在高危险性等级，风速值达到台风水平；广西北部、湖南、江西等较为远离海域的区域及河北省北部、辽宁省大部分地区属于较低危险性区域，风速值处于热带风暴水平；其余沿海地区为强热带风暴水平，属于中危险性等级。从面积上看，达到强台风水平的区域面积极小，仅占研究区总面积的0.004%；达到台风水平的高危险性区域面积占研究区总面积的7.4%，是20年一遇台风水平危险性区域面积的两倍多；研究区大部分区域处在强热带风暴水平，面积占总研究区的57.0%；风速值处于热带风暴水平的较低危险性区域占总面积的35.6%。

3. 100年一遇危险性情景

100年一遇重现期情景下的台风大风危险性空间分布如图3－5所示，最高风速值为47.4 m/s，最低风速值为20.8 m/s。危险性分布的总体趋势为由东南沿海地区向内陆递减，北方除山东省部分区域危险性较高外，其余地区危险性偏低。大风危险性最高的区域出现在浙江省沿海地区及海南省东部小部分地区，风速达到强台风水平，属于极高危险性区域；东南沿海区域及山东省部分区域达到高危险性等级；其余地区大风危险性处于中危险性和低危险性等级，风速值在热带风暴水平和强热带风暴水平。从100年一遇情景下大风危险性空间分布图可以看出，在浙江沿海地区和海南省与雷州半岛地区两个高危险性区域中，浙江沿海地区的危险性更高，这与张丽佳等(2010)统计出的西北移型台风频次远远高于西移型台风，温州地区不仅大风频次多而且强度大，湛江地区出现大风的频次不多但强度较大的结果较为吻合。从面积上看，处于强台风水平的区域面积较小，占总面积的1.0%；达到台风水平的区域占总面积的14.1%，是50年一遇情景台风水平区域面积的将近两倍，高危险性区域面积大大增加；强热带风暴水平地区的面积占总面积的58.7%；热带风暴水平地区的面积占总研究区的26.2%。

从以上三种典型重现期情景下大风危险性空间分布情况来看，中国东南沿海地区都属于危险性较大的区域，其中浙江沿海地区和海南省与雷州半岛地区在研究区中属于高危险性或极高危险性区域，属于西移型台风和西北移型台风登陆频繁的地区，大风危险性极高。其他南方地区大风危险性由沿海向内陆依次减弱。北方地区总体危险性均低于南方地区，只有山东省部分区域受到沿我国内海北上的转向型台风的影响，大风危险性稍高。这与牛海燕等(2011)通过《中国气象灾害大典》与《热带气旋年鉴》等灾害数据进行台风致灾因子危险性分析中大风危险性指数的分布结果较为相似。

第二节　台风危险性模拟方法与工具

台风气压场和风场是研究台风灾害危险性的核心内容，国内外已经发展了很多成熟的气压场和风场模型。在充分参考国内外台风危险性研究方法基础上，借鉴美国HAZUS MH（Muti-Hazard）软件中飓风危险性模拟和情景分析工具的实现思想与方法，从上海台风研究所公开发布的1949～2010年热带气旋最佳路径数据集中提取共计2 118场台风数据，分析各项台风参数，并在Microsoft Visual Studio 2008平台下结合ArcEngine组件库，使用C#语言完成了台风危险性情景生成工具的开发。

一、台风灾害危险性情景设置

建立台风危险性情景模拟工具主要为开展台风危险性研究，还将对该工具与MIKE 21水动力模型进行对接，以开展台风风暴潮灾害链的研究工作。MIKE 21模型进行台风风暴潮危险性模拟所需的初始风场参数主要包括台风起始点、台风中心经纬度（即台风路径）、最大风速、最大风速半径、中心气压、台风发生时间、台风持续时间等，其中台风起始点和台风中心经纬度属于台风空间属性，即路径情景；台风发生时间和台风持续时间属于台风时间属性，即时间情景；其他各项参数属于台风的强度属性，即强度情景。

（一）台风路径情景设置

根据1949～2010年热带气旋最佳路径数据集，提取共计2 118场台风的中心点数据信息，选取北纬5°～50°、东经100°～180°区域为研究区，以0.5°×0.5°精度的栅格进行划分，然后对各个栅格范围内出现的历史台风中心点进行计数，得到研究区台风中心点计数栅格图。最佳路径数据集中的经纬度数据精度是0.1°，为使台风中心点不落在两个栅格之间的交线上，将栅格图的位置相对研究区向东和向南分别平移0.05°，以得到的计数栅格图为底图。通过用户定义起始点，选取台风路径，情景模拟工具将按照一定的规则生成路径数据，通过3种路径不同的路径规则，生成典型台风路径。中国东部沿海地区的典型台风路径可分为西移型、西北移型和转向型3种类型。西移型台风在我国两广地区、琼、闽等东海、南海沿海登陆，影响海域多限于我国南海和东海；西北移型台风在我国浙、沪、苏地区等东海、黄海沿岸登陆，影响海域可达我国大部分内海海域，且以对沪、杭一带影响最大；转向型台风沿我国内海北上，在山东半岛、辽南半岛等黄海、渤海沿岸登陆，影响海域几乎可遍及我国内海全域（邹文峰，2011）。我们采取类似种子蔓延法的法则，对当前台风中心点周围若干个可能作为下个台风中心点的栅格进行比较，不同路径类型对于可能点位的选取不同.在可能点位中选取历史台风中心点计数最多的栅格作为下个台风中心点，重复此动作直至完成台风路径的模拟，最终得到发生概率最高的台风路径模拟结果。

台风起始点为用户自定义，在工具的Mapcontrol控件中提供历史台风起始点的出现频率栅格以供用户参考。该栅格图与上述的台风中心点计数栅格图的制作方法相似，首先提取热带气旋最佳路径数据集中的台风起始点信息，在研究区中以 0.5° ×0.5°精度的栅格进行划分，然后对各个栅格范围内出现的历史台风起始点进行计数，最后得到研究区台风起始点出现频率栅格图。该栅格图从空间上来看有两个区域起始点较为集中，一个是东经 110° ~120°，北纬 10° ~20°的南海地区，起始点在这一区域的历史台风趋向于形成西移型和西北移型路径。另一个中心点集中区域是东经 125° ~150°，北纬 5° ~20°的深入太平洋的区域，起始点在这一区域的历史台风趋向于形成转向型台风路径。

（二）台风时间情景设置

统计 1949 ~2010 年的历史台风持续时间数据显示，历史台风的持续时间范围为 0 ~600 h，使用 Monte-Carlo 方法，将台风持续时间分为 10 段，即 0 ~60 h，60 ~120 h，…，540 ~600 h，得到每段持续时间的发生概率（图 3 －6），根据此概率分布规律随机取得情景模拟中的台风持续时间参数。首先按照每一段的出现概率随机选择使用哪一段时间，然后再在该段时间范围内随机取得一个时间，将此时间作为台风情景模拟中的持续时间参数。

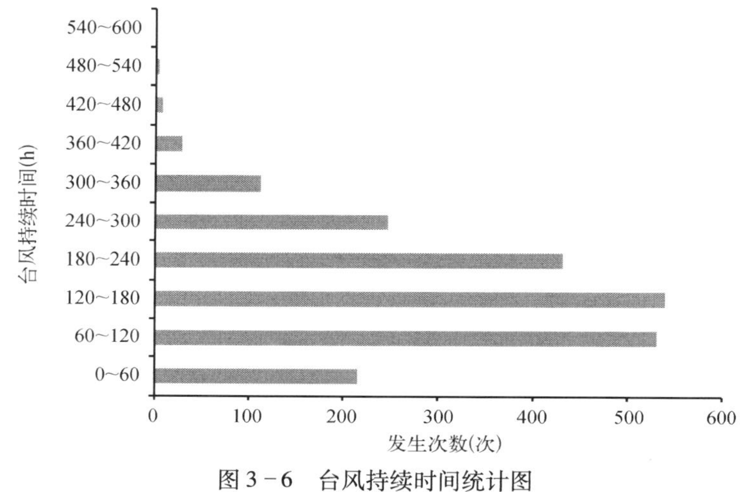

图 3 －6　台风持续时间统计图

台风起始的时间由用户自行输入。考虑到生成台风路径每步的距离和台风一般移速，将两步之间的时间设定为 3 小时。将持续时间除以两步之间的时间间隔 3 小时，即为台风路径的步长。

（三）台风强度情景设置

台风强度情景包括台风最大风速值、中心气压值和最大风速半径。对于台风最大风速和中心气压两个参数，使用最佳路径数据集中的这两种数据，提取每年的极值数据（最大风速的年最大值和中心气压的年最小值），将得到的两种参数的极值序列通过极值分布模型拟合后得到不同重现期下的两种参数的情景模拟值。选择 Weibull 分布模型对两个台风参数进行极值分布拟合，在风能资源评估中具备灵活性和简单性的优势，并对大量的风速收集数据具有很强的适应性（Islam et al. ，2011）。实际验证后，三参数 Weibull 分布模型对台风大风的拟合效果大大优于二参数模型。

在情景模拟中计算最大风速和中心气压两个参数，首先在工具中由用户定义情景模拟的重现期，然后根据历史台风强度的一般发展规律，将工具生成的台风路径分为3部分：第一部分最大风速值递增，中心气压值递减，直至用户选择的重现期所对应的极值参数数据；第二部分两种参数在极值数据上下波动；第三部分最大风速值递减，中心气压值递增。

最大风速半径参数实测资料难以取得，一般采用经验公式的方法来进行推算。赵鑫等(2009)利用了美国侦察机在西北太平洋上测得的15年间的中心气压和最大风速半径资料构建经验公式来推求最大风速半径，经验公式(3-15)在中国东部沿海地区适用性较高。

$$R = R_K - 0.4(P_0 - 900) + 0.01(P_0 - 900)^2 \tag{3-15}$$

式中，R为最大风速半径；P_0为中心气压；R_K为经验常数，取值为40。

二、台风危险性情景模拟工具设计及功能

(一) 台风危险性情景模拟工具设计

台风危险性情景模拟工具界面如图3-7所示。左上部分为参数设定部分，包括台风起始时间、重现期、起始点经纬度、路径类型等参数，用户可通过输入或选择以上参数确定台风情景模拟的时间、空间和强度信息，其中中心点经纬度数据可通过在Mapcontrol控件中点选来确定。参数设定完毕后点击“生成路径”按钮将生成该情景下的台风路径，并显示在工具右侧的“Mapcontrol”控件中。点击输出结果按钮将以txt文本的形式输出台风情景模拟出的各个中心点参数。左下部分为图层目录，工具初始载入三个图层，历史台风起始点出现频率栅格图层以及历史台风中心点计数栅格图层。即中国国界及省界线图层提供相对位置参考；历史台风起始点的出现频率栅格图层供用户定义起始点时作为参考；历

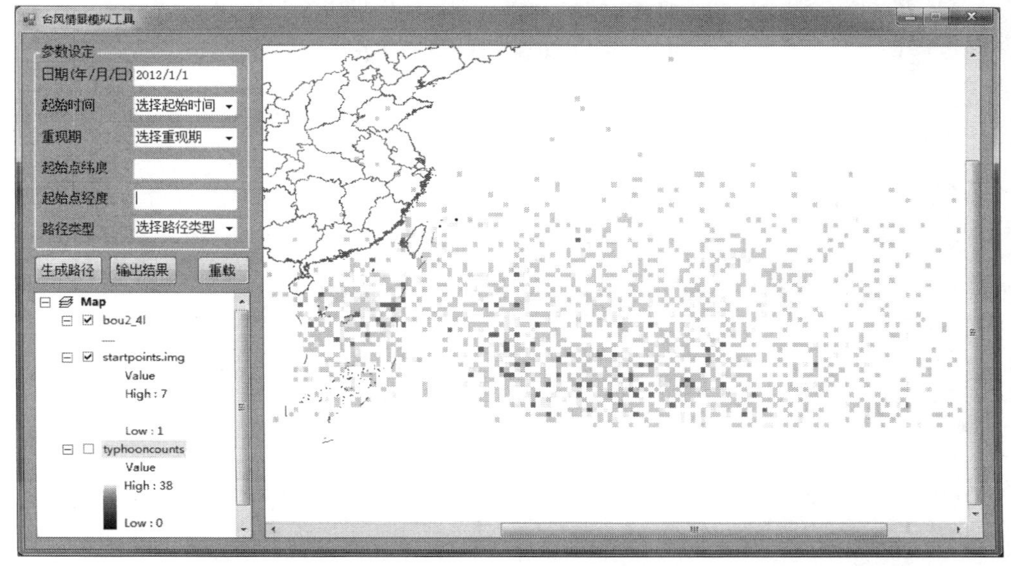

图3-7　情景模拟工具界面

史台风中心点计数栅格图层作为生成台风路径的依据。

(二) 台风危险性情景模拟工具使用方法

在工具的参数设定部分输入需要模拟的台风危险性情景基础参数,点击“生成路径”,工具将按照用户所输入信息与情景设置规则生成一组台风危险性数据,并在“Mapcontrol”控件中显示其台风路径,点击“输出结果”则可以导出生成的危险性数据。本工具功能验证所使用的台风情景为:将时间设定为 1997 年 8 月 15 日 0 时,选择“20 年重现期”,点选“台风起始点”,选择台风路径类型为“转向型台风路径”,生成该台风危险性情景的台风风场参数(图 3-8),并导出 txt 格式的模拟结果,以备下一步使用 MIKE 21 模型进行风暴潮危险性模拟。

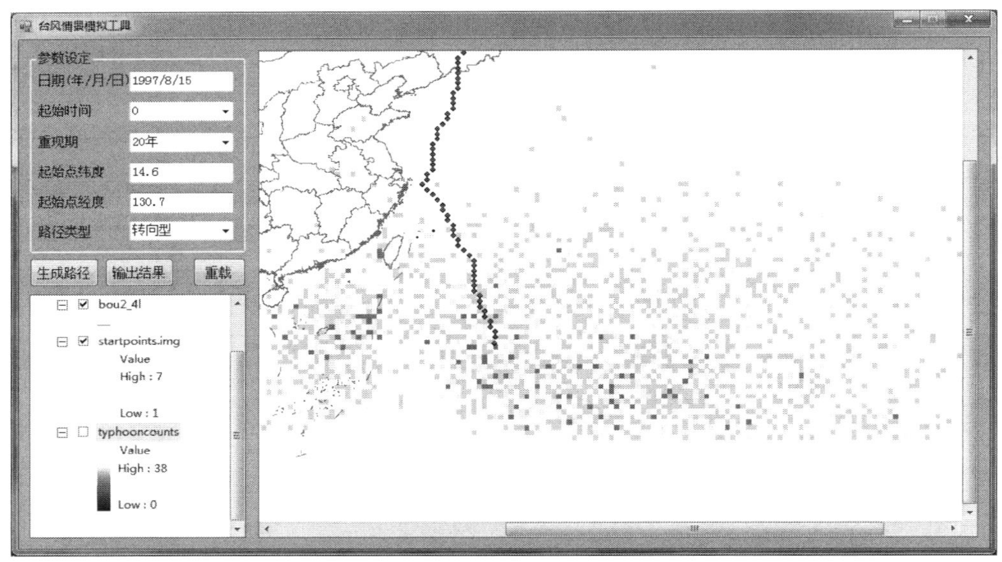

图 3-8　情景模拟工具生成路径

(三) 台风危险性情景生成参数构成

台风危险性情景模拟工具导出的模拟结果为 MIKE 21 模型作为输入条件的 7 列台风危险性数据,各列数据的意义如表 3-4 所示。

表 3-4　台风危险性情景生成参数构成表

参　数	单　位
时　间	时(h)
经　度	度(°)
纬　度	度(°)
最大风速半径	千米(km)
最大风速	米每秒(m/s)
中心气压	百帕[斯卡](hPa)
中值气压	百帕[斯卡](hPa)

三、台风危险性情景生成与分析

在对1949~2010年的历史台风统计分析基础上，考虑到影响我国东部沿海的台风路径和重现期的典型性，选择西移型20年一遇台风（以下简称“W20”）、西移型50年一遇台风（以下简称“W50”）、西移型100年一遇台风（以下简称“W100”）、西北移型20年一遇台风（以下简称“WN20”）、西北移型50年一遇台风（以下简称“WN50”）、西北移型100年一遇台风（以下简称“WN100”）、转向型20年一遇台风（以下简称“S20”）、转向型50年一遇台风（以下简称“S50”）、转向型100年一遇台风（以下简称“S100”），共9种不同台风危险性情景（图3-9）。

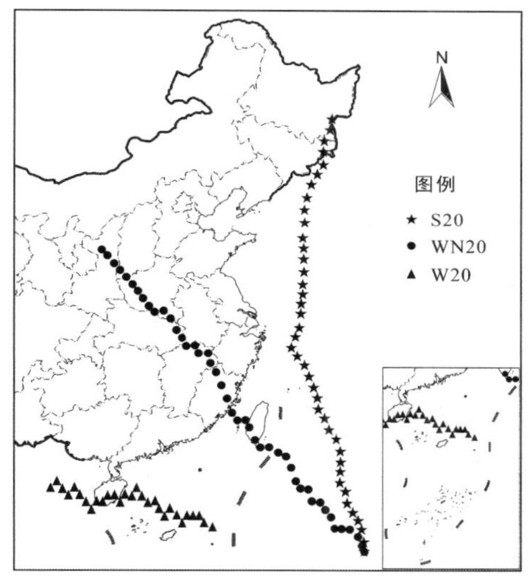

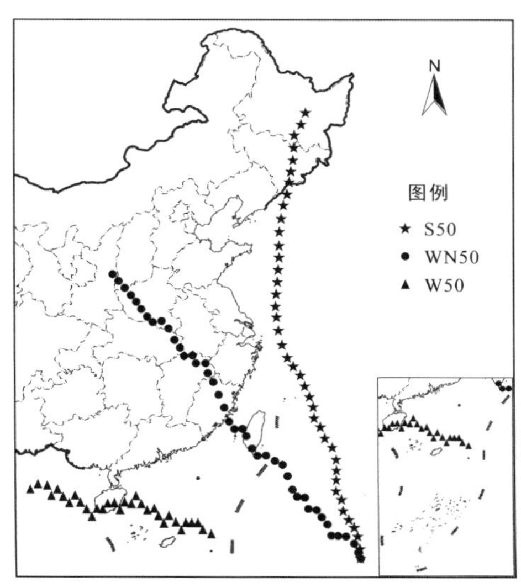

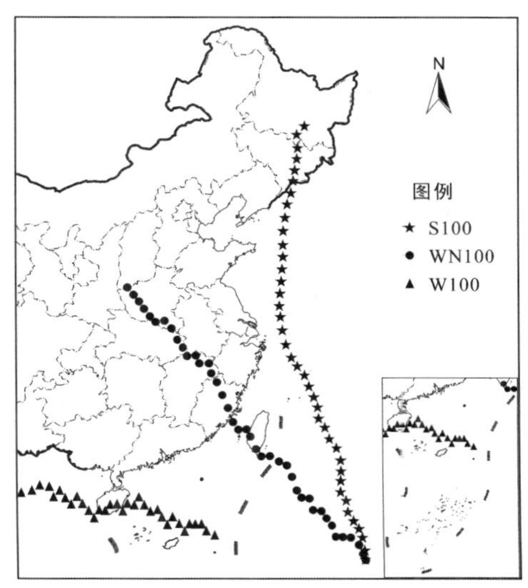

图3-9　9种台风危险性情景路径

针对所生成的 9 种路径情景,分析得到台风相关信息：W20 台风中心最大风速 92.9 m/s,中心气压 871.7 hPa;W50 台风中心最大风速 119 m/s,中心气压 828.5 hPa;W100 台风中心最大风速 118.8 m/s,中心气压 836.7 hPa;WN20 台风中心最大风速 91.9 m/s,中心气压 871.7 hPa;WN50 台风中心最大风速 115.5 m/s,中心气压 836.9 hPa;WN100 台风中心最大风速 101.8 m/s,中心气压 859.5 hPa;S20 台风中心最大风速 94.1 m/s,中心气压 868.3 hPa;S50 台风中心最大风速 101.3 m/s,中心气压 860.3 hPa;S100 台风中心最大风速 106.9 m/s,中心气压 853 hPa。

第三节　风暴潮危险性模拟方法与工具

风暴潮数值预报研究始于 20 世纪 70 年代,世界各国相继开发和建立了适合本国海岸水文地貌特征的风暴潮数值模拟系统,在实时预报中得到广泛应用。在长江口风暴潮等危险性情景模拟工作中,我们选用了丹麦水力学研究所研制的 MIKE 21 FM 模型。它是目前国际上比较流行的模拟水动力、水质、泥沙和波浪的二维河口、海岸及海洋模型,主要应用于港口、河口海岸和海洋相关研究中。

一、MIKE 21 风暴潮模拟工具

MIKE 21 FM(flow model)模型采用垂向平均二维浅水方程,离散方法为有限差分法,计算方法采用 ADI 法(ahernating direction implicit)和 DS 法(double sweep)格式,包括一个连续性方程(质量守恒定律)和两个动量方程(牛顿第二定律)[方程(3－16)、(3－17)和(3－18)]:

连续性方程:

$$\frac{\partial u}{\partial x}+\frac{\partial v}{\partial y}+\frac{\partial w}{\partial z}=S_c \tag{3-16}$$

动量方程:

x 方向上

$$\begin{aligned}\frac{\partial u}{\partial t}+\frac{\partial u^2}{\partial x}+\frac{\partial vu}{\partial y}+\frac{\partial wu}{\partial z} &= fv-g\frac{\partial \zeta}{\partial x}-\frac{1}{\rho_0}\frac{\partial p_a}{\partial x} \\ &\quad -\frac{g}{\rho_0}\int_z^{\zeta}\frac{\partial \rho}{\partial x}\mathrm{d}z+F_u+\frac{\partial}{\partial z}\left(\upsilon_t\frac{\partial u}{\partial z}\right)+u_sS_c\end{aligned} \tag{3-17}$$

y 方向上

$$\frac{\partial v}{\partial t}+\frac{\partial v^2}{\partial y}+\frac{\partial uv}{\partial x}+\frac{\partial wv}{\partial z}$$

$$=fu-g\frac{\partial \zeta}{\partial y}-\frac{1}{\rho_0}\frac{\partial p_a}{\partial y} \tag{3-18}$$

$$-\frac{g}{\rho_0}\int_z^{\zeta}\frac{\partial \rho}{\partial y}\mathrm{d}z+F_v+\frac{\partial}{\partial z}\left(v_t\frac{\partial v}{\partial z}\right)+v_sS_c$$

式中，$\frac{\partial v}{\partial t}$ 为流体加速度；$\frac{\partial v^2}{\partial y}+\frac{\partial uv}{\partial x}+\frac{\partial wv}{\partial z}$ 为水平流速梯度；fu 为科氏加速度；$g\frac{\partial \zeta}{\partial y}$ 为表面水位加速度；$\frac{1}{\rho_0}\frac{\partial p_a}{\partial y}$ 为大气压力梯度项；$\frac{g}{\rho_0}\int_z^{\zeta}\frac{\partial \rho}{\partial y}\mathrm{d}z$ 为浮力效应加速度；F_v 为水平雷诺应力产生的不平衡（水平方向动量扩散项）；$\frac{\partial}{\partial z}\left(v_t\frac{\partial v}{\partial z}\right)$ 为 Bousinesq 近似产生的垂直应力；v_sS_c 为源项入流产生的加速度。

二、长江口 MIKE 21 FM 模型搭建

（一）计算区域及地形

潮流数值模型陆地边界北依长江口，南至杭州湾，覆盖整个上海陆域。陆上部分覆盖上海市黄浦江以东的浦东、南汇、奉贤三区。开边界设在东部近海地区，滩浒岛、大戢山、北槽中、长兴和吴淞 5 个验潮站一线，应用边界条件为潮位边界。模型采用 FM 非结构网格，最大网格面积为 0.6 km^2，最小网格角度 26°，最大网格节点 10 万个，并对近岸海堤等局部区域进行加密。模型的地形资料陆上地形采用 2005 年上海测绘局提供的上海地区地面高程点数据，近岸海底地形数据采用长江水利委员会长江口水文水资源勘测局提供的 2002 年实测地形数据，测点数为 42 035 个，水平测距平均为 415 m，基准面均统一至吴淞基准面。

（二）潮水位边界条件

9711 号、0509 号、0515 号台风期间，潮水位均较高，尤其 9711 号和 0515 号台风期间恰逢天文大潮，加之台风波浪传布方向为东南向，与长江河口方向一致，杭州湾沿岸各站潮位比历史记录超高 42 ~ 64 cm，长江口内各站潮位较历史记录抬高 13 ~ 36 cm。9711 号台风期间相应各站实测潮位经换算至吴淞基准面后与历史最高纪录比较见表 3 – 5。滩浒岛、大戢山、北槽中、长兴和吴淞 5 个验潮站位于上海东部近海，自南向北逆时针连接恰形成上海东部近海海域闭合潮流场。选用上述 5 个验潮站台风登陆前后（1997 年 8 月 17 日 0 时至 8 月 21 日 0 时、2005 年 8 月 4 日 0 时至 8 月 8 日 0 时、2005 年 8 月 10 日 0 时至 9 月 13 日 0 时）历时 96 小时，时间间隔为 1 小时实测潮位数据，建立长江口区潮位时间序列，作为模型潮位开边界，构建长江口区潮流场动态数值模型，模拟该闭合海域风暴增减

水过程。模拟时段分别为 1997 年 8 月 17 日 0 时至 8 月 21 日 0 时、2005 年 8 月 4 日 0 时至 8 月 8 日 0 时和 2005 年 8 月 10 日 0 时至 9 月 13 日 0 时，模拟时间步长 30 s，时间步长数 11 520。

表 3－5　9711 号台风期各站实测最高潮位表 *　（基面：吴淞零点）

站　名	原历史记录潮位(m)	9711 台风期最高潮位				超过历史记录高度(cm)(该次台风增水值)	资料年限
		年份	日期	潮时	潮位(m)		
滩浒岛	5.18	/	8.19	0:04	5.90	72(148)	/
大戢山	5.12	/	8.18	21:54	5.26	14(84)	/
中　浚	5.69	1981	8.18	22:35	5.69	0(126)	/
北槽中	/	/	8.18	22:50	5.36	(94)	1963～1997
横　沙	5.52	1981	8.18	23:05	5.65	13(128)	/
长　兴	5.63	1981	8.18	23:20	5.88	25(135)	1963～1997
吴　淞	5.74	1981	8.18	23:35	5.99	25(145)	1956～1997

（三）长江口台风风场搭建

台风风场地形构建采用矩形网格。为使模型生成的风场覆盖到整个水动力模拟区域，要求所建矩形网格范围大于上述非结构网格地形范围。本模型选取区域为 30°37′N～31°31′N，121°15′E～122°17′E，网格数为 250×250＝62 500 个，网格步长 $A_x = A_y = 400$ m。

由 9711 号台风登陆路径提取每 6 小时间隔的台风中心经纬坐标(x, y)、最大风速半径 R_m、最大风速 V_{max}、中心气压 P_a、中值气压 P_0。建立各参数时间序列文件，调用 MIKE 21 台风风场、气压场模型进行搭建。其公式如下：

$$V_r = V_{max} \cdot (R/R_m)^7 \cdot \exp(7(1 - R/R_m)) \quad \text{for } R < R_m \tag{3-19}$$

$$V_r = V_{max} \cdot \exp((0.0025R_m + 0.05)(1 - R/R_m)) \quad \text{for } R \geqslant \mathrm{R_m} \tag{3-20}$$

$$V_t = -0.5 \cdot V_f \cdot (-\cos\varphi) \tag{3-21}$$

$$V = V_r + V_t \tag{3-22}$$

式中，R 为计算点至气压中心的距离；R_m 为最大风速半径；V_{max} 为最大风速；φ 为最大风速来向与正北方的夹角；V_f 为台风中心移动速度；V_r 为风的转动速度；V_t 为风的平移速度；V 为总风速。

该台风风场随台风中心位置、最大风速半径、最大风速、中心气压和中值气压等参数

* 上海市人民政府交通办公室. 1998. 9711 台风对长江口及杭州湾海岸影响调查记录.

变化时刻发生变化，为对称台风气压场模型。模拟结果插值生成 x、y 两个方向上的台风风场时间序列，时间步长为 1 小时。

风应力是驱动风暴潮的主要因素，风场模拟搭建的合理与否直接影响风暴潮增水及水动力模型运算的精确度。为避免陆地对风速的干扰误差，选取远离陆地的滩浒岛、大戢山两个气象站作为验证站。由图 3－10 风速过程验证可见，计算风速与实测基本吻合。模拟过程中，没有考虑台风风场的非对称性和背景风场的影响，风速变化趋于平缓，最大风速模拟偏大。模拟前期风速均小于实测值，最大风速时刻（8 月 18 日 20 时至 8 月 19 日 20 时）模拟值显得偏大，后期风速（8 月 19 日 20 时以后）与实测值接近。

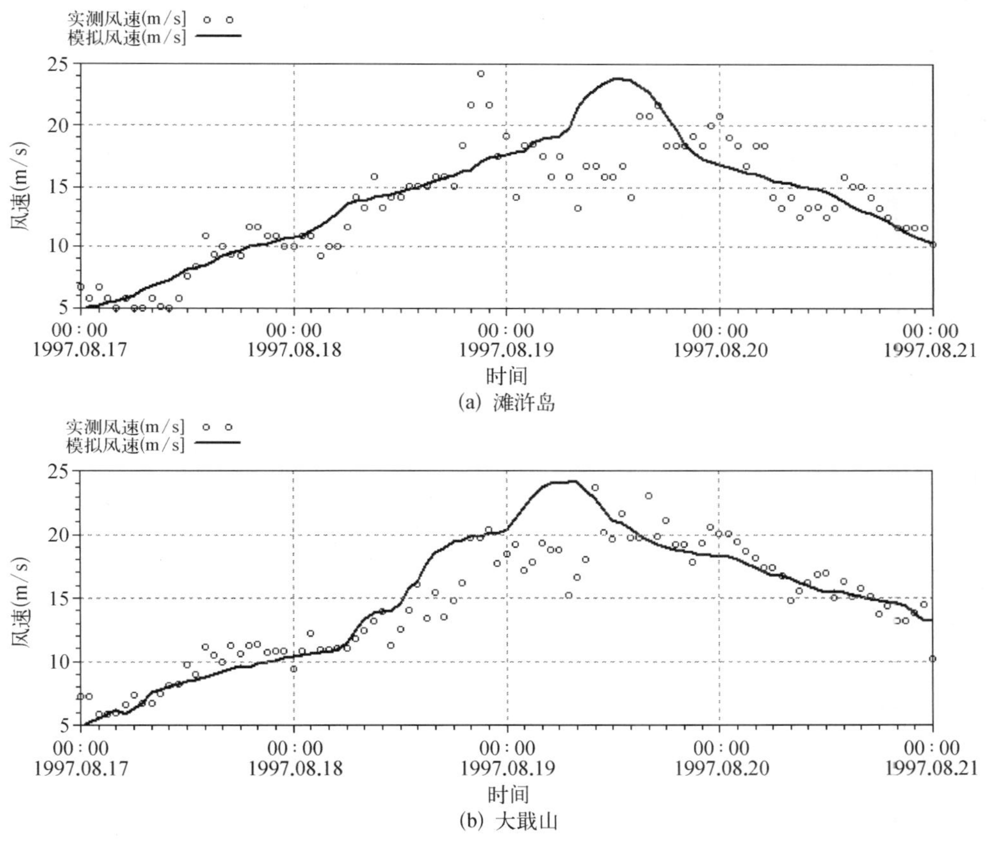

图 3－10　模拟风速与实测风速对比图

（四）长江口风暴潮模型数值模拟

模型开边界由潮位过程控制，通过模型插值出不同时刻边界上各点的潮水位高程。初始潮位高程由开边界潮位平均值计算设为 2.98 m。初始边界上各点潮位流速 $u_0 = 0$，$v_0 = 0$。通过多次调试，最终得出适合模拟长江口 9711 号台风的二维水动力模型参数。

(1) 干湿边界：MIKE 21 FM 具有很好的动边界处理功能，根据参数的设定自动判断每个单元的水深是否满足计算条件，调用相应的动量方程或连续方程参与计算。该项参数采用 DHI 推荐值，干水深 $h_{dry}=0.005$ m，淹没水深 $h_{flood}=0.05$ m，湿水深度 $h_{wet}=0.01$ m 。

(2) 风摩阻系数：作为模型率定参数，随风速变化。风速为 7 m/s 时，拖曳系数 $c_a=1.255\times10^{-3}$；风速为 25 m/s 时，拖曳系数 $c_b=2.425\times10^{-3}$。

(3) 涡黏系数：选用 Smagorinsky 公式，在模型范围内设定其系数为 0.28 $m^{1/3}/s$。

(4) 底床摩擦力：选用曼宁系数，取 32 $m^{1/3}/s$。

(5) 模拟时间步长取 30 s，模拟步长数 11 520。

模型验证采用 1997 年 8 月 17 日 0 时至 21 日 0 时长江口区横沙、中浚两验潮站的潮位实测资料。将模型运行结果的潮位计算值与实测值进行比较（图 3－11），通过以上两个验潮站的潮位实测资料的验证，模型计算值与实测值较一致，高潮位的拟合更为精确，模拟的潮位动态变化真实再现了该区域 9711 号台风期间的潮流变化情况。因此，该潮流数学模型计算得出的结果是合理的，该二维水动力模型能准确地反映台风风暴潮的增减水过程，可用于上海沿海地区风暴潮的实际预报、分析以及潮水的陆向漫滩模拟和潮灾的风险评估研究工作。

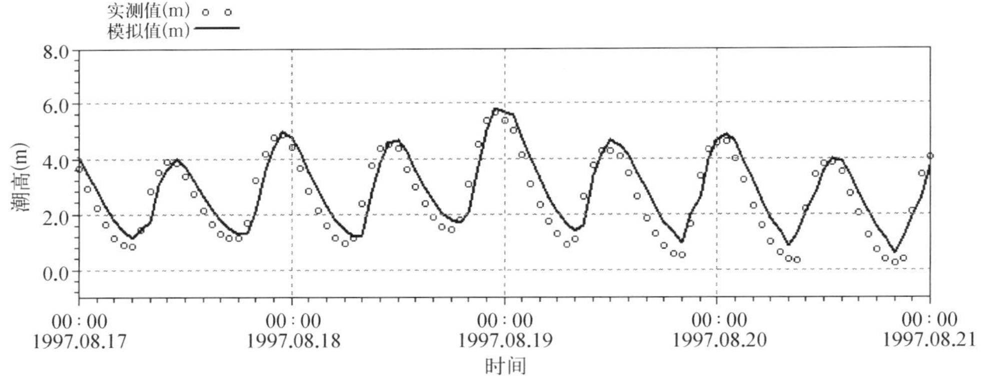

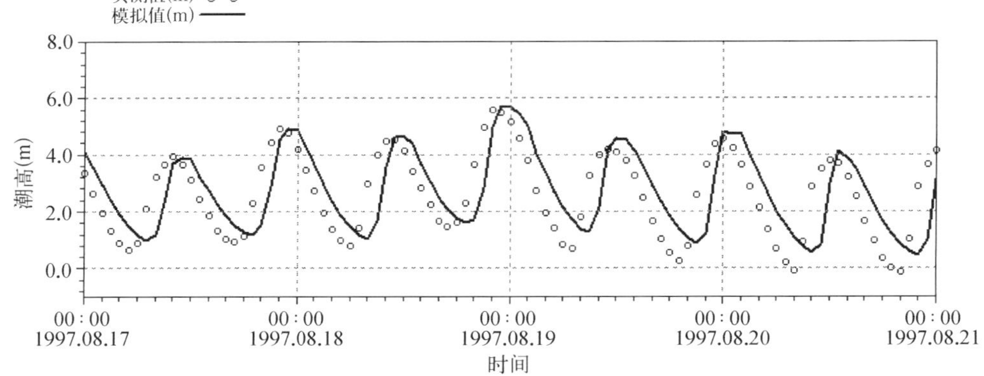

图 3－11　验潮站实测潮位与模拟潮位对比图（上图：横沙；下图：中浚）

三、上海台风风暴潮综合危险性情景构建

根据上海地区海平面上升、地面沉降和台风风暴潮危险性,构建了三种台风风暴潮综合危险性情景,预测目标年份为2030年、2050年和2100年(表3-6)。海平面和地面沉降的基准计算年份分别为1997年、2005年。情景构建基于以下6方面的假设:① 每个验潮站的海平面上升速率按照Wang等(2012)所设置的数值计算;② 构造沉降速率按每年1.5 mm计;③ 年平均地面沉降速率按照Wang等(2012)所获得的栅格数据来计算;④ 台风风暴潮情景以9711台风风暴潮信息为依据;⑤ 上海的海堤高度保持现状;⑥ 不考虑台风过程中的暴雨叠加影响。

表3-6 上海台风风暴潮综合危险性情景设定

年份	海平面上升情景[1]	地面沉降情景[2]	台风风暴潮情景	综合危险性情景研究重点
2030	以1997年为基准年,预测和建立2030年海平面上升危险性情景	以2005年为基准年,考虑人为沉降和构造沉降综合影响,建立2030年地面沉降危险性情景	以9711号台风风暴潮为危险性情景	在上述3种综合危险性情景构建基础上,模拟和分析上海地区风暴潮漫堤风险和淹没影响
2050	以1997年为基准年,预测和建立2050年海平面上升危险性情景	以2005年为基准年,考虑人为沉降和构造沉降综合影响,建立2050年地面沉降危险性情景		
2100	以1997年为基准年,预测和建立2100年海平面上升危险性情景	以2005年为基准年,考虑人为沉降和构造沉降综合影响,建立2100年地面沉降危险性情景		

说明:
1) 以1997为海平面上升基准年,是因为9711号台风风暴潮发生年份为1997年;
2) 以2005年为沉降基准年,是因为研究区现有数字高程模型(DEM)是基于2005年测量数据生成。

(一) 上海地区台风风暴潮漫堤危险性模拟

在地面沉降、海平面上升、构造沉降等背景下,模拟了2030年、2050年和2100年发生与9711台风风暴潮强度相同台风风暴潮时的最大漫堤淹没深度(堤坝完好)。根据淹没深度划分为6个等级,分别是0 m,0~0.5 m,0.5~1.0 m,1.0~1.5 m,1.5~2.0 m,>2.0 m。

1. 2030年危险性分析

按基准年计算,2030年长江口地区海平面上升约8.66 cm、地面沉降幅度0.87~60.29 cm、构造沉降幅度为3.75 cm。基于这些数据进行台风风暴潮漫堤风险预测。如图3-12所示,除长兴岛和横沙岛以及奉贤和南汇相邻区域存在台风风暴潮漫堤风险外,其余区域均不存在风险。即2030年若发生与9711强度相同的台风风暴潮,上海将

有 1.50% 的区域存在漫堤淹没风险，淹没深度多在 1.0 m 以内，仅在长兴岛出现 1.5 m 淹没水深。

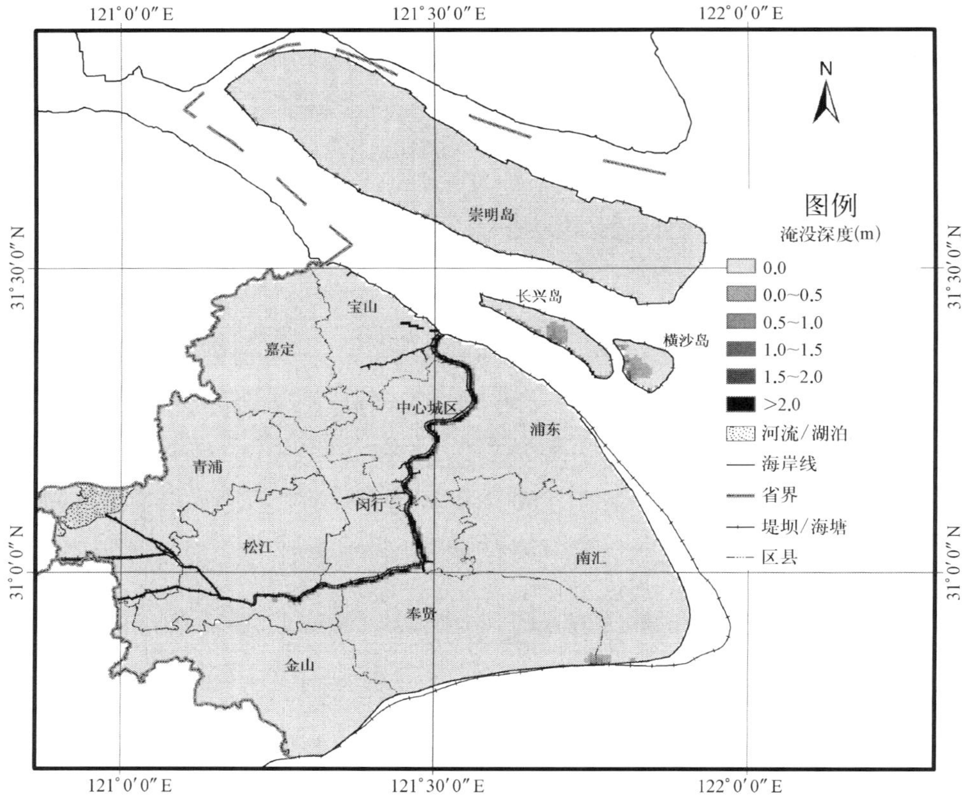

图 3-12 上海未来时间情景下(2030 年)淹没预测结果

2. 2050 年危险性分析

到 2050 年长江口地区海平面上升约 18.56 cm、地面沉降幅度 1.56 ~ 108.52 cm、构造沉降幅度为 6.75 cm。基于这些数据进行台风风暴潮漫堤风险预测，结果如图 3-13 所示，金山、奉贤、南汇*、浦东、中心城区、宝山、松江、长兴岛、横沙岛以及崇明部分地区存在潜在漫堤淹没风险，受淹面积占上海总面积的 37.0%。

3. 2100 年危险性分析

到 2100 年长江口地区海平面上升约 43.31 cm、地面沉降幅度 3.29 ~ 229.10 cm、构造沉降幅度为 14.25 cm。基于这些数据进行台风风暴潮漫堤风险预测，结果如图 3-14 所示，青浦和嘉定，以及松江、闵行、南汇、金山和崇明岛等的部分区域不存在

* 南汇区 2009 年 8 月 9 日并入浦东新区。

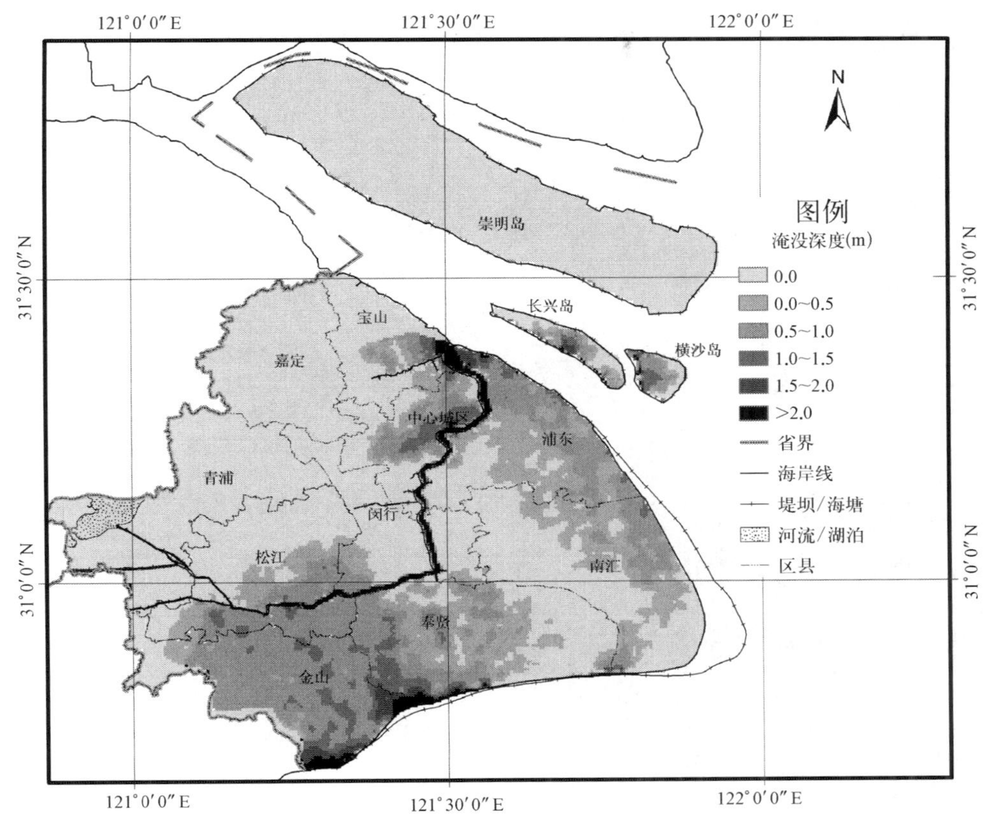

图 3 - 13　上海未来时间情景下(2050 年)淹没预测结果

漫堤淹没风险,其余大部分区域均出现较为严重淹没,上海约有 50.0% 的区域可能出现漫堤淹没。

(二) 上海地区海堤潜在安全性分析

基于漫堤淹没时的海堤处出现的最高潮位数据,对上海地区海堤潜在安全性进行分析。按淹没潮位深度,把海堤安全等级划分为 6 级: 1 级(≥0.4 m);2 级(0.3 ~ 0.4 m);3 级(0.2 ~0.3 m);4 级(0.1 ~0.2 m);5 级(0.0 ~0.1 m);6 级(不出现漫堤,无风险)。

1. 2030 年海堤潜在安全性分析

在综合考虑海平面上升、地面沉降的影响下,到 2030 年若发生与 9711 强度相同的台风风暴潮情况下,上海海堤总体较为安全(表 3 -7),约有 4.31% 的海堤出现漫堤风险。长兴岛南岸堤、横沙岛的西侧和南侧岸堤、奉贤和南汇相邻处岸堤存在风险(图 3 -15)。

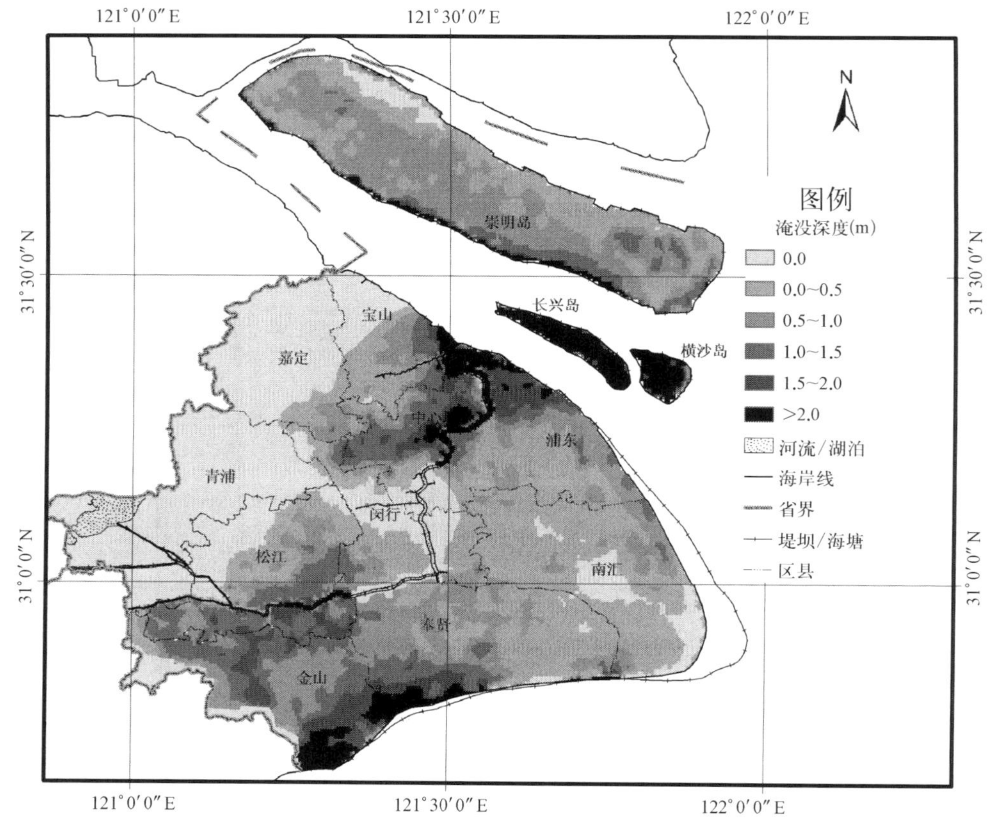

图 3－14　上海未来时间情景下(2100 年)淹没预测结果

表 3－7　不同危险性情景下上海海堤潜在安全性统计

年份	风险等级	1	2	3	4	5	无风险
2030	长度(km)	7.70	2.37	6.93	10.36	8.06	787.68
	比例(%)	0.94	0.29	0.84	1.26	0.98	95.69
2050	长度(km)	79.51	17.07	37.04	70.58	22.57	596.32
	比例(%)	9.66	2.07	4.50	8.58	2.74	72.45
2100	长度(km)	219.07	43.10	59.54	37.55	19.17	444.67
	比例(%)	26.62	5.24	7.23	4.56	2.33	54.02

2. 2050 年海堤潜在安全性分析

在综合考虑海平面上升、地面沉降的影响下，到 2050 年若发生与 9711 强度相同的台风风暴潮情况下，上海地区约有 27.55% 的海堤出现漫堤风险(图 3－16 和表 3－7)，而从最高风险岸堤分布看，主要出现在金山、奉贤、长兴岛和横沙岛，以及黄浦江沿岸的松江、浦东和宝山部分岸段，黄浦江上游和吴淞口地区也存在潜在风险。

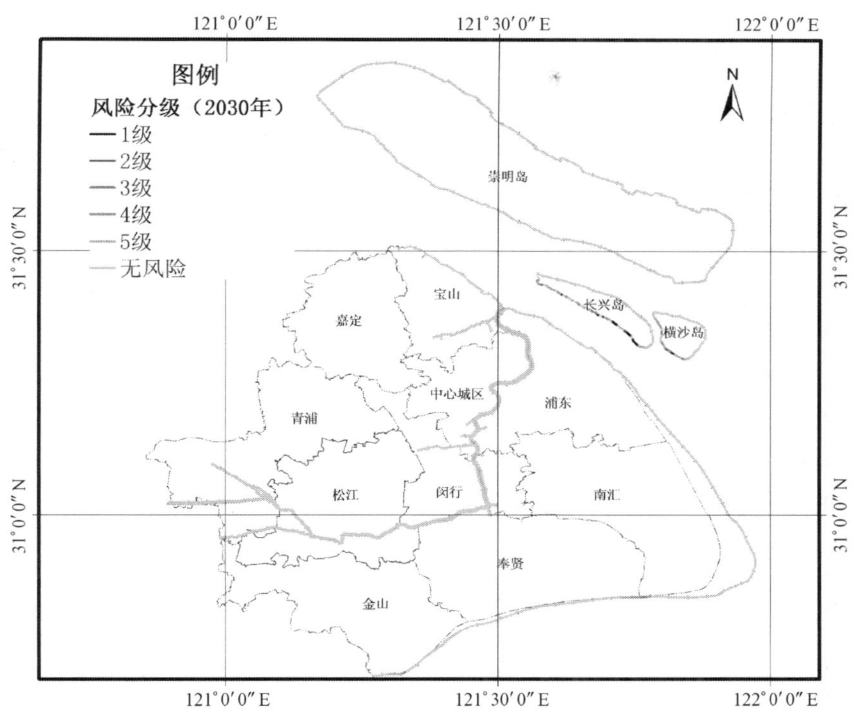

图 3-15　综合危险性情景下上海海堤潜在漫堤风险(2030 年)

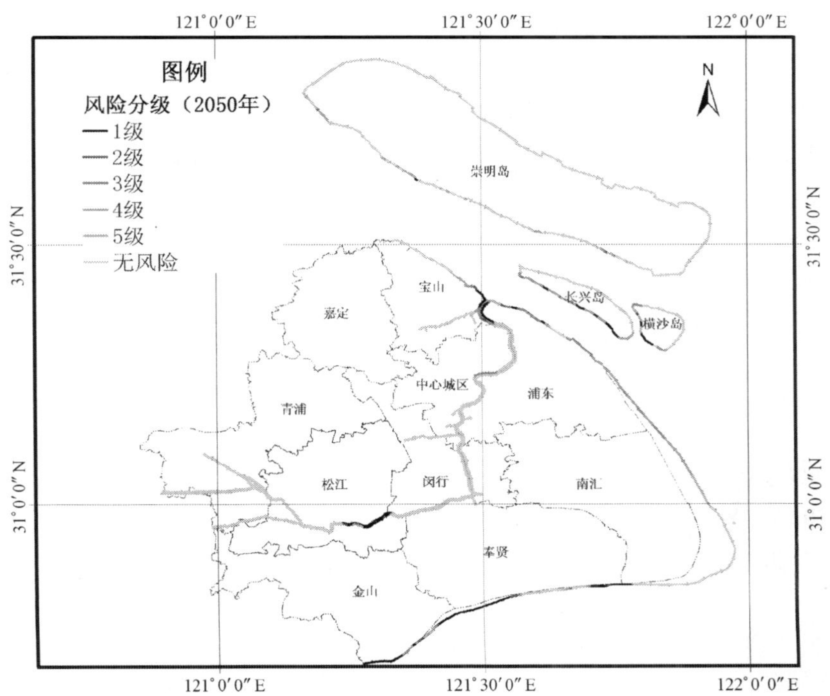

图 3-16　综合危险性情景下上海海堤潜在漫堤风险(2050 年)

3. 2100 年海堤潜在安全性分析

在综合考虑海平面上升、地面沉降的影响下，到 2030 年若发生与 9711 号强度相同的台风风暴潮情况下，上海地区约有 45.98% 的海堤出现漫堤风险（图 3－17 和表 3－7），高风险海堤长度明显增加，主要出现在崇明岛的南岸、长兴岛和横沙岛北岸。黄浦江两岸的潜在高风险岸段增加明显。

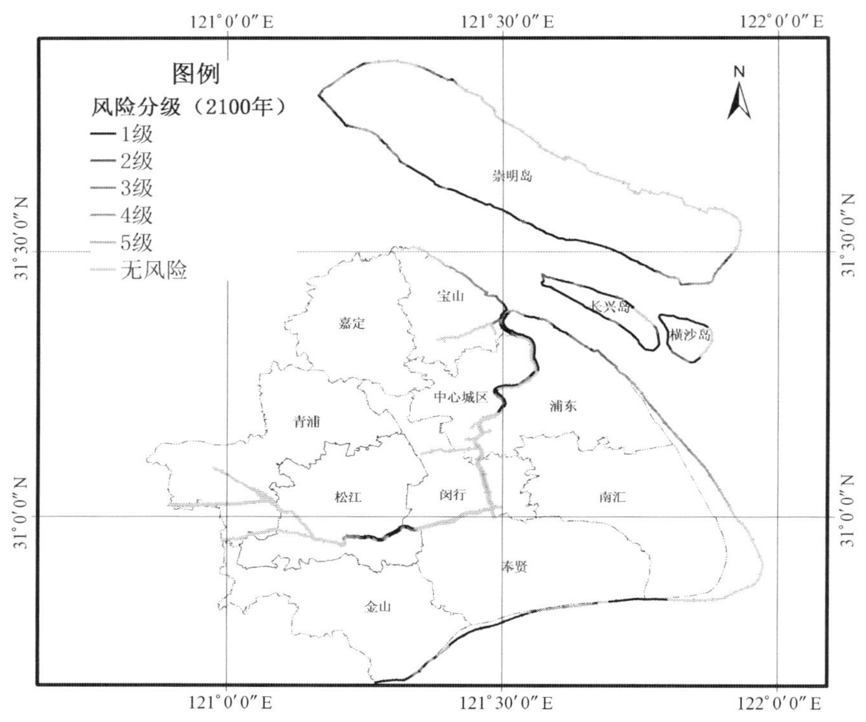

图 3－17　综合危险性情景下上海海堤潜在漫堤风险（2100 年）

第四节　基于 GIS 的城市暴雨内涝危险性模拟方法与工具

在城市暴雨内涝灾害研究过程中，利用 GIS 技术建立的简化模拟工具，开展暴雨内涝、洪水淹没等情景研究，逐渐成为广泛采用的手段。根据目前国内相关研究可以看出（许有鹏等，1996；王腊春等，2000；刘仁义等，2001；胡蓓蓓，2009），往往都是利用数字高程模型（DEM）和 GIS 技术，求取给定降雨强度或者水位条件下的淹没区。在具体模拟过程中往往可分“无源淹没”和“有源淹没”两类。凡是高程值低于给定水位的点，皆计入淹没区，称为“无源淹没”，如大面积降水，低洼处都会积水成灾；若考虑降水的“流通”淹没情形，洪水只淹没它能流到的地方，则称“有源淹没”。我们充分借鉴前人研究思想（刘仁义等,2001;郭利华等,2002),利用GIS技术开发了暴雨内涝危险性模拟工具。

一、基于GIS的暴雨内涝模拟工具开发

(一)淹没区分析

基于GIS建立洪水淹没区计算模型,即在数字高程模型(DEM)基础上,采用栅格图像种子蔓延算法,计算给定洪水水位或给定洪量条件下的淹没区,并将结果可视化。假设区域降水量为D mm,洼地摄雨口的面积为S m^2,洼地当前水位表面积为s m^2,则洼地水位上涨高度Δh可近似表示为

$$\Delta h = \frac{S \times D \times 10^{-3}}{s}(\mathrm{m}) \qquad (3-23)$$

由式(3－23)可看出,按“水平面”确定无源淹没范围,是一个求取淹没区的近似方法,当洼地上下底面相差不大时,水面上涨高度Δh只与降水量D相关,在区域大面积降水的无源淹没情况下,每个洼地水面上涨幅度基本一致,凡低于水位高度的点都被淹没(郭利华等,2002;陈靖等,2008)。此方法实用、便捷,并能较快地与受淹区的现状数据进行叠置分析。

有源淹没区分析算法实现较为复杂,需处理迂回连通问题,一般采用种子蔓延算法。它是一种基于种子空间特征的扩散探测算法,核心思想是将给定的种子点作为一个对象,赋予特定的属性,在某一平面区域上沿4个(或8个)方向游动扩散,求取满足给定条件、符合数据采集分析精度、且具有连通关联分布的点的集合。就是按给定水位条件,求取满足精度、连通性要求的点的集合,该集合给出的连续平面就是我们所要求算的淹没区范围。满足水位条件但与种子点不具备连通关联性的其他连续平面,将不能进入集合区内。淹没区计算的准确性在很大程度上依赖DEM的分辨率。每一个象元都代表着地面上一个区域,且每一个象元都拥有自己的高程值和精度。依据象元的高程值精度,选择恰当的阈值作为判断象元归属的条件,该值称为种子蔓延探测分辨率(刘仁义等,2001)。

设空间数据精度为m,探测分辨率为φ,经分析和计算实验,其关系式可表达为

$$\varphi = \frac{1}{n}m + K \quad (K < m) \qquad (3-24)$$

式中,n为倍频系数,通常取2;K为平衡参数,以平衡探测分辨率和运算效率间的矛盾。

在无源淹没中,为了快速计算出模拟水位,在设计中指定一个初始水位,计算机程序根据初始水位动态调整计算步长,可大大缩短计算时间。有源淹没中,程序从源点开始向其四周搜索,在前进方向上遇到高程大于洪水水位之处,就停止向此方向继续搜索。最后,根据探索路径所有经过的点生成淹没范围图,具体流程见图3－18。

(二)淹没水深计算

给定洪水水位下的淹没分析,计算公式为

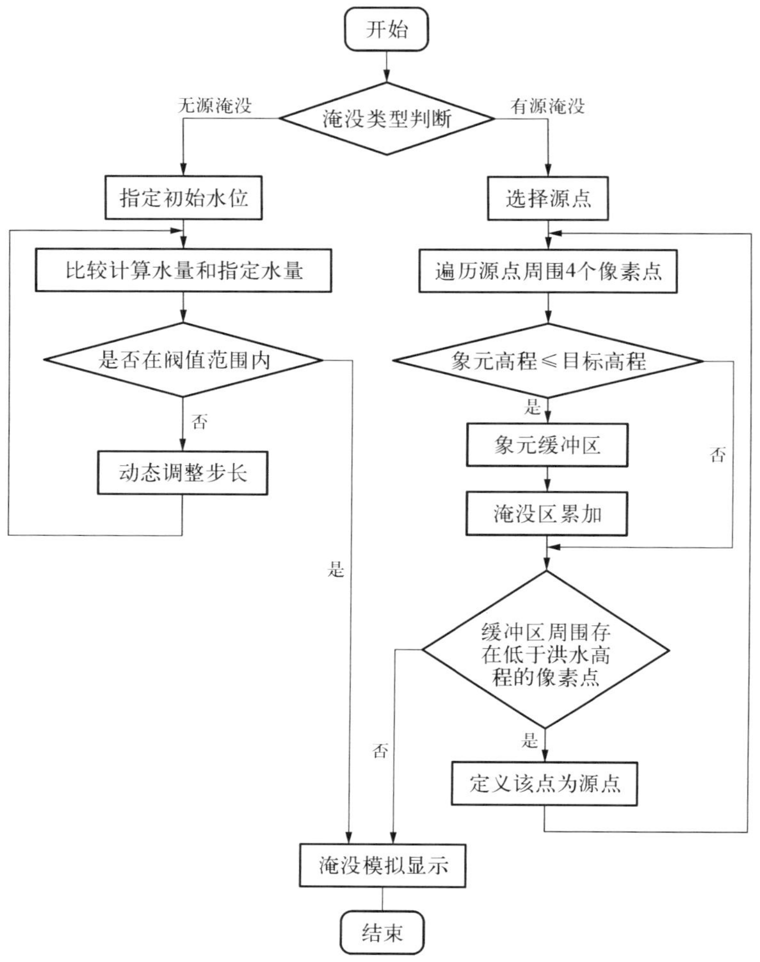

图 3-18　淹没区计算流程图

$$W = H - E \tag{3-25}$$

式中，W 为单元水深；H 为水位；E 为单元高程（丁志雄等，2004；陈靖等，2008）。

给定洪量条件下的淹没分析，在前述洪水水位分析方法的基础上，通过不断给定洪水水位 H 条件，求出对应淹没区域的容积 V 与洪量 Q 的比较，利用二分法等逼近算法，求出 Q 最接近的 V，V 对应的淹没范围和水深分布即为淹没分析结果。

容积与水位的关系可以描述为

$$V = f(H) \tag{3-26}$$

在格网模型的基础上式（3-26）可以简化为

$$V = \sum_{i=1}^{m} A_i (H - E_i) \tag{3-27}$$

式中，V 为连通淹没区水体体积；A_i 为连通淹没区单元面积，连通性分析求解得到；E_i 为连通淹没区单元高程，连通性分析求解得到；m 为连通淹没区单元个数，连通性分析求解得到。

定义函数：

$$F(H) = Q - V = Q - \sum_{i=1}^{m} A_i \cdot (H - E_i) \tag{3-28}$$

显然该函数为单调递减函数，函数变化趋势如图 3－19 所示（丁志雄等，2004）。

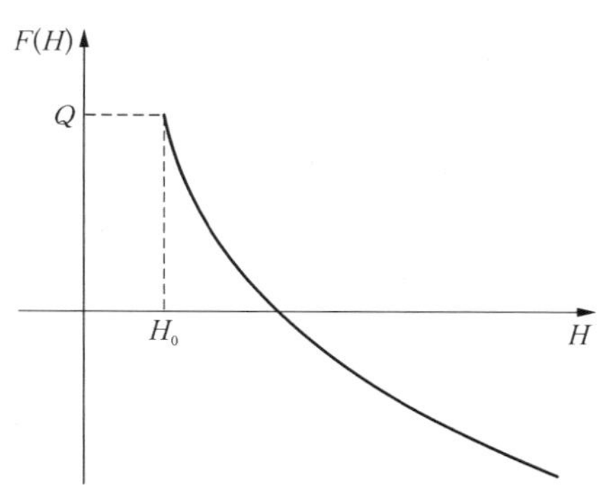

图 3－19　$F(H)$ 函数变化趋势示意图

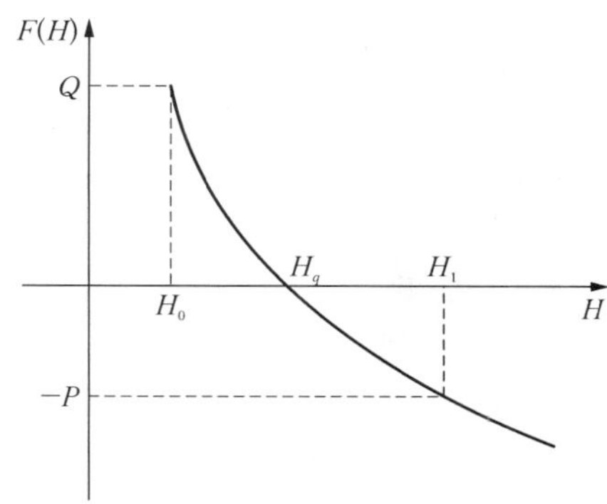

图 3－20　H_q 求解示意图

有已知 $F(H_0) = Q$，H_0 为入口单元对应的高程，要求得一个 H，使得 $F(H) \to 0$。为利用二分逼近算法加速求解，在程序设计时考虑变步长方法进行加速收敛过程。需要预先求得 H_1，使 $F(H_1) < 0$。H_1 的求解可以设定一较大的增量 ΔH 循环计算，直到 $F(H_1) < 0(H_1 = H_0 + n\Delta H)$。再利用二分法求算 $F(H)$ 在 (H_0, H_1) 范围内趋近于零的 H_q。H_q 对应的淹没范围和水深分布即为给定洪量 Q 条件下对应淹没范围和水深（图 3－20）。

（三）数字高程模型（DEM）修正

无源淹没模拟是在数字高程模型（DEM）的基础上开展的，淹没面积的精度主要取决于 DEM 的精度，故需对现有 DEM 数据进行修正。任何 DEM 数据都不可避免地存在一些与地面高程不符的洼地和尖峰。在判别地表中洼地的时候，会出现许多异常洼地称之为伪洼地，从而导致水流方向错误，计算失败，无法提取其他信息，必须加以处理。我们采用填洼法和平滑处理法来填洼、削峰。

（1）判断伪洼地。将所有相连且高程相等的最低点均视为盛水区域的洼地处理。引入一个面积阈值或洼地容积阈值来判断这些点是否为伪洼地。当洼地面积或容积小于某一阈值时，视为伪洼地，不产生淹没后果；当大于这一阈值时，则认为该洼地可以积水，引起淹没后果。引入的面积阈值指当洼地被水淹没后的水面面积。在 DEM 数据上，不同高程的点映射到同一平面上以后形成的面都是规则的格网，计算被淹地的水面面积就简化为求所淹没的图形在同一面上投影的面积，而每个格网投影到此平面上的面积都是相等的（以 Sa 表示），所以被淹没洼地的水面面积 S 为

$$S = Sa \times N \tag{3-29}$$

其中,N 为洼地内所淹没的格网个数。同样可通过计算洼地容积来判断伪洼地,每一点的容积是以该点所在的洼地高度减去该点的值为高度、底面为正方形的柱体的容积。将洼地中高度值小于洼地溢口点高度值的点的容积累加后,得到洼地的容积(郭利华等,2002)。

(2) 去除伪洼地。通过修正 DEM 数据来实现。给伪洼地底点高程赋以该点周围点的最低点高程,或者取周围点高程的平均值,或者通过某一种差分算法获得高程值。通过取该点周围点平均高程值作为该点新的 DEM 高程值来实现伪洼地的去除(胡蓓蓓等,2009)。

(3) 城市表面房屋影响修正。上述获取的高程仅代表了城市地表裸露高程的变化。现实中的城市房屋、道路等,很大程度上改变了地表裸露形态,故必须利用城市房屋对去除伪洼地地形进行相关修正。通过实地调查,获知房屋层数与房屋离地高度存在一定关系,并参考国家建筑物设计标准(房屋离地设计高度≥15 cm),对不同的房屋层数赋予不同的离地高度值:1 ~4 层,15 cm;5 ~9 层,20 cm;9 层以上,60 cm。以天津中心城区为例,天津中心城区的六区房屋最密集且层数较高,因此就需要对六区进行房屋影响修正,其余区域则沿用原始地面高程。

(四) GIS 模拟工具开发

基于淹没区计算流程(图 3 - 18),运用 C#和 ArcEngine9.2,在 SimpleGIS 平台* 下开发无源淹没和有源淹没等插件,便于调用和展示,淹没区模拟工具的操作界面见图 3 - 21 和图 3 - 22。首先,假设研究区内淹没水面是一水平面,给定水位初始值,该值在 DEM 的高程范围内,以该洪水位值作为高程属性值的一个水平面平切 DEM,在水平面与 DEM 之间得到一个积水总量。然后,通过比较积水总量与径流总量,不断给定洪水位值,进行迭代计算使计算得到的积水总量逐渐逼近径流总量。最后,当积水总量接近径流总量时,不断减小步长,当积水总量等于径流总量时,得到的水位值就是最终淹没水面高程值。并通过输出插件得到研究区内的淹没范围。假设在每个正方形网格内部底高程值是一致的,淹没水面高程值也是一致的,在每个格网单元内,用淹没水位高程值减去地面底高程值,即得到每个网格的洪水淹没深度。用每个格网的淹没深度乘以格网面积就得到每个格网的积水量,把研究区内所有格网单元的积水量通过栅格统计计算就得到积水总量。

二、天津滨海新区暴雨内涝危险性模拟

(一) 不同频率暴雨强度计算

天津市平原地区农田排涝绝大部分为机排,单站控制面积不超过 300 km^2,根据《水利动能设计手册治涝分册》,在我国华北平原面积为 100 ~ 500 km^2的排水区,洪峰流量主要由一日暴雨形成(王书凤等,2004);天津市在一次暴雨过后的 3 日内,发生下一次暴雨过

* www.simplegis.com.cn/.

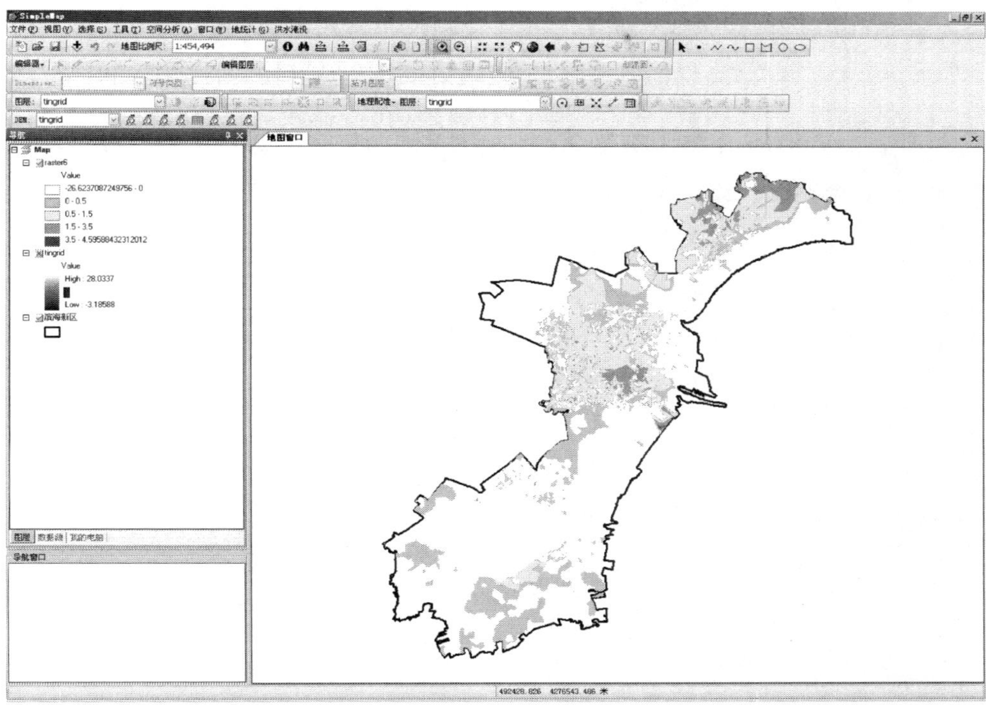

图 3－21　淹没区模拟工具的操作界面

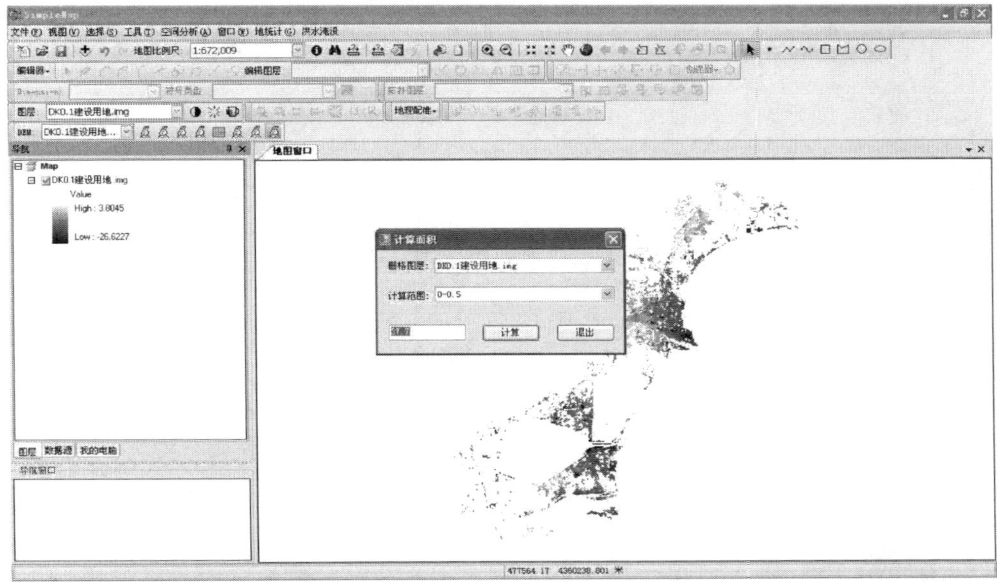

图 3－22　不同重现期径流量转化为淹没水深的操作界面

程的几率仅为4%，按现有排水能力，通常在1 d之内，最多2 d，可以将积水排净（解以扬，2004；代斌，2005），因此选择最大24 h暴雨量来研究天津市滨海新区暴雨内涝问题。天津滨海新区有9个水文站：汉沽区蔡家堡站，塘沽区宁车沽站、新防潮闸站和海河闸站，大港区工农兵闸站、马圈闸站、万家码头站和调节闸站，以及东丽区南山岭站。为了提高分析精度，还选择了区外5个比较靠近的水文站：宁河县的板桥站，东丽区的金钟河闸站，津南区的小站站，以及静海区的蔡公庄站和大庄子站（图3-23，表3-8）。

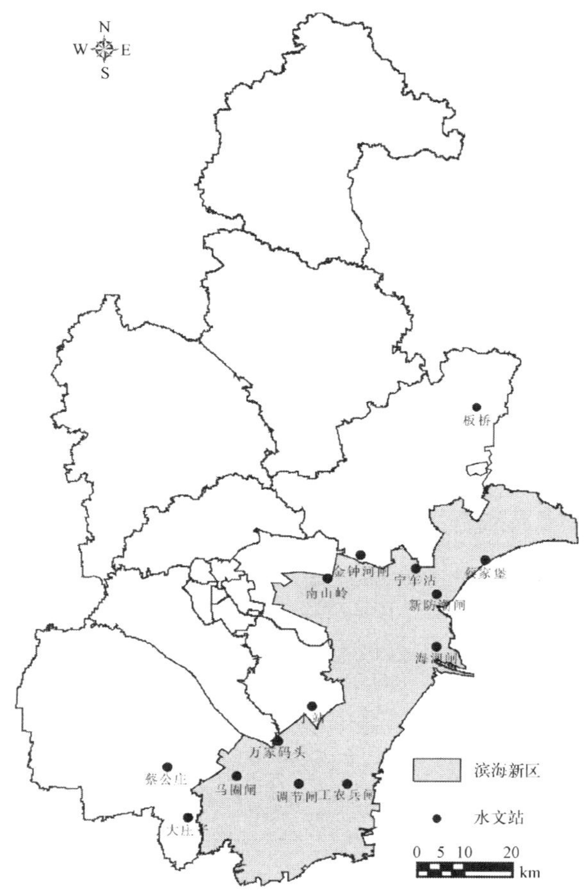

图3-23 水文观测站分布图

表3-8 观测站属性及实测年最大24 h暴雨特征统计表

站 名	河 流	区县	纬度	经度	高程（m）	系列		系列最大值	
						观测年份	年数	时 间	雨量（mm）
蔡家堡	渤海湾	汉沽	39°11′	117°50′	3.3	1965～1966，1968～1969，1975，1979～1985，1987～1998	24	1975.7.29	350.6
宁车沽	潮白新河	塘沽	39°10′	117°40′	2.9	1971～1998	28	1975.7.29	334.8

续表

站　名	河　流	区县	纬度	经度	高程(m)	系列		系列最大值	
						观测年份	年数	时　间	雨量(mm)
新防潮闸	蓟运河	塘沽	39°07′	117°43′	3.5	1968～1998	31	1975.7.29	369.2
海河闸	海河	塘沽	39°01′	117°43′	3.8	1960～1998	39	1984.8.9	306.6
工农兵闸	独流减河	大港	38°45′	117°30′	3.0	1971～1994,1996～1998	27	1984.8.9	480.5
马圈闸	马圈引河	大港	38°46′	117°14′	3.8	1973～1994,1996～1998	25	1975.7.29	220.1
万家码头	马厂减河	大港	38°50′	117°20′	3.9	1962～1964,1966,1968～1979,1981～1994,1996～1998	33	1984.8.9	248.5
调节闸	北大港水库	大港	38°45′	117°23′	4.1	1973～1998	26	1984.8.9	338.1
板桥	蓟运河	宁河	39°29′	117°49′	3.4	1965～1998	34	1975.7.29	306.1
金钟河闸	金钟河	东丽	39°11′	117°32′	3.1	1973～1980,1982～1998	25	1975.7.29	310.7
南山岭	金钟河	东丽	39°09′	117°27′	3.0	1965～1970,1972～1990,1992～1995,1998	30	1975.7.29	303.4
小站	马厂减河	津南	38°54′	117°25′	3.6	1965～1979,1982～1996,1998	31	1975.7.29	265.1
蔡公庄	马厂减河	静海	38°47′	117°04′	1965.6	1959～1961,1964～1983,1986～1990,1992～1993	30	1975.7.29	183.7
大庄子	青静黄排水渠	静海	38°41′	117°07′	4.5	1964～1998	35	1991.7.28	200.1

1. 不同频率暴雨强度计算

由《天津市水文手册第一册——暴雨图集》* 查得最大 24 h 暴雨统计参数，得出各站最大 24 h 降水的均值、变差系数 C_v 及偏态系数 C_s，运用 Pearson－Ⅲ型分布计算不同频率下最大 24 h 设计雨量（表 3－9）。滨海新区 9 个水文观测站按不同频率年最大 24 h 暴雨强度排序为：工农兵闸＞海河闸＞蔡家堡＞调节闸＞新防潮闸＞宁车沽＞万家码头＞南山岭＞马圈闸，各站相差较大，各频率工农兵闸年最大 24 h 暴雨强度平均为马圈闸的 1.4 倍左右。空间分布上，距海越近暴雨强度越大，距离相近时暴雨强度自北向南增大。

* 天津市水利局. 2002. 天津市水文手册第一册——暴雨图集.

表 3－9　不同频率年最大 24 h 暴雨强度（$C_s=3.5\ C_v$）

站名	参数		不同频率（%）下最大 24 h 暴雨量（mm）															
	均值（mm）	C_v	0.01	0.1	0.2	0.5	1	2	2.5	3.33	5	10	20	50	75	90	95	99
蔡家堡	104	0.66	714.48	536.64	483.60	413.92	361.92	309.92	293.28	271.44	242.32	191.36	142.48	80.08	57.20	47.84	45.76	44.72
宁车沽	100	0.63	646.00	489.00	442.00	380.00	334.00	287.00	272.00	253.00	226.00	181.00	136.00	79.00	56.00	47.00	45.00	43.00
新防潮闸	102	0.65	686.46	517.14	467.16	399.84	349.86	299.88	284.58	264.18	235.62	186.66	138.72	79.56	56.10	46.92	44.88	43.86
海河闸	106	0.66	728.22	546.96	492.90	421.88	368.88	315.88	298.92	276.66	246.98	195.04	145.22	81.62	58.30	48.76	46.64	45.58
工农兵闸	120	0.67	841.20	631.20	567.60	486.00	423.60	362.40	342.00	316.80	282.00	222.00	164.40	92.40	64.80	55.20	52.80	51.60
马圈闸	97	0.61	600.43	456.87	414.19	356.96	314.28	271.60	258.02	240.56	215.34	173.63	131.92	77.60	55.29	46.56	43.65	41.71
万家码头	98	0.62	619.36	470.40	425.32	366.52	322.42	278.32	263.62	245.98	219.52	176.40	133.28	78.40	55.86	46.06	44.10	42.14
调节闸	103	0.65	693.19	522.21	471.74	403.76	353.29	302.82	287.37	266.77	237.93	188.49	140.08	80.34	56.65	47.38	45.32	44.29
板桥	98	0.56	543.90	419.44	382.20	332.22	294.98	256.76	245.00	229.32	207.76	169.54	132.30	81.34	58.80	48.02	45.08	43.12
金钟河闸	100	0.60	606.00	462.00	419.00	362.00	319.00	277.00	263.00	245.00	220.00	178.00	136.00	81.00	58.00	48.00	45.00	43.00
南山岭	100	0.59	593.00	454.00	412.00	356.00	315.00	273.00	260.00	242.00	218.00	177.00	135.00	81.00	58.00	48.00	45.00	43.00
小站	99	0.63	639.54	484.11	437.58	376.20	332.64	284.13	269.28	250.47	223.74	179.19	134.64	78.21	55.44	46.53	44.55	42.57
蔡公庄	93	0.59	551.49	422.22	383.16	331.08	292.95	253.89	241.80	225.06	202.74	164.61	125.55	75.33	53.94	44.64	41.85	39.99
大庄子	96	0.61	594.24	452.16	409.92	353.28	311.04	268.80	255.36	238.08	213.12	171.84	130.56	76.80	54.72	46.08	43.20	41.28

2. 不同频率暴雨强度空间插值

利用 ArcGIS 地统计分析工具,对不同发生频率条件下年最大 24 h 暴雨量进行空间特征探索性数据分析表明:数据为非正态分布,二次函数趋势明显;对原始数据经对数变换、幂变化后再进行探索性数据分析为非正态分布,二次函数趋势明显。通过对空间插值的多种方法预测精度进行比较,发现析取克里格法(Disjunctive Kriging)在开展滨海新区暴雨量空间插值时精度最高,因此将选用析取克里格法进行空间插值(图 3-24)。

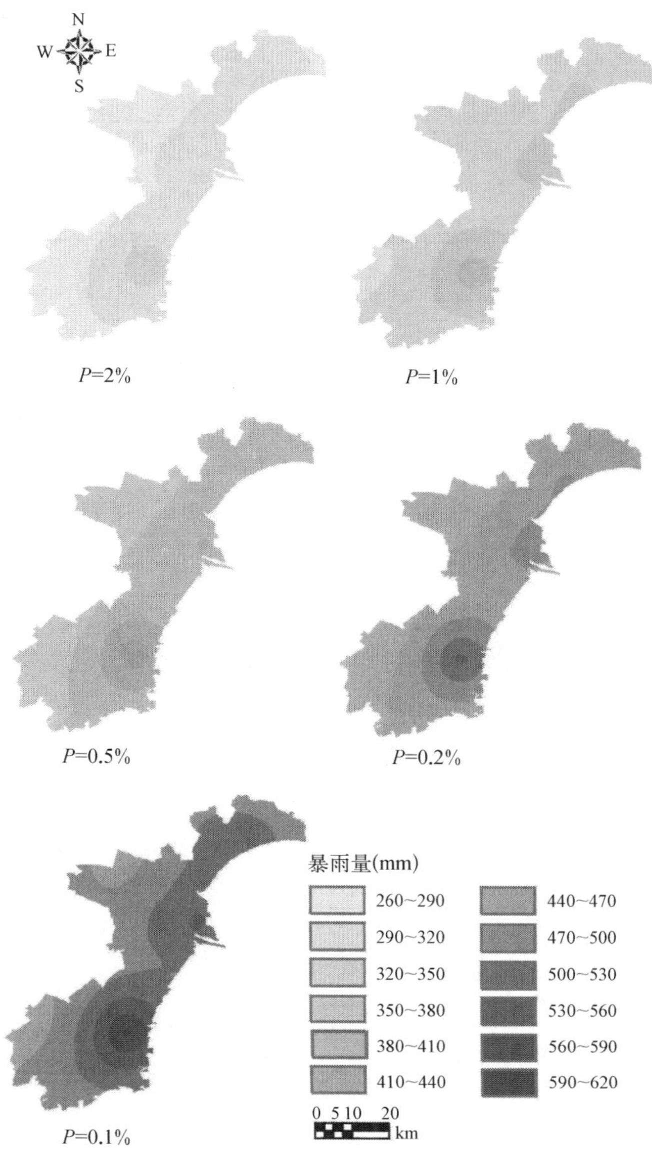

图 3-24　不同频率下年最大 24 h 暴雨量空间分布

3. 不同频率暴雨径流深度空间分布

考虑下渗和地表径流等导致雨量损失的自然因素，需将设计暴雨量通过研究区各排水小区多年经验径流系数转化为径流深度，滨海新区各排水小区径流系数见表 3－10 * 。利用 ArcGIS 获得滨海新区不同频率下年最大 24 h 暴雨径流深度空间分布（图 3－25）。

表 3－10　滨海新区各排水小区排水流量汇总表

功能分区	功能区汇水面积（km^2）	城市化面积（km^2）	非城市化面积（km^2）	径流系数	城市化排水流量 $P=1\%$（m^3/s）	非城市化排水流量 $P=5\%$（m^3/s）	总排水流量（m^3/s）
塘沽城区	184.4	184.4		0.485	300.34		300.3
开发区西区	40.0	40.0		0.496	55.12		55.1
滨海高科技术产业区	27.6	27.6		0.445	34.09		34.1
汉沽城区	37	37		0.511	63.51		63.5
滨海休闲旅游区	80.95	80.95		0.307	83.65		83.6
大港城区及三角地石化基地	117.46	117.46		0.455	148.53		148.5
航空城	70	70		0.505	98.19		98.2
东丽湖	10	10		0.476	13.20		13.2
现代冶金	19.51	19.51		0.481	26.03		26.0
葛沽镇	14	14		0.528	20.53		20.5
临港工业区一期	79.99	79.99		0.49	131.41		131.4
中心渔港及北疆电厂	35.36	35.36		0.46	54.92		54.9
滨海国际机场	25.05	25.05		0.55	38.25		38.2
散货物流区	66.59	66.59		0.52	116.45		116.5
天津港	81.82	81.82		0.55	151.25		151.2
油田化工区	64.87	64.87	0	0.55	99.11		99.1
大港官港森林公园	17.82		17.82			8.2	8.2
东丽农田保留区　金钟河	22.09		22.09			11.1	11.1
东丽农田保留区　东减河	28.15	4	24.15	0.55	6.11	5.6	11.71
黄港水库风景区	13		13			6.0	6.0
津南西关农田保留区	35.23		35.23			13.4	13.4
营城水库风景区	10.73	2	8.73	0.55	3.70	4.0	7.7
塘沽农田保留区　中心庄	18.41		18.41			8.5	
塘沽农田保留区　黄港	8.14		8.14			3.8	
大港农田保留区　青静黄上段	127.18	3	124.18	0.55	4.58	53.1	57.7
大港农田保留区　青静黄下段	109.23	3	106.23	0.55	4.58	45.4	50.0
大港农田保留区　子牙河沧浪渠	73.41		73.41			31.4	31.4
大港农田保留区　马场减河	56.33		56.33			24.1	24.1
大港农田保留区　油田化工	38.35		38.35			16.4	16.4
汉沽农田保留区　后沽	25.87		25.87			11.9	11.9
汉沽农田保留区　大田	12.85		12.85			5.9	5.9
汉沽农田保留区　茶淀	19.15	3	16.15	0.55	5.55	7.5	13.0
汉沽农田保留区　杨家泊	55.48	5	50.48	0.55	9.24	23.3	32.6
合　计	1 626.02	974.6	651.42		1 468.34	279.6	1 747.7

* 天津市水利勘测设计院. 2007. 天津市滨海新区排水规划.

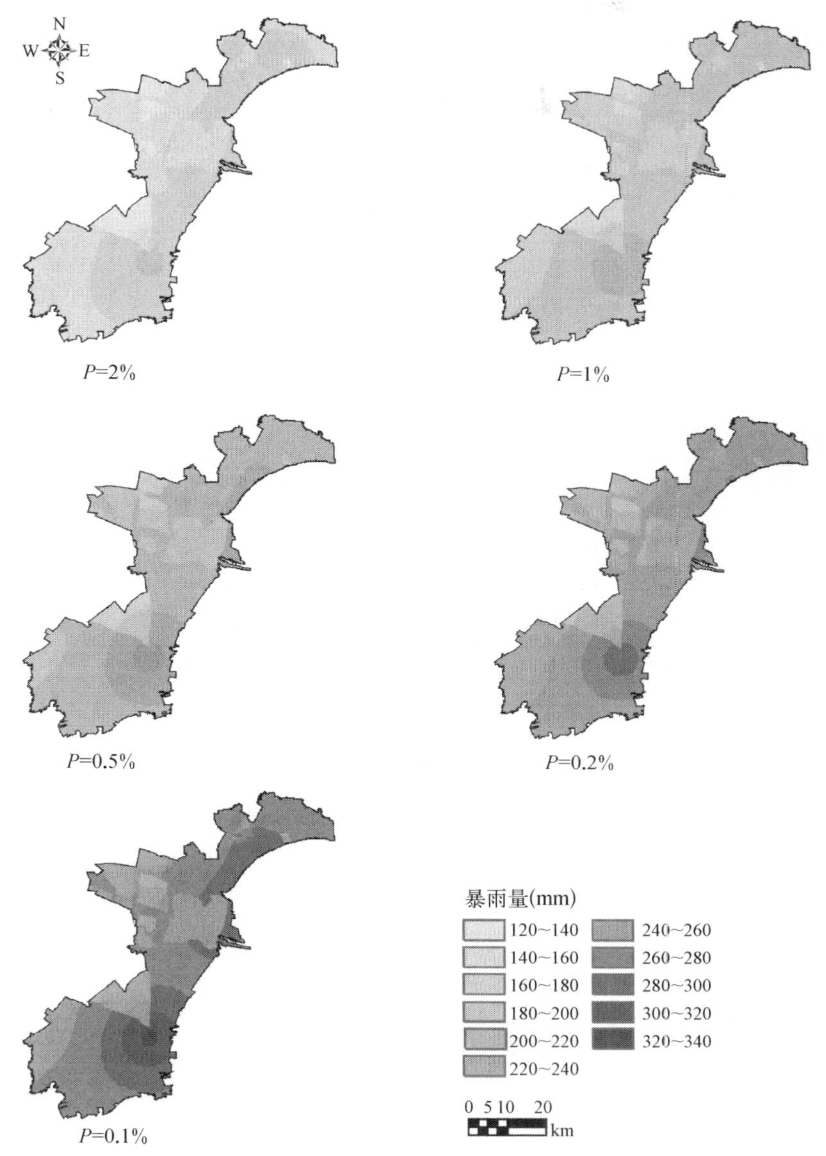

图 3－25　不同频率下年最大 24 h 暴雨径流深度空间分布

用各栅格径流深度乘以栅格面积得到每个栅格的径流量，将各栅格径流量相加求和得到径流总量。根据径流总量与地面汇流区域的积水量相等的原理来模拟汇流的区域（即淹没区）和区域内每个栅格的淹没高度（王林等，2004）。

（二）天津滨海新区暴雨内涝危险性情景分析

利用所建立的 GIS 工具，将不同重现期年最大 24 h 暴雨淹没深度图分别在滨海新区土地利用类型图上进行空间展布，计算出不同淹没水深淹没各种土地利用类型的面积，分别对 2007 年和 2020 年五十年一遇、二百年一遇、千年一遇三种不同重现期最大 24 h 暴雨内涝淹没范围、淹没水深进行计算。

1. 现状条件下暴雨内涝风险

根据2004～2007年滨海新区地面沉降情况，对2004年地形图DEM修订得到2007年滨海新区的DEM。在此基础上，运用最大24 h暴雨径流深度算得径流总量，并利用所建立的危险性模拟工具进行模拟计算，结果如图3－26所示。

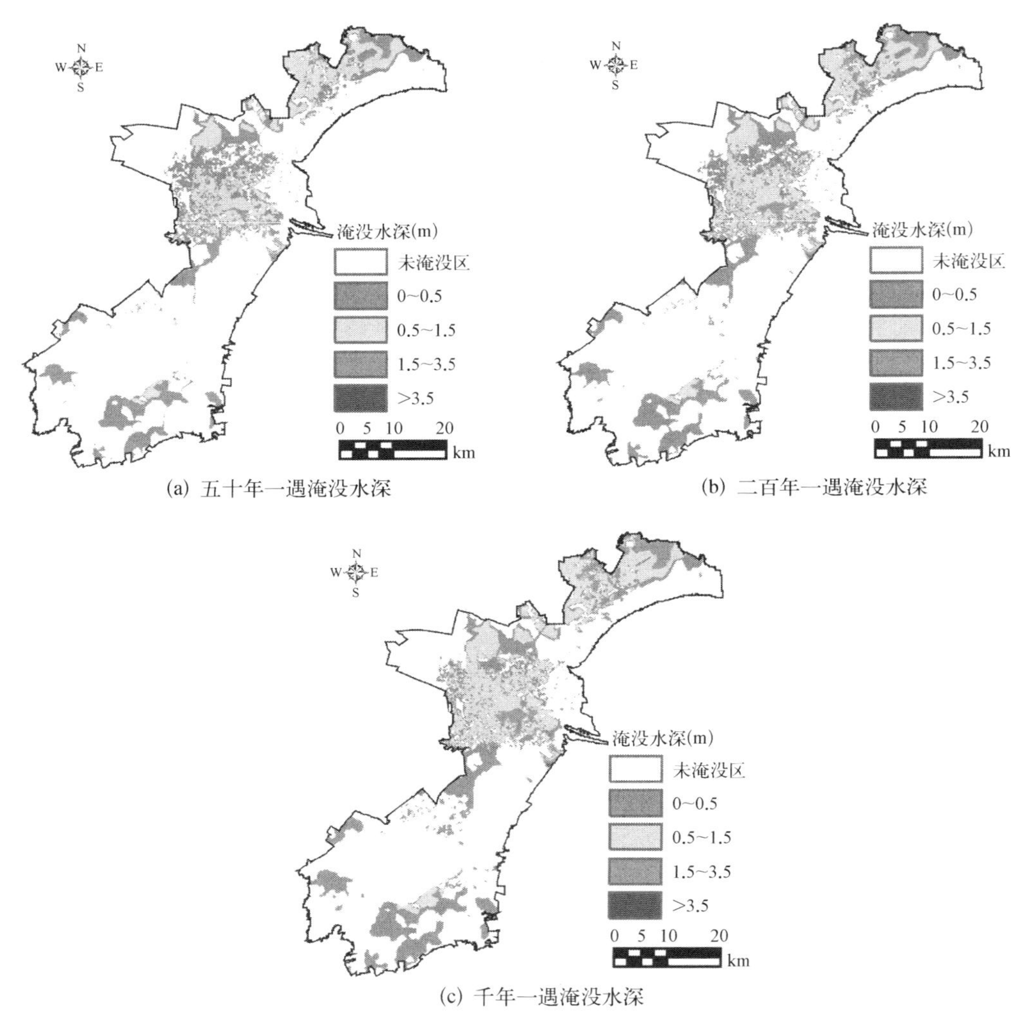

(a) 五十年一遇淹没水深

(b) 二百年一遇淹没水深

(c) 千年一遇淹没水深

图3－26　2007年不同重现期年最大24 h暴雨淹没深度图

图3－26可见：暴雨淹没范围千年一遇＞二百年一遇＞五十年一遇淹没范围。塘沽区和汉沽区暴雨内涝受淹土地所占比例较大，大港区较小；水深1.5～3.5 m淹没区主要集中在塘沽城区、汉沽城区、汉沽杨家泊镇、大田镇、茶淀镇和营城镇；水深大于3.5 m的淹没区位于塘沽区大沽街，所占面积很小。将图3－26中(a)、(b)、(c)图分别在滨海地区土地利用类型图上展布，计算出不同淹没水深淹没各种土地利用类型面积(表3－11、

3-12、3-13)。由计算可知,发生五十年、二百年、千年一遇暴雨时,天津市滨海地区分别有16.42%、20.06%和22.85%土地不同程度受淹。

表3-11　五十年一遇暴雨不同淹没水深淹没各种土地利用类型的面积

土地利用类型(km^2) \ 淹没水深(m)	0~0.5	0.5~1.5	1.5~3.5	>3.5
建设用地	34.0	47.3	3.7	0
耕　地	51.4	34.2	4.9	0
河　流	32	12.4	4.8	0.03
林草地	2.7	3.1	0.3	0
水库盐田	59.8	42.1	3.6	0.04
总　计	179.9	139.1	17.3	0.07

表3-12　二百年一遇暴雨不同淹没水深淹没各种土地利用类型的面积

土地利用类型(km^2) \ 淹没水深(m)	0~0.5	0.5~1.5	1.5~3.5	>3.5
建设用地	35.2	56.5	9	0
耕　地	62.2	39.5	7.9	0
河　流	39.6	14.9	7.3	0.03
林草地	3.3	3.8	1.0	0
水库盐田	69.4	53.9	7.4	0.04
总　计	209.7	168.6	32.6	0.07

表3-13　千年一遇暴雨不同淹没水深淹没各种土地利用类型的面积

土地利用类型(km^2) \ 淹没水深(m)	0~0.5	0.5~1.5	1.5~3.5	>3.5
建设用地	37.7	61.6	14.5	0.02
耕　地	70.5	41.5	10	0
河　流	42.2	16.6	8.9	0.03
林草地	3.5	4.2	1.5	0
水库盐田	78.7	65.8	10.7	0.08
总　计	232.6	189.7	45.6	0.13

2. 2020年暴雨内涝危险性分析

据天津滨海新区2007~2020年地面沉降预测情景三方案(第二章第二节),以及研究区海平面上升55 mm、40 mm、24 mm三种预测情况(胡蓓蓓,2009),对2020年滨海新区DEM修正设定三种情景。在此基础上,分别对这三种情景下不同重现期暴雨淹没范围、水深和损失进行计算和模拟。

2020年不同频率暴雨发生概率计算

$$Probility = 1 - (1 - Frequency)^t \tag{3-30}$$

式中，*Probility* 为发生概率；*Frequency* 为频率，选择 0.1%（千年一遇）、0.5%（二百年一遇）和 2%（五十年一遇）三种发生频率；t 为时间（a）。以 2009 年为基准年，至 2020 年 t 为 11 a；计算可得千年一遇的暴雨 2020 年的发生概率为 1.09%；二百年一遇的暴雨 2020 年的发生概率为 5.36%；五十年一遇的暴雨 2020 年的发生概率为 19.93%（Gambolati et al.，2002）。

（1）2020 年暴雨内涝风险（情景一）：2020 年天津市滨海新区不同重现期暴雨内涝淹没深度分布见图 3－27，将（a）、（b）、（c）图分别在 2020 年滨海新区土地利用规划图上展布，计算出不同淹没水深淹没各种土地利用类型面积（表 3－14、3－15、3－16）。2020 年天津市滨海新区五十年一遇暴雨发生概率为 19.93%，由表 3－14 计算可知，发生该暴雨时，将有 26.01% 的土地不同程度受淹，其中居住用地设淹没比例为 43.97%；2020 年天津市滨海新区二百年一遇暴雨发生概率为 5.36%，发生该暴雨时，将有 29.34% 的土地不同程度受淹，居住用地受淹没比例为 50.78%；2020 年天津市滨海新区千年一遇暴雨发生概率为1.09%，发生该暴雨时，将有 32.73% 的土地不同程度受淹，居住用地受淹没比例为 56.36%。

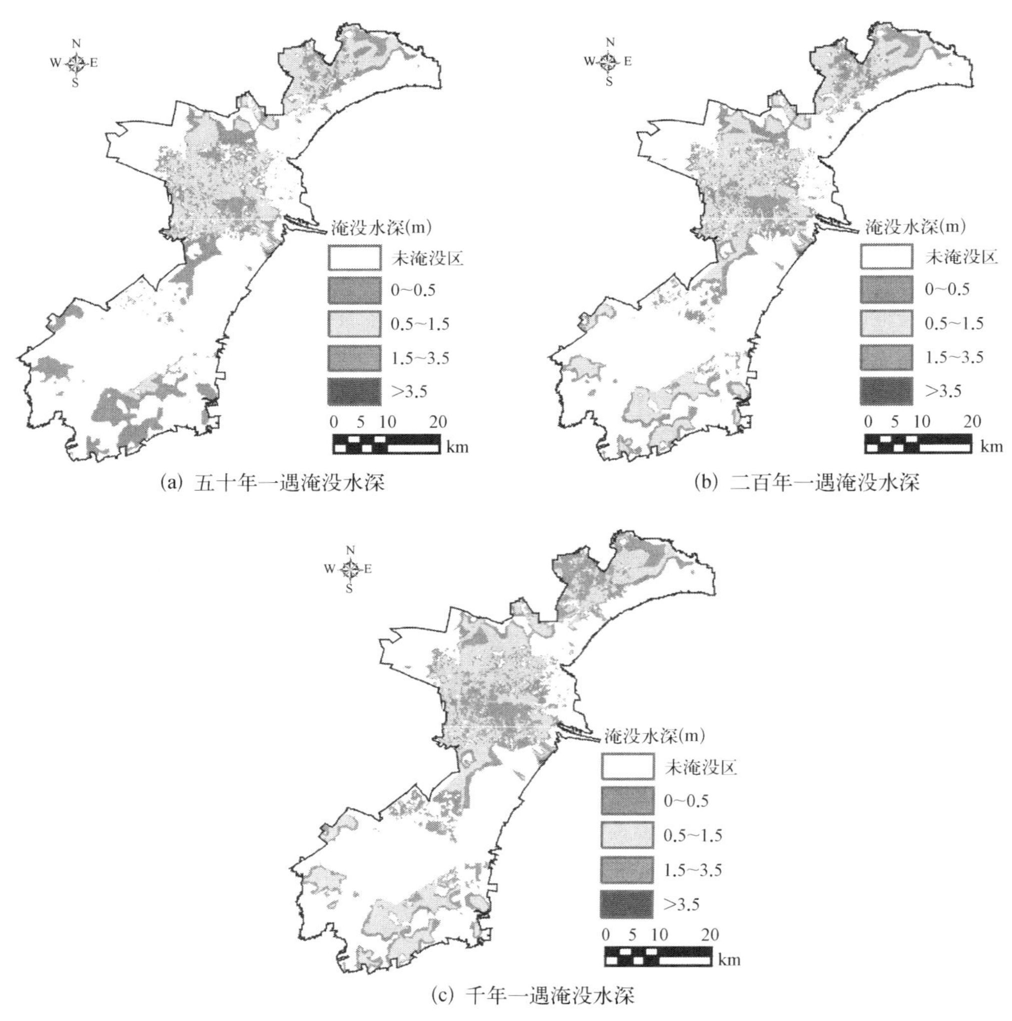

(a) 五十年一遇淹没水深　(b) 二百年一遇淹没水深　(c) 千年一遇淹没水深

图 3－27　2020 年不同重现期年最大 24 h 暴雨淹没深度图（情景一）

表3-14 五十年一遇暴雨不同淹没水深淹没各种土地利用类型的面积(情景一)

淹没水深(m) 土地利用类型(km^2)	0~0.5	0.5~1.5	1.5~3.5	>3.5
居住用地	13.7	29.1	10.8	0
公共设施用地	3.3	12.1	3.9	0
工业用地	17.9	39.5	2.4	0
科研设计用地	0.5	1.69	0.01	0
仓储用地	1.8	7	3.3	0.3
对外交通用地	2.3	2.9	0.2	0
特殊用地	0.06	2.68	0.34	0
市政公共设施用地	0.2	0.6	0.1	0
绿　地	234.3	171.1	26.3	0
水　域	11.9	15.3	6.5	0
滩　涂	2.3	0	0	0
盐　田	12.7	23.1	1.3	0
发展备用地	23.6	11.7	0.9	0
总　计	324.56	316.77	56.05	0.3

表3-15 二百年一遇暴雨不同淹没水深淹没各种土地利用类型的面积(情景一)

淹没水深(m) 土地利用类型(km^2)	0~0.5	0.5~1.5	1.5~3.5	>3.5
居住用地	15.9	30.2	15.8	0
公共设施用地	5.2	12.4	4.7	0
工业用地	20.5	44.7	5.3	0
科研设计用地	0.4	1.93	0.07	0
仓储用地	1.9	6.9	3.9	0.3
对外交通用地	1.7	4.1	0.4	0
特殊用地	0.02	2.68	0.52	0
市政公共设施用地	0.4	0.6	0.2	0
绿　地	148.8	286.8	43.6	0
水　域	14.5	15.8	8.8	0
滩　涂	1.74	1.4	0	0
盐　田	12.5	27	2.4	0
发展备用地	17.8	23.3	1.8	0
总　计	241.36	457.81	87.49	0.3

表3-16 千年一遇暴雨不同淹没水深淹没各种土地利用类型的面积(情景一)

淹没水深(m) 土地利用类型(km^2)	0~0.5	0.5~1.5	1.5~3.5	>3.5
居住用地	17.6	29.3	21.8	0
公共设施用地	6.4	12.1	6.4	0
工业用地	28.0	45.7	9.1	0
科研设计用地	0.7	2.1	0.1	0

续表

土地利用类型(km²) \ 淹没水深(m)	0 ~ 0.5	0.5 ~ 1.5	1.5 ~ 3.5	>3.5
仓储用地	2.4	6	5.3	0.4
对外交通用地	1.5	4.7	0.6	0
特殊用地	0.02	1.94	1.27	0
市政公共设施用地	0.7	0.5	0.4	0
绿　地	131.7	306.5	87.4	0
水　域	16.5	17.3	11.8	0
滩　涂	1.46	2.0	0	0
盐　田	14.4	29.6	4.7	0
发展备用地	17.7	28.8	3	0
总　计	239.08	486.54	151.87	0.4

(2) 2020年暴雨内涝风险(情景二):2020年天津市滨海新区不同重现期暴雨内涝淹没深度分布见图3-28,将(a)、(b)、(c)图分别在2020年滨海新区土地利用规划图上展布,计算出不同淹没水深淹没各种土地利用类型的面积(表3-17、3-18、3-19)。2020年天津市滨海新区五十年一遇暴雨发生概率为19.93%,发生该暴雨时,将有24.23%的土地不同程度受淹,居住用地受淹没比例为41.35%;2020年天津市滨海新区二百年一遇暴雨发生概率为5.36%,发生该暴雨时,将有27.47%的土地不同程度受淹,居住用地受淹没比例为48.24%;2020年天津市滨海新区千年一遇暴雨发生概率为1.09%,发生该暴雨时,将有30.70%的土地不同程度受淹,居住用地受淹没比例为53.08%。

表3-17　五十年一遇暴雨不同淹没水深淹没各种土地利用类型的面积(情景二)

土地利用类型(km²) \ 淹没水深(m)	0 ~ 0.5	0.5 ~ 1.5	1.5 ~ 3.5	>3.5
居住用地	13.4	29.3	7.7	0
公共设施用地	3.1	11.6	3.6	0
工业用地	18.5	34.8	1.0	0
科研设计用地	0.7	1.4	0	0
仓储用地	2.1	6.7	3.0	0.19
对外交通用地	2.8	2.2	0.2	0
特殊用地	0.1	2.7	0.2	0
市政公共设施用地	0.2	0.6	0.1	0
绿　地	225.7	157.7	20.1	0.01
水　域	10.8	14.9	6.4	0
滩　涂	1.9	0	0	0
盐　田	11.0	22.0	1.1	0
发展备用地	21.5	9.8	0.7	0
总　计	311.8	293.7	44.1	0.20

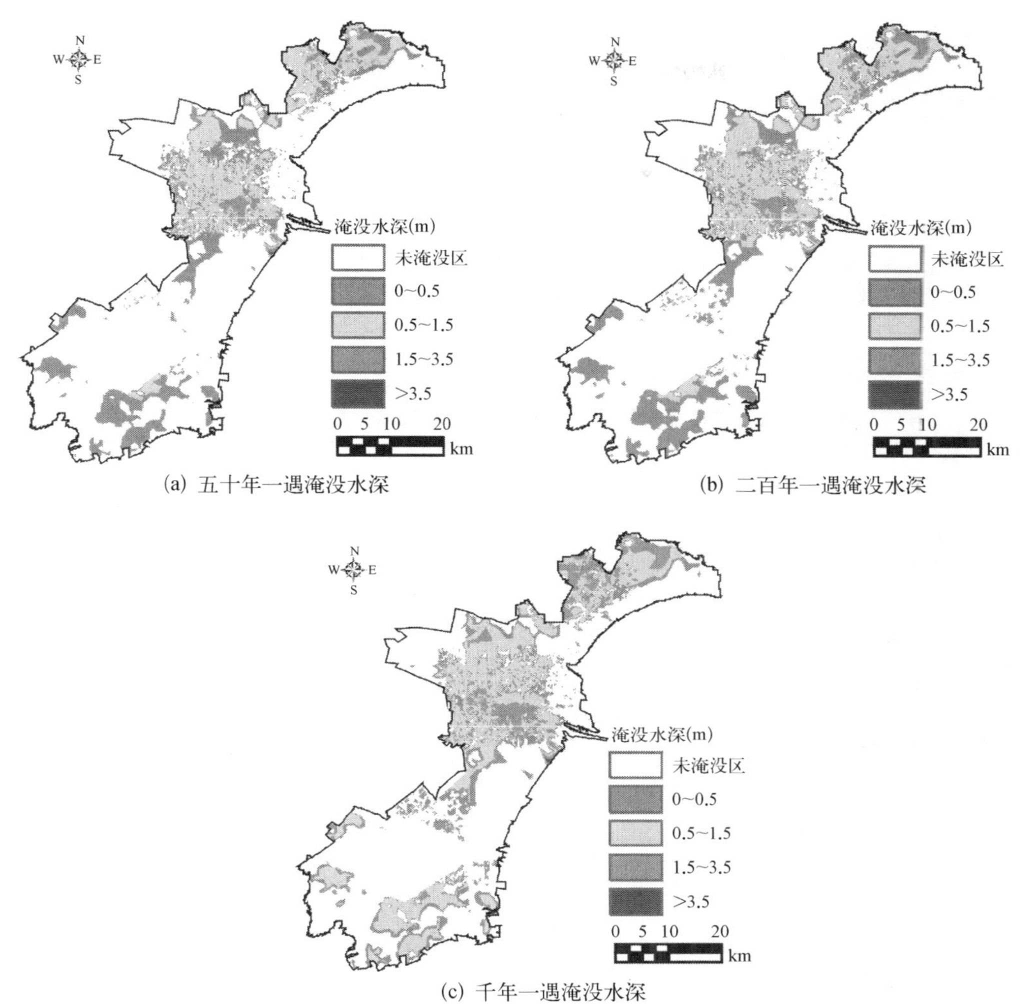

(a) 五十年一遇淹没水深　(b) 二百年一遇淹没水深

(c) 千年一遇淹没水深

图 3-28　2020 年不同重现期年最大 24 h 暴雨淹没深度图(情景二)

表 3-18　二百年一遇暴雨不同淹没水深淹没各种土地利用类型的面积(情景二)

土地利用类型(km^2) \ 淹没水深(m)	0~0.5	0.5~1.5	1.5~3.5	>3.5
居住用地	15.7	31.6	11.5	0
公共设施用地	4.1	12.4	4	0
工业用地	19.4	41.9	2.4	0
科研设计用地	0.5	1.8	0.1	0
仓储用地	1.9	6.8	3.4	0.25
对外交通用地	2.0	3.7	0.3	0
特殊用地	0	2.8	0.4	0
市政公共设施用地	0.3	0.7	0.1	0

续表

土地利用类型(km²) \ 淹没水深(m)	0～0.5	0.5～1.5	1.5～3.5	>3.5
绿　地	235	184.7	32.3	0.01
水　域	13.5	16.0	7.7	0
滩　涂	2.8	0	0	0
盐　田	10.2	25.6	2.2	0
发展备用地	24.8	12.9	1	0
总　计	330.2	340.9	65.4	0.26

表 3－19　千年一遇暴雨不同淹没水深淹没各种土地利用类型的面积(情景二)

土地利用类型(km²) \ 淹没水深(m)	0～0.5	0.5～1.5	1.5～3.5	>3.5
居住用地	16.6	31.3	16.8	0
公共设施用地	5.8	12.6	4.9	0
工业用地	24.7	45.3	5.5	0
科研设计用地	0.5	2	0.1	0
仓储用地	2.2	6.8	4.0	0.33
对外交通用地	1.5	4.5	0.5	0
特殊用地	0	2.6	0.6	0
市政公共设施用地	0.5	0.7	0.2	0
绿　地	136.5	292.1	69.6	0.01
水　域	15.3	16.8	11.2	0
滩　涂	1.7	1.5	0	0
盐　田	11.6	27.7	3.9	0
发展备用地	17.7	25.0	2.2	0.01
总　计	234.6	468.9	119.5	0.35

(3) 2020 年暴雨内涝风险(情景三)：2020 年天津市滨海新区不同重现期暴雨内涝淹没深度分布见图 3－29，同样将图 3－29 中(a)、(b)、(c)图分别在 2020 年滨海新区土地利用规划图上进行展布，计算出不同淹没水深淹没各种土地利用类型的面积(表 3－20，表3－21，表 3－22)。2020 年天津市滨海新区五十年一遇暴雨发生概率为 19.93%，由表3－20 计算可知，发生五十年一遇暴雨时，该区将有 22.58% 的土地不同程度受淹，居住用地受淹没比例为 37.41%。2020 年天津市滨海新区二百年一遇暴雨发生概率为 5.36%，由表 3－21 计算可知，发生二百年一遇暴雨时，该区将有 25.83% 的土地不同程度受淹，居住用地受淹没比例为 44.63%。2020 年天津市滨海新区千年一遇暴雨发生概率为1.09%，由表 3－22 计算可知，发生千年一遇暴雨时，该区将有 29.06% 的土地不同程度受淹，居住用地受淹没比例为 49.96%。

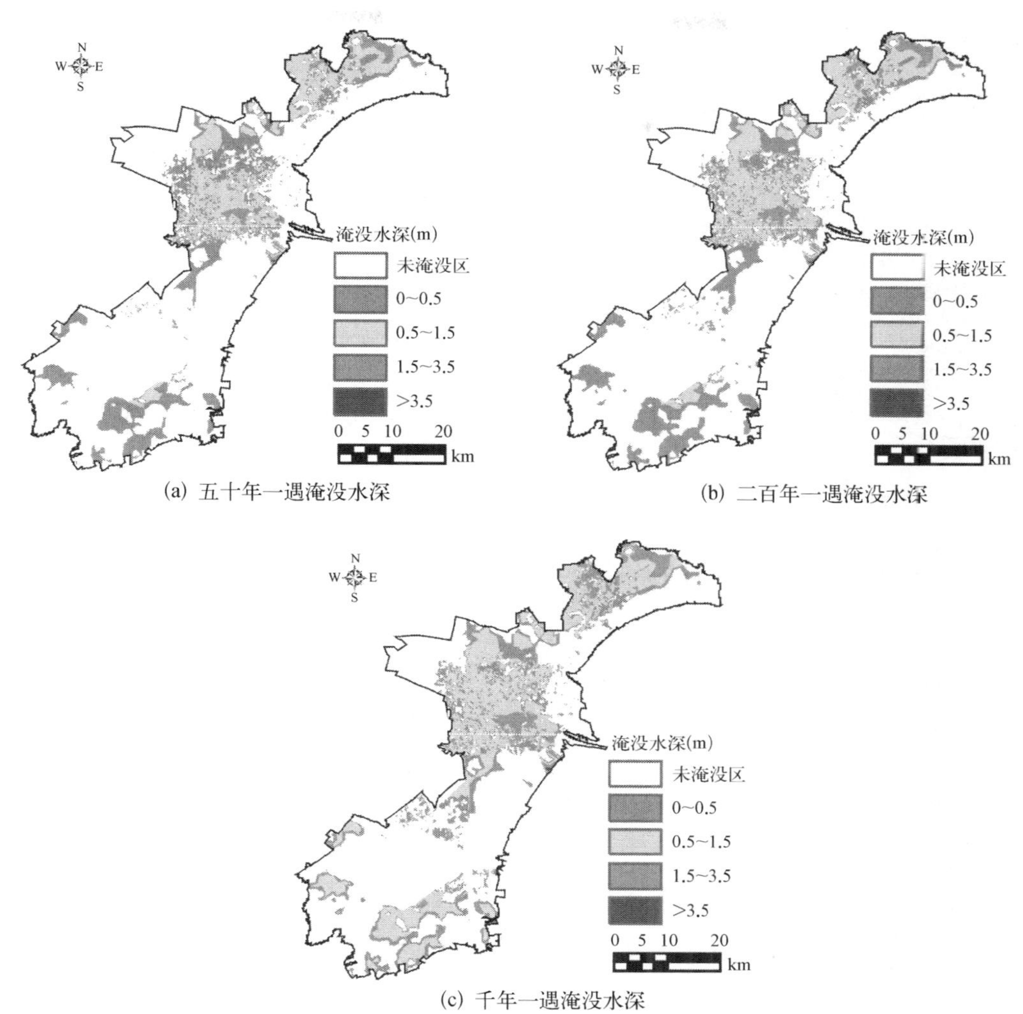

(a) 五十年一遇淹没水深　(b) 二百年一遇淹没水深

(c) 千年一遇淹没水深

图 3-29　2020 年不同重现期年最大 24 h 暴雨淹没深度图(情景三)

表 3-20　五十年一遇暴雨不同淹没水深淹没各种土地利用类型的面积(情景三)

土地利用类型(km²) \ 淹没水深(m)	0~0.5	0.5~1.5	1.5~3.5	>3.5
居住用地	12.4	28.2	5.0	0
公共设施用地	3.8	11.5	2.1	0
工业用地	25.7	22.8	0.6	0
科研设计用地	1.0	0.9	0	0
仓储用地	2.5	6.2	2.7	0.14
对外交通用地	3.0	1.5	0.1	0
特殊用地	0.5	2.4	0.1	0
市政公共设施用地	0.3	0.5	0	0

续表

土地利用类型(km²) \ 淹没水深(m)	0～0.5	0.5～1.5	1.5～3.5	>3.5
绿　地	226.3	136.4	15.8	0.01
水　域	10.4	13.7	6.2	0
滩　涂	1.6	0	0	0
盐　田	10.8	21.1	0.7	0
发展备用地	19.8	8.2	0.6	0
总　计	318.1	253.4	33.9	0.15

表 3－21　二百年一遇暴雨不同淹没水深淹没各种土地利用类型的面积(情景三)

土地利用类型(km²) \ 淹没水深(m)	0～0.5	0.5～1.5	1.5～3.5	>3.5
居住用地	15.7	30.4	8.3	0
公共设施用地	3.6	12.1	3.5	0
工业用地	21.7	33.9	1.2	0
科研设计用地	0.7	1.5	0	0
仓储用地	2.0	6.6	3.1	0.18
对外交通用地	2.9	2.5	0.2	0
特殊用地	0.2	2.8	0.2	0
市政公共设施用地	0.4	0.5	0.1	0
绿　地	241.9	162.2	26.0	0.01
水　域	12.0	15.3	7.4	0
滩　涂	2.5	0	0	0
盐　田	9.7	24.8	1.9	0
发展备用地	22.8	11.4	0.7	0
总　计	336.1	304	52.6	0.19

表 3－22　千年一遇暴雨不同淹没水深淹没各种土地利用类型的面积(情景三)

土地利用类型(km²) \ 淹没水深(m)	0～0.5	0.5～1.5	1.5～3.5	>3.5
居住用地	7.8	31.2	11.9	0
公共设施用地	4.9	12.7	4.0	0
工业用地	23.7	41.7	2.3	0
科研设计用地	0.7	2.1	0.1	0
仓储用地	1.9	6.9	3.5	0.27
对外交通用地	2.0	3.8	0.3	0
特殊用地	0.1	2.9	0.3	0
市政公共设施用地	0.5	0.7	0.1	0

续表

土地利用类型(km²) \ 淹没水深(m)	0～0.5	0.5～1.5	1.5～3.5	>3.5
绿 地	157.8	281.3	38.5	0.01
水 域	15.1	16.7	8.9	0
滩 涂	1.7	1.4	0	0
盐 田	9.9	27.3	3.2	0
发展备用地	16.8	22.9	1.5	0
总 计	252.9	451.6	74.6	0.28

参考文献：

安卫平,秦长源,耿爱玲. 2008. 适用于弱震的中国东南地区地震资料稀疏情况的极值灾害模型. 大地测量与地球动力学,28(3)：27－35.

陈家鼎,郑忠国. 2007. 概率与统计. 北京：北京大学出版社.

陈靖,李天文,冯丽丽,等. 2008. GIS技术在洪水灾害评估中的应用研究——以渭河中下游地区为例. 西北大学学报(自然科学版),38(4)：663－667.

代斌. 2005. 城市化对海河天津段防洪排涝影响的研究. 南京：河海大学硕士学位论文.

丁裕国,江志红. 2009. 极端气候研究方法导论. 北京：气象出版社.

丁志雄,李纪人,李琳. 2004. 基于GIS格网模型的洪水淹没分析方法. 水利学报,6：56－60.

郭利华,龙毅. 2002. 基于DEM的洪水淹没分析. 测绘通报,11：25－30.

胡蓓蓓. 2009. 天津市滨海新区主要自然灾害风险评估. 上海：华东师范大学博士学位论文.

江志红,刘冬,刘渝,等. 2010. 导线覆冰极值的概率分布模拟及其应用试验. 大气科学学报,33(4)：385－394.

解以扬,韩素芹,由立宏,等. 2004. 天津市暴雨内涝灾害风险分析. 气象科学,24(3)：342－349.

金光炎. 1983. 水文统计计算. 北京：水利电力出版社.

乐群,董谢琼,马开玉. 2000. 西北太平洋台风活动和中国沿海登陆台风暴雨及大风的气候特征. 南京大学学报,36(6)：741－749.

李帧,魏德敏. 2010. 工程设计极值风速取值方法的研究. 中北大学学报,31(4)：377－382.

刘仁义,刘南. 2001. 基于GIS的复杂地形洪水淹没区计算方法. 地理学报,56(1)：1－6.

牛海燕,刘敏,陆敏,等. 2011. 中国沿海地区台风致灾因子危险性评估. 华东师范大学学报,(6)：20－35.

苏布达,姜彤. 2008. 长江流域降水极值时间序列的分布特征. 湖泊科学,20(1)：123－128.

孙鹏,张强,陈晓宏. 2011. 基于Copula函数的鄱阳湖流域极值流量遭遇频率及灾害风险. 湖泊科学,23(2)：183－190.

王腊春,周寅康,许有鹏,等. 2000. 太湖流域洪涝灾害损失模拟及预测. 自然灾害学报,9(1)：33－39.

王林,秦其明,李吉芝,等. 2004. 基于GIS的城市内涝灾害分析模型研究,测绘科学,29(3)：48－51.

王绍玉,冯百侠. 2005. 城市灾害应急与管理. 重庆：重庆出版社.

王书凤,张欣,郑庆月. 2004. 天津市中心城区及新四区排涝规划. 天津市水利勘察设计院,9.

许有鹏,付重林. 1996. 遥感和GIS在水文模型中应用研究. 南京大学学报,32(5)：81－85.

杨水泉. 1997. 用极值分布计算黔南最大一日降水量的重现期. 贵州气象,21(6)：9－11.

杨玉华,雷小途. 2004. 我国登陆台风引起的大风分布特征的初步分析. 热带气象学报,20(6)：633－642.

杨玉华,应明,陈葆德.2009.近58年来登陆中国热带气旋气候变化特征.气象学报,67(5):689-696.
张丽佳,刘敏,陆敏.2010.中国东南沿海地区台风危险性评价.人民长江,41(6):81-83.
赵鑫,姚炎明,黄世昌,等.2009.超强台风"桑美"及"韦帕"风暴潮预报分析.海洋预报,26(1):19-28.
邹文峰.2011.台风浪在我国内海的传播、演变数值模拟.大连:大连理工大学硕士学位论文.
Beguería S, Vicente-Serrano S M. 2006. Mapping the hazard of extreme Rainfall by peaks over threshold extreme value analysis and spatial regression techniques. Journal of Applied Meteorology and Climatology,45(1):108-124.
Gambolati G, Teatini P. 2002. GIS Simulations of the inundation risk in the coastal lowlands of the Northern Adriatic Sea. Mathematical and Computer Modelling, 35: 963-972.
HAZUS. 2012. Hurricane model Hazus-MH 2.0 technical manual. Department of Homeland Security, Washington,D. C.
Islam M R, Saidur R, Rahim N. 2011. Assessment of wind energy potentiality at Kudat and Labuan. Malaysia using Weibull distribution function. Energy,36(2):985-992.
Khan B, Iqbal M J, Yosufzai M A K. 2011. Flood risk assessment of river indus of Pakistan. Arabian Journal of Geosciences,4:115-122.
Leadbetter M R, Lindgren G, Rootzén H. 1982. Extremes and related properties of random sequences and processes. New York: Springer.
Wang J, Gao W, Xu S Y, et al. 2012. Evaluation of the combined risk of sea level rise, land subsidence, and storm surges on the coastal areas of Shanghai, China. Climatic Change, 115: 537-558.

第四章　城市自然灾害脆弱性评估方法

近些年来，国内外对于自然灾害脆弱性研究取得了较大的进展，对灾害脆弱性的认识不断深入。联合国人类居住区规划署、欧盟等国际组织启动了脆弱性评价工具的研究，其中，海岸带地区脆弱性动态与交互评价项目（DINAS－COAST）开发的以国家为单位的脆弱性评价模型（Klein，2003）受到学术界广泛关注。GIS 技术也被广泛应用于自然灾害脆弱性评价中（Mavroulidou et al.，2004）。国内自然灾害脆弱性研究多从具体灾害种类入手，对大空间尺度区域承灾体脆弱性指标体系、指标权重确定方法、脆弱性评价理论模型等作了不少探索。华东师范大学研究团队归纳并提出了基于指标体系、历史灾情和灾损曲线等的三种自然灾害脆弱性评估方法，开展了一系列我国沿海城市地区自然灾害脆弱性特征及影响因素研究（石勇等，2008，2009a，2009b，2010；孙阿丽等，2009；刘耀龙等，2011；王静静等，2011；尹占娥等，2011），针对在特定强度自然灾害条件下，人类、经济、社会、文化和生态环境等承灾体的承受灾害能力大小进行分析，为自然灾害风险评估奠定基础。

第一节　基于指标体系的脆弱性评估方法

基于指标体系的脆弱性评估方法是一种操作简单、易于实现的评估方法。它从脆弱性表现特征、产生原因等方面进行指标优选，建立评价指标体系，通过专家打分、层次分析法等赋予指标权重，利用统计方法或其他数学方法构建评估模型，计算综合脆弱性指数来表示评价单元脆弱性的大小。通常可以评估单个承灾体、多个承灾体以及承灾系统的综合脆弱性。评估过程主观性较强，其结果只代表一种相对半定量化脆弱性的度量，多适用于缺乏定量参数或数据有限的情况下的脆弱性评估。例如 IPCC 建立的 Common Methodology 脆弱性评价方法，美洲发展银行和国立哥伦比亚大学开展的“美洲计划”灾害风险国际研究项目建立的脆弱性指数（PVI）方法等。该方法适合在灾害脆弱性形成机制还没有研究透彻的情况下使用，采用归纳的思路，选取代表性指标组成指标体系，综合衡量区域面临自然灾害的脆弱性，反映遭受灾害冲击时，区域或区域内特定承灾个体（或系统）对某种自然灾害表现出的易于受到伤害和损失的性质。

一、基于指标体系的脆弱性评估步骤

基于指标体系的脆弱性评估包括了敏感性、应对能力和恢复力三个方面。敏感性强调承灾体本身属性，灾害发生前就存在；应对能力主要表现在灾害发生过程中；恢复力则为灾害发生之后表现出来的脆弱性属性。从指标体系上反映脆弱性，实质上就是选择可以评估承灾体敏感性、应对能力和恢复力的指标，而后进行合成，综合反映自然灾害脆弱性。

利用指标体系法，开展区域的自然灾害脆弱性评估，一般应该包括以下几个步骤（石勇，2010）。

（1）选择区域和研究对象。确定研究区域后，找出该区域主要灾害及灾害承灾体，明确研究对象与研究重点，以便更有效、更有针对性地实现区域之间的脆弱性对比。

（2）选择典型情景，衡量灾害情景下的暴露性大小。通常采用“地均 GDP”、“人口密度”等指标衡量区域暴露性，也可利用灾害典型情景模拟，直接求出暴露在灾害中的承灾体数量，使脆弱性评估建立在较为精确的暴露性评估值上，提高评估的精度。

（3）确定脆弱性的代表性指标。在理清脆弱性基本构成的理论基础上，选择具有代表性、典型性的指标，分别衡量承灾体灾前的敏感性、灾中的应对能力和灾后的恢复力，常用的脆弱性度量指标列举如下（表 4－1）。

表 4－1　自然灾害脆弱性评估常用指标（以水灾为例）

敏感性	应对能力	恢复力
60 岁以上人口比例（%）	公民防灾意识教育普及率（%）	居民人均可支配收入（元）
危房简屋面积比例（%）	每万人拥有医生数（人）	城镇最低生活保障对象发放人次（万人）
外来人口比例（%）	男女比例（%）	经济密度（万元/km^2）
贫困人口比例（%）	劳动力人口所占比例（%）	人均增加值（元/人）
农业人口比例（%）	灾害救援组织的完善程度	人均保险额（元/人）
失业人口比例（%）	灾害管理机构的完善程度	境内公路密度（km/km^2）
第一产业所占比例（%）	灾害应急预案的完善程度	金融机构存款余额（元）

注：经济密度指单位面积的经济产出，代表一个地区的总体经济效率和经济实力。

（4）确定权重，建立脆弱性评估模型。采用较客观的权重确定方法，并尽可能克服数据无法获取的问题，最大程度地降低评估空间的尺度大小，提高最终的评估精度。

（5）根据评估结果，各区域之间实现脆弱性对比和区划。根据客观评估结果，进行区域脆弱性的对比和区划，找出地域分布规律，也可对脆弱性的区域差异进行一些成因探讨，为区域防灾减灾工作奠定基础。

二、上海浦东新区灾害脆弱性评估*

浦东新区濒江临海，易受台风、风暴潮等灾害影响。改革开放和浦东开发以来，该区域社会、经济发展迅速。然而，日益增长的人口、高度繁荣的经济和重要的战略地位，叠加上灾害影响，导致该区域灾害脆弱性偏高。本研究基于指标体系方法，系统开展了浦东新区的灾害脆弱性评估，为该区域灾害风险防范提供参考。

（一）灾害脆弱性评估体系构建

本研究在构建灾害脆弱性评价指标体系时，重点考虑了 3 方面的问题：① 在进行灾害脆弱性评价时，不涉及具体灾种，而是从浦东新区承灾体特点出发，评价承灾体的综合

* 本部分已经公开发表于《中国人口 · 资源与环境》2008 年 18 卷第 4 期。

脆弱性；② 不但考虑浦东新区濒江临海的自然特点，还考虑人文要素对浦东新区脆弱性的影响；③ 除了综合脆弱性评价，还开展浦东新区人群脆弱性评价，以衡量人或人群对灾害的应对、抗御和恢复的能力。基于这些考虑，我们从基础设施、宏观经济社会、人口、城市结构与形态、灾害管理体制等5个方面入手，依据科学与全面、定性与定量、可行与简明相结合的原则，并考虑资料的可获得性，选用具有代表性的指标构建指标体系（表4－2）。

表4－2　浦东新区自然灾害脆弱性评价指标体系

区域自然灾害脆弱性评价指标体系		浦东原始数据	浦东标准数据
一级指标及权重	二级指标及权重		
基础设备（0.125）	境内公路密度（km/km²）（0.0530）	1.73	1
	人均年用电量（万kW·h/人）（0.0284）	6936.31	0.7272
	电话交换机装机总容量（门）（0.0248）	1457700	1
	人均年用水（t/人）（0.0153）	226.86	0.2102
经　济（0.250）	人均GDP（万元/人）（0.1349）	11.41	1
	经济密度（万元/km²）（0.0743）	40340	1
	农业总产值占GDP的比例（%）（0.0409）	0.55	0.012
人口结构（0.250）	最低生活保障线以下人口比例（%）（0.0625）	4.3	0.5506
	流动人口占总人口的比例（%）（0.0625）	48.55	1
	人口密度（人/km²）（0.1250）	3535	1
城市形态结构（0.125）	区域建筑覆盖率（%）（0.0625）	51.63	1
	绿化覆盖率（%）（0.0313）	45.4	0.8122
	房屋建筑面积比例（%）（0.0313）	18.43	1
社　会（0.250）	灾害应急预案完善程度（%）（0.1059）	80	0.8889
	公众灾害宣传教育（%）（0.0568）	60	0.75
	万人病床数（张/万人）（0.0568）	35.28	0.4198
	人均保险额（元）（0.0306）	350.16	0.6584

人群自然灾害脆弱性评价指标体系		浦东原始数据	浦东标准数据
一级指标及权重	二级指标及权重		
基础设备（0.125）	境内公路密度（km/km²）（0.0530）	1.73	1
	人均年用电量（万kW·h/人）（0.0284）	6936.31	0.7272
	电话交换机装机总容量（0.0248）	1457700	1
	人均年用水（t/人）（0.0153）	226.86	0.2102
人口结构（0.125）	人口密度（人/km²）（0.0500）	3535	1
	流动人口的比例（%）（0.0250）	48.55	1
	60岁以上人口比例（%）（0.0250）	18.63	0.8846
	最低生活保障线以下人口比例（%）（0.0250）	4.3	0.5506
公众素质与灾害意识（0.250）	R&D经费支出占GDP比例（%）（0.0569）	0.021	0.2241
	人均年教育支出（元/人）（0.0569）	1019.97	1
	万人教师数（人/万人）（0.0308）	96.22	1
	公众灾害宣传教育率（%）（0.1056）	60	0.75

续表

人群自然灾害脆弱性评价指标体系		浦东原始数据	浦东标准数据
一级指标及权重	二级指标及权重		
灾害管理体制(0.250)	行政管理机构设置完善程度(%)(0.100 0)	70	1
	灾害应急预案的完善程度(%)(0.100 0)	80	0.888 9
	公众参与决策的程度(%)(0.050 0)	30	0.5
灾后应对(0.250)	灾害救援组织完善程度(%)(0.083 3)	60	0.857 1
	人均保险额(元)(0.041 7)	350.16	0.658 4
	万人病床数(张/万人)(0.041 7)	35.28	0.419 6
	金融机构存款余额(亿元)(0.083 3)	4 796.3	1

(二)灾害脆弱性评估方法

多指标建模的过程中，权重分配是一个不可避免的问题。专家打分法、经验权数法、数理统计法、模糊统计法和层次分析法(AHP)等方法各有优劣。考虑到AHP法和专家打分法在定量分析与客观状况吻合方面有较多优越性，故本研究采用该方法确定各指标权重。

2006年9月东方科技论坛第80次学术研讨会在上海科学会堂举行，主题为上海城市突发事件风险评估与应急预案的地理信息系统平台建设。出席本次研讨会的专家、学者来自中国科学院、香港中文大学、武汉大学、清华大学、北京大学、中国安全生产科学研究院、上海市气象局、上海市气象学会、上海防汛信息中心、华东师范大学等单位。我们对指标体系进行了专家咨询。根据专家打分结果，通过建立层次结构、构造判断矩阵、计算层次单排序权重和层次总排序权重4个步骤，对灾害脆弱性评价指标体系中所有的变量赋以权重，结果见表4-2。

(三)灾害脆弱性评价模型

1. 数据标准化处理

获得各个指标的实际数据后，为消除量纲影响，必须对不同量纲的数据选用极值标准化方法，对指标体系中的原始数据进行标准化处理。根据对灾害脆弱性影响的不同，将所有指标分为正向指标与逆向指标两类，分别采用式(4-1)和式(4-2)进行处理。

$$\text{对于正向指标：} y_{ij} = x_{ij}/\max(x_{ij}) \tag{4-1}$$

$$\text{对于逆向指标：} y_{ij} = \min(x_{ij})/x_{ij} \tag{4-2}$$

式中，x_{ij}，y_{ij}分别为指标的原始值和标准值；$\max(x_{ij})$指该指标中的最大值；$\min(x_{ij})$指该指标中的最小值。

2. 脆弱性评价模型

采用的脆弱性评价模型为

$$V = \sum_{i=1}^{u} P_i \times W_i \tag{4-3}$$

式中，V 表示脆弱性指数；P_i 表示某区域第 i 种指标的标准值；W_i 表示第 i 种指标所占权重。

将标准化处理后的数据和权重代入式(4－3)，计算指定地区的区域脆弱度和人群脆弱度。以平均脆弱度为参考值，高于平均值为高脆弱区，低于平均值为低脆弱区。

（四）评价结果与分析

根据指标体系搜集数据，运用标准化的指标值、权重和脆弱性评价模型，计算得出浦东新区的区域脆弱性和人群脆弱性（表 4－3）。

表 4－3　浦东新区脆弱性计算结果

浦东区域脆弱性指数	数　值	浦东人群脆弱性指数	数　值
基础设施	0.031 5	基础设施	0.031 5
经济	0.018 2	人口结构	0.110 9
人口结构	0.221 9	人口素质与公众灾害意识	0.107 4
城市形态结构	0.111 5	灾害管理体制	0.144 6
社会	0.121 4	灾后应对	0.109 1
区域总体脆弱度	0.504 5	人群总体脆弱度	0.503 7

从总体来看，浦东的区域脆弱性与人群脆弱性指数相当。在区域脆弱性评价要素中，经济脆弱性最小，基础设施脆弱性也较小。这是因为浦东新区社会经济发达，基础设施较为完善，这对增强防灾减灾能力起到重要作用。人口结构脆弱性最大，这与浦东新区人口密度大，流动人口比例较大有关。人群脆弱性评价指标中，基础设施脆弱性最低，灾后应对脆弱性较低，这与浦东新区人均保险额高、金融机构存款余额高、救援队伍相对完备和拥有专业救灾队伍与志愿者队伍密切相关。相对而言，灾害管理体制的脆弱性略高，说明浦东新区仍需进一步提升灾害管理能力。

第二节　基于历史灾情的脆弱性评估方法

基于历史灾情的灾害脆弱性评估方法实际上是一种特殊的基于指标体系的脆弱性评估方法，是根据历史数据进行死亡率、相对或绝对经济损失率计算，体现宏观脆弱性，以全球尺度的灾害风险指标计划（DRI）（Pelling et al.，2004a；Pelling，2004b）和热点计划（HOTSPOTS）（Pelling et al.，2004a；Dilley et al.，2005）为典型代表。DRI 运用 EM－DAT 等灾难数据库，开发了“相对脆弱性”和“社会经济脆弱性”2 个全球尺度的脆弱性指标。“相对脆弱性”描述每百万暴露人口中特定灾种的死亡人数，用自然灾害死亡人数和暴露人数的比值表征相对脆弱性；“社会经济脆弱性”选取 24 个可能影响脆弱性的变量，针对 4 种灾害，通过多元回归模型进行分析，找出影响该灾种脆弱性的主要社会经济要素（黄蕙等,2008)。HOTSPOTS 利用历史灾情进行死亡率、相对或绝对经济损失率的运算,综合体现区域的脆弱性,且统计得出 7 个地区 4 种财富等级的死亡及经济损失脆弱性系数,体现不同社会经济条件下的灾害脆弱性差异。

基于历史灾情的自然灾害脆弱性评估方法存在一些不足。例如,DRI 中只考虑死亡人数,虽有利于全球不同国家和不同灾种之间进行比较,但是较为片面,因其对造成较少人员伤亡但经济损失较大的自然灾害的影响考虑不够。HOTSPOTS 考虑了经济要素,但对于生态功能、人体健康等"隐性"影响却无法体现。另外,利用较短时间期限的数据序列评估周期长的极端自然灾害容易产生较大偏差,求平均值也会淡化极端事件。

一、基于历史灾情脆弱性评估步骤

历史灾情中涵盖的自然灾害脆弱性,更多是作为一种结果,指承灾个体(或承灾系统)遭受一定强度自然灾害时的损失程度。既与灾害系统中承灾体本身的物理敏感性相关,例如不同结构房屋、不同品种农作物的天然抗灾性能不同,又与特定的社会经济背景(减灾措施、抗灾能力)密切相关。该脆弱性是基于灾害造成的结果,是物理脆弱性和社会经济脆弱性的综合与集成。

在历史灾情数据中,灾害脆弱性可以看做是一负面的"生产活动",如用投入-产出模式表示,投入产出效率即为脆弱性。不同承灾体,有不同的脆弱性表现形式,各投入产出要素如图 4 - 1 所示。以农业为例,假设各区域遭受的灾害强度一致,同样的农作物受灾面积、成灾面积不同,即可以说明各区域该农作物面临灾害的脆弱性不同,单位受灾面积的成灾面积越大,脆弱性越大,其他承灾体也同样。需要强调的是,投入量应该是自然灾害中承灾体的暴露量,这样才可以准确反映出脆弱性(石勇,2010)。

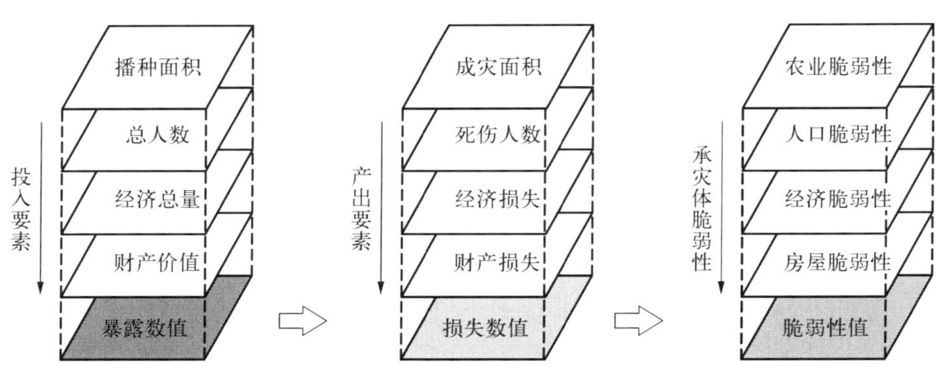

图 4 - 1　自然灾害脆弱性的投入-产出模式

利用历史灾情数据计算承灾体脆弱性时,可以直接进行相比,也可借鉴投入-产出研究领域的效率分析方法,反映承灾体的脆弱性特征。在实际操作中,很难保证假设条件成立,即区域之间自然灾害致灾因子状况有很大差异,因此得到的脆弱性信息中包括有危险性的信息,而非单纯的承灾体脆弱性属性值。另外,这种基于灾情的脆弱性评估,从结果出发,如果不是采用一些特殊的方法,很难对脆弱性的形成机制进行较为深入的探讨。

利用历史灾情的脆弱性评估一般包括以下步骤。

1. 选择区域和研究对象

脆弱性是承灾体的本质属性,确定研究区域之后,要找出该区域主要灾害及灾害的主要承灾体,才可以实现区域之间的脆弱性对比。

2. 确定脆弱性的历史灾情表达方式

确定用历史数据中的哪些指标来反映承灾体的脆弱性。以农业为例,暴露在灾害中的播种面积与暴露于灾害之中的耕地面积相比,前者更能体现农作物的暴露量,因为播种面积更能反映实际的农作物总量,最终的成灾面积也是播种面积中的一部分。

3. 利用一定的数理统计方法,进行投入-产出的效率分析

简单的脆弱性分析,可以直接拿产出量与投入量相比,得到一些有意义的结论和规律。当然,也可以选用一些专业的效率分析方法进行承灾体脆弱性分析,并得到一些与脆弱性相关的有益结论。

4. 脆弱性对比和区划

根据客观评估结果进行区域脆弱性的对比和区划,为区域防灾减灾提供科学依据。

5. 对脆弱性的区域差异进行成因分析

如方法得当、规律明显,还可以从中发现一些深层次的原因,找到脆弱性形成的机制。

二、我国沿海地区灾害脆弱性分析*

我国沿海地区涉及11省(直辖市),100多个中心城市和630多个港口,年均GDP总量约占全国的2/3。沿海地区也是我国自然灾害种类最多、活动最强的地区,主要灾害包括洪涝、台风、风暴潮、旱灾、地震,其次还有低温冷害、农作物病虫害、干热风、地面沉降、海水入侵、赤潮等。本研究基于历史灾情数据,对沿海11个省(直辖市)进行宏观脆弱性的分析,找出影响各种灾害脆弱性的因素,探讨脆弱性的形成机制。

(一)数据来源

脆弱性评价数据的主要来源:一是《中国民政统计年鉴》(1990~2004年),其中统计有水灾、旱灾、风雹、冻灾与台风灾害的受灾、成灾面积,及每年整体的受灾人口、成灾人口。二是沿海区域的各种统计年鉴,将1990~2004年基本统计数据(人口、土地面积、GDP、第一产业值、第二产业值、第三产业值、河流总长、易涝面积、海岸线长度、年平均降水量、水库数、水库容量、除涝面积、森林覆盖率、耕地面积)和由基本数据运算得到的数据(人口密度、人均GDP、第一产业产值比例、第二产业产值比例、第三产业产值比例、水网密度、耕地面积比例)作为可能影响区域自然灾害脆弱性的因素进行筛选。

---

* 本部分已经公开发表于《中国人口·资源与环境》2009年19卷第5期.

（二）研究方法

基于历史灾情数据开展脆弱性研究，参照 DRI 和 HOTSPOTS 的基本思路，根据不同灾种和相应灾情做灾后脆弱性评估。采用《中国民政统计年鉴》每年所有灾种造成的成灾面积与受灾面积（暴露状况）的比值，衡量区域面对全部自然灾害的（相对）脆弱性；用每年各灾种的成灾面积与受灾面积的比值，衡量区域面对不同自然灾害的（相对）脆弱性；用成灾人口与受灾人口的比值作为衡量人口（相对）脆弱性的标准，分别称为综合脆弱性、水灾（或旱灾等）脆弱性和人口脆弱性。

（三）评价结果

全国及沿海 1990 ~2004 年综合及水旱灾害脆弱性评价结果见表 4 - 4。可以看出：① 无论是综合脆弱性还是水灾或旱灾脆弱性，全国整体水平都呈增长趋势。② 全国范围内，旱灾脆弱性较水灾脆弱性小，但旱灾脆弱性增长较快，有超越水灾脆弱性的趋势。沿海区域，旱灾脆弱性的增长趋势也大于水灾脆弱性，尤其是进入 21 世纪以来，旱灾脆弱性明显强于水灾脆弱性。这可能与全国特别是沿海区域水灾频繁，排洪防洪的措施逐渐健全，而忽略对旱灾的关注有关。③ 沿海地区的综合脆弱性与水灾脆弱性基本小于全国水平，但旱灾脆弱性无明显的差异性规律，近几年，沿海地区旱灾脆弱性基本高于全国水平。

表 4 - 4　我国沿海省（直辖市）及全国平均综合脆弱性和水灾、旱灾脆弱性

年份	沿海省（直辖市）			全国平均		
	综合脆弱性	水灾脆弱性	旱灾脆弱性	综合脆弱性	水灾脆弱性	旱灾脆弱性
1990	0.486	0.408	0.444	0.463	0.475	0.429
1991	0.468	0.511	0.435	0.501	0.594	0.359
1992	0.505	0.392	0.549	0.504	0.474	0.517
1993	0.480	0.515		0.474	0.525	0.410
1994	0.513	0.626	0.432	0.570	0.620	0.560
1995	0.433	0.644	0.317	0.486	0.599	0.443
1996	0.435	0.621	0.301	0.452	0.598	0.310
1997	0.563	0.519	0.606	0.567	0.512	0.597
1998	0.425	0.452	0.328	0.502	0.618	0.355
1999	0.621	0.536	0.657	0.535	0.562	0.551
2000	0.505	0.497	0.512	0.629	0.590	0.661
2001	0.610	0.605	0.640	0.609	0.598	0.616
2002	0.601	0.561	0.651	0.580	0.604	0.597
2003	0.582	0.591	0.582	0.598	0.640	0.582
2004	0.426	0.430	0.538	0.439	0.512	0.492

注：1993 年旱灾脆弱性数据缺失。

（四）宏观脆弱性区域分异规律特征

除具备自然灾害脆弱性的共同特点之外，沿海各省（直辖市）内部存在差异性。将沿海 11 个省(直辖市)的综合脆弱性、单灾种脆弱性和人口脆弱性分 2 个时段(20 世纪后 10 年、21 世纪前 5 年)进行平均值运算,然后综合 15 年进行平均值运算(表 4－5)。

表 4－5　我国沿海各省(直辖市)3 种时段的脆弱性值

区域	时　段	综合脆弱性	旱灾脆弱性	水灾脆弱性	人口脆弱性	风暴灾脆弱性	冷冻灾脆弱性	台风脆弱性
辽宁	1990～1999	0.522	0.453	0.576	0.595	0.612	0.593	
	2000～2004	0.689	0.712	0.479	0.661	0.716	0.619	
	15 年平均	0.605	0.582	0.528	0.628	0.664	0.606	
天津	1990～1999	0.447	0.436	0.751	0.568	0.516		
	2000～2004	0.522	0.560	1.000	0.640	0.495		
	15 年平均	0.484	0.498	0.876	0.604	0.505		
河北	1990～1999	0.533	0.443	0.524	0.667	0.666	0.535	
	2000～2004	0.575	0.670	0.619	0.663	0.521	0.398	
	15 年平均	0.554	0.557	0.571	0.665	0.594	0.467	
山东	1990～1999	0.442	0.438	0.486	0.568	0.348	0.283	0.705
	2000～2004	0.505	0.496	0.596	0.556	0.583	0.529	
	15 年平均	0.474	0.467	0.541	0.562	0.465	0.406	0.705
江苏	1990～1999	0.407	0.297	0.372	0.533	0.551	0.448	
	2000～2004	0.475	0.505	0.483	0.580	0.421	0.492	
	15 年平均	0.441	0.401	0.427	0.557	0.486	0.47	
上海	1990～1999	0.409	0.091	0.473	0.397	0.234		
	2000～2004	0.468	0.66	0.554	0.213		0.442	0.722
	15 年平均	0.439	0.375	0.514	0.305	0.234	0.442	0.722
浙江	1990～1999	0.451	0.341	0.508	0.634	0.431	0.416	0.418
	2000～2004	0.522	0.694	0.567	0.501	0.617	0.558	0.482
	15 年平均	0.486	0.517	0.537	0.568	0.524	0.487	0.450
福建	1990～1999	0.450	0.271	0.469	0.593	0.478	0.452	0.593
	2000～2004	0.524	0.509	0.544	0.491	0.600	0.575	0.641
	15 年平均	0.487	0.39	0.506	0.542	0.539	0.514	0.617
广东	1990～1999	0.474	0.409	0.558	0.705	0.512	0.47	0.413
	2000～2004	0.471	0.558	0.462	0.530	0.626	0.438	0.531
	15 年平均	0.473	0.483	0.510	0.617	0.569	0.545	0.472
广西	1990～1999	0.562	0.533	0.549	0.641	0.536	0.219	0.348
	2000～2004	0.553	0.591	0.502	0.615	0.597	0.557	0.692
	15 年平均	0.557	0.562	0.525	0.628	0.566	0.424	0.520
海南	1990～1999	0.378	0.267	0.398	0.576	0.350	0.700	0.526
	2000～2004	0.500	0.428	0.466	0.665		0.529	0.610
	15 年平均	0.439	0.348	0.432	0.621	0.350	0.614	0.568

注：表中部分数据缺失。

1. 综合脆弱性

综合脆弱性在沿海地区呈现整体增长趋势（表4－5），除广东、广西外，所有区域21世纪前5年的综合脆弱性平均值比20世纪后10年的平均值高。宏观上两个时段脆弱性特征较吻合，存在一定的区域分异规律，各区域之间的脆弱性差别相对稳定，江苏和上海的综合脆弱性值最低。利用SPSS做区域综合脆弱性值与社会经济指标的相关分析，表明综合脆弱性与人口密度的相关系数为－0.854，与人均产值的相关系数为－0.829，与地均GDP的相关系数为－0.864（均为0.01置信水平）。选择指标评价脆弱性时，社会经济因素被公认为双刃剑，财富与人口的集中会加剧灾害的损失，而充足财源有利于加大防灾设施投资力度、改善社会的减灾体制，从而增强社会抵御灾害的综合能力（石勇等，2008）。可见，我国沿海地区人口密度、人均产值、地均GDP三要素，与脆弱性间具备显著的反相关关系，三要素值越大，综合脆弱性越小，即经济条件较好的地区，区域承灾能力较强，相对损失率较低，相比于“放大效应”，社会经济要素的减灾效应更强一些。

2. 水灾脆弱性

沿海地区水灾脆弱性呈现整体增长趋势，除南北个别区域外，有较明显的区域分异规律（表4－5）。相关分析发现，众多社会经济指标中，洪水脆弱性与人口密度、地均GDP的相关系数分别达到－0.855和－0.823（均为0.01置信水平）。这与DRI计划中分析出来的洪水脆弱性影响因素相一致。综合脆弱性和洪水脆弱性的相关系数达0.831（0.01置信水平），洪水脆弱性和台风脆弱性的相关系数达0.889（0.05置信水平）。这说明综合脆弱性和水灾脆弱性具备相似特征并非偶合，导致区域综合脆弱性和水灾脆弱性的主要因素基本一致。如果利用偏相关分析，排除台风和水灾的相互影响，发现台风脆弱性与综合脆弱性关系最大（偏相关系数为0.917），洪水脆弱性与综合脆弱性关系并不大。这说明洪水脆弱性与综合脆弱性相关关系更多地依赖于台风脆弱性，即台风脆弱性是综合脆弱性的主要影响因素。

3. 旱灾脆弱性

沿海区域的旱灾脆弱性整体增强，且增加幅度较大，特别是上海、浙江等局部地区（表4－5）。这与沿海防灾减灾工作以洪涝为主、忽视旱灾影响有很大关系。相关分析表明，旱灾脆弱性与人均产值相关系数为－0.708（置信度0.001），人均产值越多，旱灾脆弱性越小。旱灾脆弱性与第一产业产值比例、第二产业产值比例和第三产业产值比例的相关系数分别为0.732、－0.674和－0.74（置信度均为0.005）。即使排除3种产业相互之间的干扰，偏相关分析仍显示各产业与旱灾脆弱性之间有很强的相关性（3个偏相关系数分别为－0.751、－0.699和－0.720）。这说明产业结构对旱灾脆弱性影响很大，旱灾主要影响农业，农业比例越大，旱灾脆弱性越大；第二产业和第三产业比例越大，旱灾脆弱性越小。

4. 风雹灾害脆弱性

风雹灾脆弱性具有明显的地域分异特征（表4－5），上海以北区域风雹灾脆弱性值时高时低，以南区域风雹灾脆弱性则呈明显增强趋势。这说明受自然、社会经济诸多因素影响，南方（主要指农作物）抵御风雹灾害的能力逐渐减弱，可能与南方抵御风雹灾的准备远远不如北方有关，北方则呈现巨大的不稳定性。沿海区域上海的风雹灾脆弱性最低，该区多为现代化、集约化程度较高的都市农业，防灾抗灾的能力较强；辽宁风雹灾强度最大，风雹灾脆弱性最强，说明自然灾害强度影响相对脆弱性大小。相关分析还显示风雹灾的脆弱性与海岸线长度（相关系数为0.745）关系最为密切。

5. 冷冻灾害脆弱性

冷冻灾脆弱性与风雹灾脆弱性没有必然的联系（相关系数 r = 0.55），除辽宁、广东和海南外，沿海区域冷冻灾脆弱性总体呈增强趋势（表 4 - 5）。区域相比而言，中部脆弱性较小，南北脆弱性较大，北方抵御灾害的能力弱，且北方灾害的强度大，南方面对冷冻的整体防灾减灾基础条件和能力较差。

6. 台风灾害脆弱性

沿海受台风影响的区域，脆弱性呈总体增强的趋势，但由于台风影响范围小，随机和偶然性较大，脆弱性的区域分布规律性不强，相邻区域脆弱性相差很大（表 4 - 5）。据《中国气象灾害大典》，选择上海、浙江、福建、广东 4 个受台风影响的典型省（直辖市），统计计算不同区域各年份台风灾害直接经济损失与当年本地 GDP 的比值，反映区域受台风影响的程度。结果表明，福建、广东受台风影响的程度逐渐降低，这与经济的快速发展和防灾减灾工作日益加强有很大关系。区域之间存在差异，上海很少受影响，福建和广东的曲线特征相似，浙江位于台风北上路线的边界，受台风影响的年际变化大。

7. 人口脆弱性

上海以北区域的人口脆弱性呈增强或几乎不变的趋势，以南区域的脆弱性（除海南外）则呈大幅度下降趋势（表 4 - 5）。在空间分布上，中部地区人口脆弱性较低，南北两方向较高，上海人口脆弱性最低。国际上评估人口脆弱性，多从社区等局部地区着手，从年龄结构、性别结构、卫生条件和因所属阶层决定的交通工具拥有量、入保险率、接受教育的水平等方面着手（Azar et al.，2007），定性指标的定量化与权重的科学确定并最终实现规范化评估是此类研究方法发展的瓶颈。

第三节　基于灾损曲线的灾害脆弱性评估方法

灾损曲线是反映巨灾的损失程度与发生频率之间关系的曲线，是巨灾损失模型的核心组成部分。它可以确定某一损失规模巨灾事件的发生频率，从而求出巨灾总损失的数学期望值，实现巨灾保险的定价。超概率曲线（exceedance probability curve，EP）是灾损曲线的主要形式之一（张涵博，2013）。强度-损失（率）的脆弱性评估，主要通过灾后调查、实验模拟等方法，构建不同致灾因子的强度参数与承灾体损失（率）之间的关系，以表格或曲线的形式表示，是目前被广泛采用的脆弱性定量化研究方法，评估结果较指标方法更为精确，但其结果只代表了绝对物理脆弱性的度量，未涉及社会、经济、环境脆弱性以及区域应对灾害与防灾减灾能力等方面的评估。

在台风、风暴潮、暴雨灾害的脆弱性评估时，可通过构建台风风速、风暴潮漫堤淹没水深、暴雨内涝水深等灾害强度参数与建筑（室内财产）、人口、不同产业等承灾体损失（率）之间的数学函数和关系模型来进行脆弱性评估。Penning 等（1977）分别构建了 21 类建筑的淹没深度-损失曲线共 168 条，在此基础上对英国全国的居住用房进行了水灾脆弱性评估。Leicester 等（1979）构建了台风脆弱性曲线来表示澳大利亚居住房屋破坏程度与风速的关系。澳大利亚资源与环境研究中心开发的 ANUFLOOD 模型，专门利用灾损曲线进行居住及商业用房的损失评估，这些曲线主要来源于英国和澳大利亚的洪灾损失统计数据（Gissing et al.，2004）。荷兰构建了风暴潮溃堤情景下洪水对于建筑、人口、基础设施、车辆和农业 5 类承灾体的脆弱性曲线共 11 条，其中对于建筑的脆弱性不仅考虑了淹没水深的破坏作用，还考虑了流速和波浪作用的影响。王豫德等（1997）建立了上海地区不同淹没水深条件下潮灾损失曲线。梁海燕等（2005）利用淹没损失率关系模型对海口湾沿岸的室内财产风暴潮直接损失进行评估。Jonkman（2007）研究了人口脆弱性的评估方法，并基于美、英、日、荷等国多次历史潮灾数据系统建立了潮灾人口脆弱性曲线。

从已有研究成果来看，美国、英国、荷兰、澳大利亚和日本等发达国家已形成了台风风暴潮承灾体脆弱性评价的方法规范与数据库并在减灾与保险上进行了应用，但其研究的承灾体类型还较少，主要针对人口、建筑和室内财产建立灾损曲线，而对区域功能影响巨大的关键基础设施和生命线系统方面的研究还较为薄弱。国内对台风风暴潮承灾体脆弱性评价方面所做的研究比较匮乏，以定性和半定量的研究为主，研究精度较低，由于没有建立规范的灾害损失调查与评估体系，灾情数据资料获取困难，难以构建出成熟、实用的脆弱性曲线库。目前所构建的脆弱性曲线多针对单一灾种，并不能完全反映出在多灾种复合作用情景下承灾体抵抗多种自然极端外力作用的能力。因此，构建多灾种复合情况下各类承灾体综合脆弱性模型是当前研究的重要内容和趋势。

一、基于灾损曲线的灾害脆弱性评估方法原理

并非所有历史事件都有数据记录，当指标方法不够规范、评估结果不具备充分可信度时，灾损曲线为脆弱性评估提供了新的思路。它通过承灾个体的脆弱性，反映中、小尺度区域的总体脆弱性特征，面对承灾个体，希望从根本上解决脆弱性评估结果粗糙、可操作性不强等问题（石勇等，2009a，2009b）。相对于系统脆弱性而言，个体的脆弱性度量更为精确些，灾损曲线（脆弱性曲线）主要描述一系列灾种强度与各种承灾个体受影响程度的关系（UNDRO，1991），以表格或曲线的形式表示。例如，研究区内建筑按照年限、楼层、材料等属性分类，之后针对各类选取样本进行灾后实地调查或机械实验等，确定不同致灾因子强度下的灾损率（Badilla et al.，2002）；重要基础设施（医院、学校）等承灾个体，也需要在实际调研的基础上，根据其特殊性分析自然灾害来临时的损失程度；承灾人群，特别

是弱势群体的脆弱性，通过问卷调查的形式最终进行确定（Dwyer et al.，2004）。

二、灾损曲线构建方法

目前，在我国大多数灾害损失数据未公开的情况下，基于少量的不同统计口径的灾害损失，难以满足构建或细化灾损曲线的要求。为此我们尝试使用下列操作性较强的方法进行灾损曲线的构建，并对其存在的问题及可供参考的解决方式进行探讨。

（一）实地调查法

开展灾后实地调查，是构建脆弱性曲线的经典方式。美国陆军工程师兵团认为，建筑物（内部财产）价值、水深和建筑物（内部财产）损失价值是建立深度-损失（率）曲线的三个决定性要素（USACE，1985）。此外，自然灾害其他要素、建筑自身条件和社会经济等影响因素，也深刻影响洪灾建筑深度-损失（率）曲线的绘制。以居住建筑及其内部财产的深度-损失（率）曲线为例，说明实地调查建立灾损曲线的具体过程。

1．建筑及内部财产分类

不同用途的建筑内部财产的种类也不同，因此，应首先根据建筑用途界定其内部财产的基本种类。居住建筑内部财产主要包括家电、家具、装潢三大类。

2．建筑及内部财产价值估算

传统研究中，建筑物的价值通过市场价值来测度。事实上，市场价格仅仅是反映建筑物价值的方式之一，但无论哪种方式，都要据年限长短乘一个折扣系数，以获得建筑物价值的精确值。内部财产的价值，通过建筑和内部财产之间价值的联系来估算，也可先将居住建筑分级，在确定每类建筑内基本内部财产价值和数量的基础上，对内部财产总价值进行估算。

3．损失价值估算

无论是建筑本身还是其内部财产的损失，均指恢复到原始状况所需的花费。建筑本身损失包括结构损失、装修费用、应急及清理费用等。内部财产损失包括居住建筑内部损失的家电、家具费用及清洁费用，参照市场价，原则上，物件应该考虑折旧费用。

4．灾损曲线的建立

针对每类承灾体，将损失绝对值、单位面积损失或损失率作为因变量，建立其与灾害强度参数的关系，用表格或者散点图（或者其趋势线）来描述，建立灾损曲线，并进行灾害强度参数与损失之间的回归分析，从已有灾情中寻找规律，预测未来灾难可能造成的损失。

（二）基于保险索赔数据的洪灾脆弱性分析

发达国家灾损曲线研究较为完善，这与其保险业发展较为成熟的关系很大，一些灾损曲线专门由保险公司及其相关机构构建。我国自然灾害保险普及率不高，主要集中在商业和工业领域，普通居民即使参保，也主要投保汽车等贵重物品，普通家庭内部财产的参保率很低，保险公司缺少相关方面的灾情统计数据。而在保险业务中，无论是投保还是索赔，都有价值的核实过程，不可能由用户随意上报，以从流程上保证投保内部财产原价值与损失价值的准确性，克服开展实际调查方法中精确度把握的困难。

在政府缺少实际灾损统计资料时，保险业可以提供一手的相关基础性数据，保险数据的积累大大减少了构建灾损曲线的巨大调查工作量。保险公司依据灾损数据开展灾损率研究，可为其保险费率（指按保险金额计算保险费的比例）的确定提供数据支持。我国目前开办的家庭财产保险在区域范围内实行无差别费率，费率的标准为2‰～5‰。这种保险费率实行区域“一刀切”的制度往往造成两种极端情况：① 部分区域由于灾害频发，保险费率偏高，居民难以支付高额的保险费用，因此投保率较低，发生灾害时居民的损失较高，且无法得到补偿；② 部分地区灾害不常发生，或者强度较小，保险费率虽然不高，但居民入保的意识不足，一旦灾害发生也会造成较大损失。事实上，无论是灾害频发还是少发区域，灾害风险都在发生动态变化，灾害频发的地区，灾害风险并非一直保持较高水平，灾害少发的区域，灾害风险也不见得一直较低，保险费率应在风险评估的基础上进行科学、精确的动态确定，既保证保险业充分发挥防灾减灾的作用，又为保险业的健康发展提供基本保证（石勇，2010）。

一旦发生灾情，保险公司工作人员都要对投保个人及单位建立赔案资料，并对报案的基本情况进行登记。中国人民财产保险股份有限公司上海分公司等保险公司开展灾害损失调查与赔付的过程是：首先由承灾对象自身对其损失进行估计并填写清单，而后由保险公司进行现场查勘，由专门的公估人员根据实际损失状况，经市场调查或查询原始投保物品价值等，对事故的损失进行精确的核实，最终按照实际损失进行赔款计算。对于每个赔案，保险金额即投保金额，代表被保资产的原始价值，最终的赔付值约等于损失值，赔付值与投保金额的比值即代表该承灾体的损失率。通过保险公司赔案基础数据计算得到的各承灾体的损失率值较为准确，但具体构建灾损曲线，还缺少一个重要条件，即灾害强度统计口径。

保险赔案中，除在部分报案登记表中粗略提到当地的受灾情况外，没有专门对水深等灾害强度数据进行统计。针对该种情况，解决的方法是：一根据赔案登记表中有关该出险地点的位置，结合现场调查及咨询，了解灾害发生时的水深状况；二通过有关模型进行情景模拟，对承灾体的水深状况进行定位。最终将各承灾体的水深与其灾损率对应，构建坐标体系，点绘即可得到灾损率曲线。

基于已有灾情实际调查和保险索赔数据构建的灾损曲线，利用不同方式进行水深与损失（率）的统计，且将各种可能增减损失的社会经济因素考虑在内，如取样科学、样本足够等，所得结果较为接近事实状况。然而，基于某个地区某次灾害得到的脆弱性曲线对于其他地区是否适用还有待验证。

（三）已有脆弱性曲线的直接利用与修正

目前，发达国家以政府行为为主、依赖保险公司及其他专业机构构建了众多具有权威性的灾损曲线，但由于生活方式与传统习惯的不同，不同区域之间的建筑类型与建筑内部财产种类、摆设等有很大区别，故已有脆弱性曲线无法直接利用。以美国和日本的建筑为例，美国房屋多有地下室和配套草坪，日本的木制房屋较多，这与我国有很大区别。尽管一些学者试图通过收入水平和社会经济等级的修正进行众多灾损曲线的标准化,但至今仍不存在统一适用的灾损曲线,不能直接将发达国家的已有研究成果拿来使用。

相比国内外的差异,台湾与内地居民的文化传统与居住习惯比较相近,一般住宅内的摆设、装潢与设备大同小异,遭受淹水时具有相似的受损特点,故利用台湾已有研究成果中所建的灾损曲线,通过一定的修正,可为内地灾害风险评估提供参考。图4-2所示曲线是台湾大学(张龄方等,2001)根据台湾一般住宅的摆设,利用合成法,针对传统农村独院式的单一住宅和城市集体住宅两种住宅类型,在取样调查的基础上,建立标准居家模型,模拟其内部财产的摆设,并推估积水深度与损失之间的关系。该曲线衡量的是不同水深对应的绝对损失,以新台币计量,尝试将其跨时空修正到内地,实现从一个地区到另外一个地区的推广应用,需要考虑区域社会经济条件的变异。

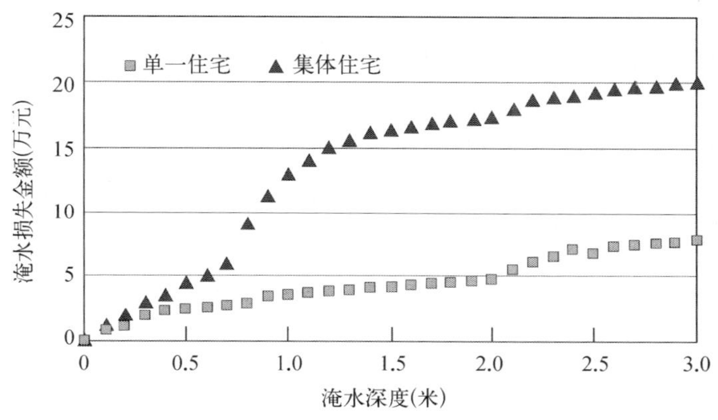

图4-2 台湾单一住宅与集体住宅的水深-损失曲线

随着时间变化,影响绝对损失值变化的因素主要有:① 物价膨胀因素,一般物价水准在某一时期内连续性以相当的幅度上涨,造成损失绝对值增加;② 居民生活水平的提高造成内部财产种类与价值的递增,从而使得同样水深时损失绝对值的增加。另外,不同区域之间灾损曲线的修正需要考虑的因素:① 区域之间经济条件的差异,经济条件较好的地区,水浸造成的损失更为严重;② 不同货币的换算,以绝对损失来衡量,必然涉及区域之间损失货币的换算问题。以此为依据,考虑台湾与上海地区的区域差异,从以上四个要素出发,对台湾灾损曲线进行修正,主要步骤如下。

1. 物价指数修正

物价指数衡量物价膨胀的程度。不同水深的各损失值乘以该系数,反映这几年物价膨胀因素对损失值的影响。

2. 台湾居民生活水平的提高

居民生活水平的提高,使得居民住宅内部财产种类、数量增多,总价值递增,一旦发生水灾,室内财产损失值必定增长。根据台湾近7年来的城镇居民家庭人均可支配收入的变化情况,以原数据的年份为基准,得到当前年的增长系数,将不同水深对应的各损失值乘以该系数，可反映由于生活水平的提高而造成淹水损失的增长。

3. 台湾和上海经济水平差异

台湾和内地生活习惯较为一致，居住建筑室内财产摆设方式不会存在很大区别，但两者之间经济水平的差异，却会对水灾损失值产生影响。采用国际货币基金公布的 GDP 数据与排名，利用经购买力（PPP）调整后的人均 GDP 这一指标来反映区域之间的经济水平差异。根据两地的人均 GDP 比值，以台湾为基准，将台湾灾损曲线中各水深下的损失除以该系数，得到上海地区各水深情况下的平均损失。

4. 币种的换算

利用当下台币与人民币的平均兑换汇率，将损失值用人民币来表示，最终修正得到 2007 年上海地区两种居民建筑的脆弱性曲线（图 4－3）。

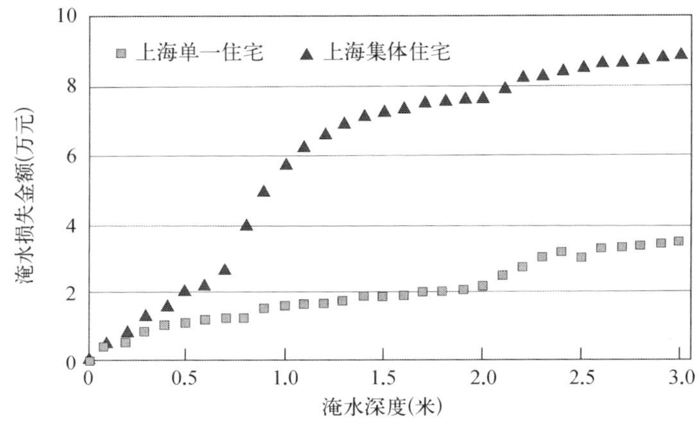

图 4－3　修正得到的上海单一住宅与集体住宅的水深-损失曲线

上述修正已有灾损曲线的思路，改善了当前我国灾损曲线的建立和使用过程中缺乏科学性、无据可依的局面。在实施过程中可以简化，如不同区域的同一年限范围进行修正，不用考虑物价指数和居民生活水平的提高；同为内地的两个区域，不需考虑年限差异，只要根据经济及消费差异，设定区域调整系数，对灾损曲线进行修正。

该方法亦有待完善，各具体商品有不同的通货膨胀率，以物价指数这一综合指数衡量内部财产总的通货膨胀程度存在一定的误差；利用城镇居民家庭人均可支配收入的变化，反映内部财产的增值率以及利用经购买力（PPP）调整后的人均 GDP，反映区域之间的经济水平差异都存在明显的不确定性；加之，区域之间生活习惯与居住方式实际上也存在着一定差异，以上海城区为例，已很少有单一住宅，而所有的集体住宅以一条灾损曲线来衡量，评估结果过于粗略。故该曲线更适合于城市化程度不高的区域，单一住宅和集体住宅数量参半、各家户的经济水平相差不大的区域。具体操作时，利用该地区的经济水平进行修正后，还应在本地进行采样，对各水深的损失金额进行核实。

上述 3 种方法各有优缺点，根据实地情况不同，可以选择不同的方法进行灾损曲线的建立。国内相关研究起步较晚,可参考使用的曲线不多,必须尝试构建适合研究区域特征的脆弱性函数。为此,石勇等(2010)在我国很多地区既没有历史灾情的调查资料,又没有足够的保险索赔样本数据,也无法借鉴台湾的灾损曲线情况下,针对上海地区不同收入阶层,选择样本,建立其各自的室内财产标准模型,模拟各家具、家电的摆设高度,推估其价值,假定各水位,确定该水位下所有可能被水损坏的物件及价值,最终推估出积水深度与总损失间的关系,建立淹水灾损曲线。

灾损曲线方法努力从根本上改进脆弱性评估结果粗糙、可操纵性不强等缺陷,通过承灾个体的脆弱性反映区域总体自然灾害脆弱性特征,找到最基础的方式针对不同区域、不同承灾体的脆弱性进行评估。这对于深入分析灾害脆弱性机制,有针对性地提出应对策略具有重要意义。

三、温州暴雨洪灾脆弱性研究*

洪灾脆弱性是衡量承灾体受到洪水、雨涝灾害影响而造成的损害程度,多以洪水脆弱性曲线或脆弱性函数来表示。目前,最为成熟的洪灾脆弱性曲线是以淹没水深(单位为 m)为横坐标,承灾体(居民房屋、财产、工商业资产等)的受淹损失率(即因洪涝灾害损失值与本身价值之比,单位为%)为纵坐标的水深-灾损率曲线(Pelling,2004b;Dilley et al.,2005)。相对于洪灾损失绝对值,灾损率更能体现区域受灾程度,且短时期内相对稳定,可用于类似区域洪灾风险评估研究。灾损率曲线建立的最有效方法是洪涝灾害后进行实地损失调查,通过样本水深-灾损率关系,估计区域承灾体洪涝灾害脆弱性程度。我们在 2009 年第 8 号台风“莫拉克”给温州市平阳县带来的暴雨洪灾进行现场损失调查的基础上,以水头镇和麻步镇为重点调查区域,尝试构建经常性暴雨内涝区域房屋财(资)产脆弱性曲线,为区域洪灾风险研究提供参考。

(一)研究区概况

麻步镇位于平阳县境中部,地跨鳌江中游两岸,地势西高东低,是一个三面为低山丘陵环绕的河谷平原,辖区面积 42.80 km^2,耕地 1 573.33 hm^2。麻步镇是传统农业大镇,农业主要种植水稻、番薯、糖蔗、花生、蔬菜等作物;工业行业中花边、塑料编织、皮革是三大支柱产业。水头镇地处鳌江上游,南雁山脉的积水区下游,全镇总面积 36.30 km^2,耕地面积 1 044.80 hm^2。水头镇于 2001 年 1 月 1 日被中国地区开发促进会命名为“中国皮都”,全镇拥有皮革、皮革制品、皮服装、宠物用品、羽毛球、熨斗等 6 大支柱产业,制革企业 550 多家,年产值 30 多亿元。

平阳县属亚热带海洋性季风气候,夏冬长、春秋短,四季分明,无严寒酷暑,春秋宜人,全年光照充足,雨水丰沛,温暖湿润,年均降水量为 1 674.3 mm。区内主要灾害有台风、洪涝、干旱、大风、龙卷风、冰雹等,尤其受台风灾害影响最大。其中,台风雷雨期(7~9 月)受台风影响,雨量多,雨势猛,西部山区因地形作用,雷阵雨也较多,多形成暴雨内涝灾害。

---

* 本部分成果已公开发表于《灾害学》2011 年 26(2)期。

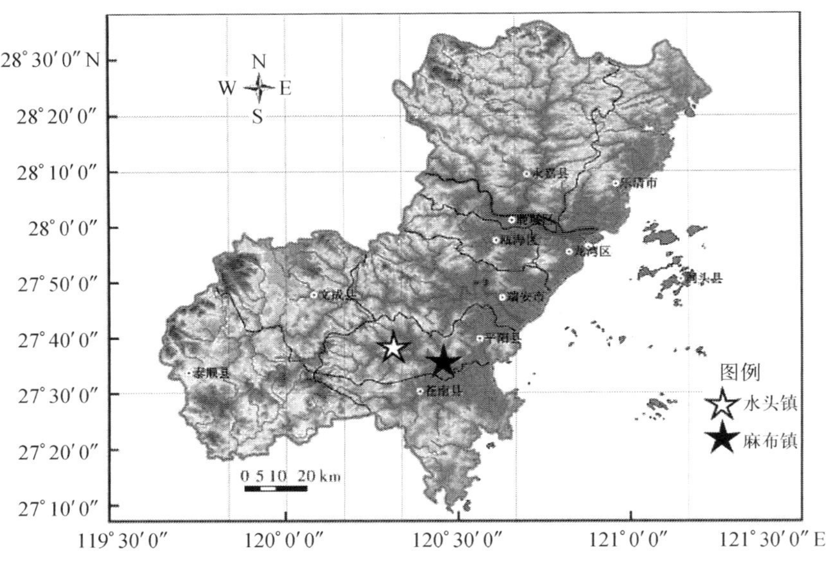

图 4－4　麻步镇和水头镇地理位置示意图

据实际调查走访，水头镇地处南雁山脉暴雨区下游，以东北-西南走向为主，特别是当台风在浙闽交界登陆时，台风气流受迎风坡的地形抬升作用，产生了强降水。强暴雨是涝灾的直接原因，且水头镇依江，地势低洼，一遇来水极易受淹，每年都要受淹数次；历史上几次强台风，水头镇均严重受淹。初步统计，麻步镇和水头镇年平均遭受雨涝灾害 1.25 次，平均水淹深度 0.5 ~ 1.2 m，这种情况已经持续 10 年以上，可以说两镇均属于经常性暴雨内涝受灾区域。两地居民住宅以钢筋混凝土结构、多层建筑为主，一层多为空地或简单工商业作坊，门槛不高；木质梯子可以通往高层，二楼以上住人或堆放重要物品，是典型的东南沿海城市建筑类型。雨涝虽然容易进入，但房屋财（资）产便于转移。

2009 年 8 月 6 日，受台风“莫拉克”的影响，全县普降中到暴雨，8 ~ 10 日普降大到暴雨，平阳县平均降雨量达到 392.2 mm，麻步镇和水头镇过程降雨量均超过 600 mm，暴雨强度超过 100 年一遇。据水头水位遥测站（金凤桥）资料，8 日 21 时水位 9.00 m（85 高程，下同），8 月 9 日 8:40 达到 11.00 m，13:55 分出现洪峰水位 11.35 m，至 10 日 9 时水位为 9.00 m，其中 9 m 水位（据洪水调查资料，该水位水头镇局部水深 1 ~ 2 m）历时 36 h，10 m 以上水位历时 14 h，11 m 以上水位历时近 4 h，水头镇大面积进水，最大水深达 4 m 以上。

（二）研究方法

基于洪灾脆弱性研究基本思路，通过随机抽样调查方法，对 0908 号台风“莫拉克”造成的温州市平阳县麻步镇和水头镇暴雨内涝灾害，2009 年 9 月 5 ~ 10 日进行了“灾后房屋财产和商业资产损失”问卷调查，内容涉及房屋类型、资产类型、淹没水深、淹没历时、财（资）产损失、财（资）产价值以及有无保险等方面。共发放问卷 74 份，收回问卷 71 份，有效问卷 66 份，问卷收回率 95.95%，有效率 92.96%。收回有效问卷中，麻步镇 19 份，水头镇 47 份。其中涉及居住房屋、财产的问卷 15 份，工商业资产的问卷 51 份。

原始问卷经过问题编号、统计表格设计、数据提取与录入,制成 Excel 电子表格。根据地理数据统计处理的基本步骤(徐建华,2002),分别对雨涝淹没水深、房屋财产、商业资产损失价值进行强度分级和频数、频率统计。依据财(资)产损失值和本身价值调查数据,求商取百分数得到对应淹没水深强度下的房屋财产和商业资产灾损率。利用 SPSS 统计软件,分别对房屋财产和商业资产的淹没水深和灾损率两个指标进行相关性分析和曲线估计。

(三)淹没水深和财(资)产损失分析

调查区域除了农业产业之外,商业(皮革业)较为发达,故调查个案分为居住房屋和商业店铺两类,相应的经济损失分为房屋财产和商业资产两类。按照居住房屋和商业店铺分别进行淹没水深和经济损失分级统计,计算对应的样本频数、频率和累积频率(表4-6)。

表4-6　居住房屋和商业店铺淹没水深和财产损失统计

指　标	强度分级	居住房屋			商业店铺		
		频数	频率(%)	累积频率(%)	频数	频率(%)	累积频率(%)
淹没水深(m)	<0.5	0	0.00	0.00	2	3.92	3.92
	0.6~1.0	1	6.67	6.67	2	3.92	7.84
	1.1~1.5	4	26.67	33.34	4	7. 84	15.68
	1.6~2.0	4	26.67	60.01	4	7.84	23.52
	2.1~2.5	2	13.33	73.34	29	56.86	80.86
	2.6~3.0	3	20.00	93.34	7	13.73	94.12
	3.0~3.5	1	6.67	100.00	3	5.88	100.00
	小计	15	100.00	—	51	100.00	—
灾害损失(元)	0	7	46.67	46.67	12	23.53	23.53
	1~1 000	4	26.67	73.34	7	13.73	37.26
	1 001~3 000	2	13.33	86.67	8	15.69	52.95
	3 001~5 000	0	0.00	86.67	4	7.84	60.79
	5 001~10 000	0	0.00	86. 67	4	7.84	68.63
	10 001~100 000	2	13.33	100.00	15	29.41	98.04
	>10 000	0	0.00	100.00	1	1.96	100.00
	小计	15	100.00	—	51	100.00	—

调查样本淹没水深分布在0.2~3.2 m,一楼房屋平均水深1.7 m。水深分布在1.0 m以下的样本有5个,占总数比例不足10%;水深分布在1.1~2.0 m的样本数为16,占总数的24.24%。水深在2.1~2.5 m的住户最多,达31户,接近调查样本的半数。水深在2.6~3.0 m的有10户,大于3.0 m的仅有4户。居住房屋样本中,淹没水深分布基本呈现标准正态分布,即水深分布在1.1~3.0 m居多,占总数的86.7%;小于1.0 m和大于3.0 m的样本均较少。而商业店铺淹没水深分布主要集中在2.1~3.0 m,占总数的54.54%;基本上反映出本次暴雨内涝的极大淹没水深范围。

对于财(资)产损失而言,被调查的66户中,19户反映暴雨内涝只造成生活不便,并未形成直接经济损失或者损失接近0，占被调查户数的近30%（表4-6）。对于经常性（年均发生1.25次）的暴雨内涝灾区，大部分居民和商户已形成一定的预警、应急处理方法和措施，暴雨来临前，一楼财（资）产全部转移到高层区域（二、三楼），积水仅对一楼房屋地面和墙壁造成浸泡，损失几乎不计。有明显损失的住户是因没有预料到暴雨内涝的强度，物资抬高程度较低所致。可见，经常性暴雨内涝灾区房屋和商铺灾损率不同于偶发灾区。

对于居民住房财产来说，内涝灾害损失较小，多小于3 000元，损失大于10 000元的仅有两户，分别为麻步镇的菜场街（为该镇地势最低点）和水头镇的基督教堂（内部电梯浸水受损）。商业店铺资产损失分布范围较广，小于1 000元的有7户，1 000～3 000元的有8户，3 000～10 000元的有8户，大于10 000元的有16户（表4-6），占总数的24.24%，其中一家养猪场损失超过100 000元。

（四）房屋财产洪涝脆弱性分析

对15个房屋财产样本灾损率进行基本统计特征分析（表4-7），灾损率为0的有8户，占样本总量的53.33%，这是经常性暴雨内涝区域房屋财产灾损率分布的个性特征。灾损率为0.1%～40%样本数为6，灾损率为100%的仅一户。

表4-7　房屋财产损失率统计

强度分级（%）	频数	频率（%）	累积频率（%）
0	8	53.33	53.33
0.1～10	1	6.67	60.00
10.1～20	2	13.33	73.33
20.1～40	3	20.00	93.33
40.1～60	0	0.00	93.33
60.1～80	0	0.00	93.33
80.1～100	1	6.67	100.00

去除灾损率为0的8个特殊样本，对房屋财产7个样本进行淹没水深和灾损率的相关性分析，结果显示相关系数为0.444，相伴概率为0.318 >0.05，二者的相关意义不是很大；商业资产样本数为39，淹没水深和灾损率的相关系数为0.413，相伴概率为0.009 <0.01，通过双侧检验，显著性水平为0.01，即99%可信度条件下，淹没水深与商业资产灾损率存在显著的正相关关系。

在相关性分析的基础上，对两类样本进行回归分析和曲线估计。房屋财产曲线估计结果显示，乘幂函数最能反映样本淹没水深和灾损率关系。灾损率函数为 $y = 15.073x^{0.283}$，其中 $R^2 = 0.319$，F 值为2.34，伴随概率为0.187。

（五）商业资产洪涝脆弱性分析

对51个商业资产样本灾损率进行基本统计特征分析（表4-8），显示12户商业资产灾损率为0，占样本总数的23.53%，说明商户（一楼）资产转移难度要大于居民住户。灾损率0.1%～20%以及30%～100%相对比较均匀，每个分级样本数均不超过10%（最大

9.80%);灾损率20%～30%的商户达11户,占样本总数的51.27%;损失率达100%的3户分别为五金杂货店、地板加工房和皮革废品回收站,前两者均是贵重物品转移之后剩下资产全部损失,绝对损失不超过1 000元,后者则是废品无处转移所致。

表4－8　商业资产损失率统计

强度分级(%)	频数	频率(%)	累积频率(%)
0	12	23.53	23.53
0.1～5.0	2	3.92	27.45
5.1～10.0	3	5.88	33.33
10.1～15.0	5	9.80	43.13
15.1～20.0	2	3.92	47.05
20.1～30.0	11	21.57	68.62
30.1～40.0	1	1.96	70.58
40.1～50.0	5	9.80	80.38
50.1～60.0	2	3.92	84.30
60.1～70.0	1	1.96	86.26
70.1～80.0	3	5.88	92.14
80.1～90.0	1	1.96	94.12
90.1～100.0	3	5.88	100.00

去除12个特殊样本(灾损率为0),对商业资产39个样本进行淹没水深和灾损率曲线拟合,结果显示乘幂函数的可信度最高(99%可信度,通过F检验和T检验),商业资产灾损率曲线函数为$y=11.955x^{1.2412}$,其中$R^2=0.465$,F值为32.15,伴随概率为0.000<0.01。

基于房屋财产和商业资产暴雨内涝灾损率曲线函数,计算得到经常性暴雨内涝区域受灾居民淹没水深-财(资)产灾损率参考范围(表4－9)。在淹没水深不超过2.0 m时,房屋财产灾损率大于商业资产灾损率;水深2.0 m以上时,商业资产灾损率迅速超过房屋财产,增加势头迅猛,如水深3.0 m以上,房屋财产灾损率不超过40%,商业资产灾损率则超过50%。说明经常性暴雨内涝区房屋财产的可转移性并不随淹没水深的增加而降低,尤其是2.0 m以上的内涝灾害,而商业资产(如家电空调、电视、电冰箱等需要吊挂在高处或高大物件)则随着淹没水深的加大灾损率增加速率逐渐加大,资产转移难度也不断增加。

表4－9　不同淹没水深的房屋财产和商业资产损失率

淹没水深(m)	房屋财产损失率(%)	商业资产损失率(%)
<0.5	9.10	5.06
0.6～1.0	15.07	11.96
1.1～1.5	20.25	19.77
1.6～2.0	24.97	28.26
2.1～2.5	29.38	37.28
2.6～3.0	33.55	46.75
3.0～3.5	37.54	56.60

相比于南方城市居民建筑物和内部财产洪灾损失率(石勇等,2009a),经常性暴雨内涝区房屋财产灾损率要低一些(水深0.5 m时,南方居民财产灾损率为12%,而经常性暴

雨内涝区房屋财产灾损率为9.10%；水深1.0 m时，二者分别为20%和15.07%；水深1.5 m时，二者分别为25%和20.25%；水深2.0 m时，二者分别为33%和24.97%；水深2.0 m以上时，二者分别为45%和33.55%～37.54%）。对于建筑物灾损率状况，经常性暴雨内涝区住房或商铺建筑物损失率皆接近0，实际走访了解当地居民和商户建筑多数为水泥地面，一般不对水淹墙面和地板进行重新装修。当前调查样本较少、房屋财产灾损率曲线的可信度偏低。

第四节　以用地类型为承灾体的灾害脆弱性定性评估方法

一、基于土地利用类型的脆弱性评估方法

无论是定量还是半定量脆弱性评估方法，都存在一个问题即机制的解释和应用的直观性缺乏。为了避免上述问题，建立一种简单可行的脆弱性评估方法就显得十分重要。2012年，国家海洋局与北京师范大学负责，华东师范大学参与，联合编制了我国《风暴潮灾害风险评估与区划技术导则（试行）》*，该导则对台风风暴潮、温带风暴潮灾害脆弱性评估与区划的具体操作步骤、方法进行了详细规定。2012年，浙江省海洋监测预报中心负责，华东师范大学参与，编制了《浙江省台风风暴潮灾害风险评估技术导则》**，对浙江省区县一级台风风暴潮灾害脆弱性评估方法也进行了明确界定。

这两个导则采取的自然灾害脆弱性评估方法的基本思想是：建立土地利用现状类型与脆弱性等级（分为四级）的对应关系，以土地利用类型为承灾体来进行灾害脆弱性评估。土地利用类型标准采用国标《GB/T 21010—2007 土地利用现状分类》。脆弱性等级分四级（Ⅰ、Ⅱ、Ⅲ、Ⅳ），等级越低代表脆弱性越低，等级越高则脆弱性越高。

基于历史灾情数理统计的脆弱性评估方法和基于指标体系的自然灾害脆弱性评估方法所得到的评价结果较为主观，缺乏可信度。基于灾损曲线的自然灾害脆弱性评估方法虽然评价结果精度较高，也较为客观可信，但获得脆弱性曲线受限较大。基于土地利用类型的脆弱性评估方法中，脆弱性等级确定方法为：首先，参照表4－10中土地利用现状分类与脆弱性等级范围对应关系，根据评估区域实际情况进行调整确定；其次，如果某一类土地利用中，有重要及易受影响的承灾体，可单独重新确定或者调整脆弱性等级。

基于这样的情况，我们在参与编写《浙江省台风风暴潮灾害风险评估技术导则》时，参考国家海洋局编制的国家《风暴潮灾害风险评估与区划技术导则（试行）》有关脆弱性评价的方法，提出：参考《GB/T 21010—2007 土地利用现状分类》，在大尺度台风风暴潮研究中将一级用地类型作为承灾体，在中尺度研究中将二级用地类型作为承灾体，依据土地利用现状二级类与脆弱性等级对应关系，将承灾体脆弱性分为4个等级（见表4－10）。

*　国家海洋局. 风暴潮灾害风险评估与区划技术导则2012试行版.

**　浙江省海洋与渔业局. 浙江省台风风暴潮灾害风险评估技术导则2013.

表4－10　台风风暴潮灾害主要承灾体脆弱性分级表

土地利用现状一级类			土地利用现状二级类		
编码	名　称	脆弱性等级	编码	名　称	脆弱性等级
01	耕地	2	011	水田	2
			012	水浇地	2
			013	旱地	2
02	园地	2	021	果园	2
			022	茶园	2
			023	其他园地	2
03	林地	1	031	有林地	1
			032	灌木林地	1
			033	其他林地	1
04	草地	1	041	天然牧草地	1
			042	人工牧草地	1
			043	其他草地	1
05	商服用地	3	051	批发零售用地	3
			052	住宿餐饮用地	3
			053	商务金融用地	4
			054	其他商服用地	3
06	工矿仓储用地	3	061	工业用地	3～4
			062	采矿用地	3～4
			063	仓储用地	3～4
07	住宅用地	4	071	城镇住宅用地	4
			072	农村宅基地	4
08	公共管理与公共服务用地	4	081	机关团体用地	4
			082	新闻出版用地	3
			083	科教用地	4
			084	医卫慈善用地	4
			085	文体娱乐用地	3
			086	公共设施用地	3～4
			087	公园与绿地	3
			088	风景名胜设施用地	3
09	特殊用地	4	091	军事设施用地	—
			092	使领馆用地	4
			093	监教场所用地	4
			094	宗教用地	4
			095	殡葬用地	2

续表

土地利用现状一级类			土地利用现状二级类		
编码	名　称	脆弱性等级	编码	名　称	脆弱性等级
10	交通运输用地	3	101	铁路用地	3～4
			102	公路用地	3
			103	街巷用地	3
			104	农村道路	3
			105	机场用地	4
			106	港口码头用地	3～4
			107	管道运输用地	3～4
11	水域及水利设施用地	1	111	河流水面	1
			112	湖泊水面	1
			114	坑塘水面	1
			115	沿海滩涂(不包括滩涂农用地)	1
			117	沟渠	1
			118	水工建筑用地	2
			119	冰川及永久积雪	1
12	其他土地	1	121	空闲地	1
			122	设施农用地(包括滩涂农用地)	2
			124	盐碱地	1
			125	沼泽地	1
			127	裸地	1

基于 GIS 技术,并根据分级表将土地利用类型数据进行重新赋值,得到承灾体脆弱性分级空间分布数据。再根据台风风暴潮灾害危险性空间分布结果与承灾体脆弱性空间分布数据进行叠加分析,得到各情景下台风风暴潮灾害的脆弱性空间分布结果。

这种方法的优点在于能很直观地判断承灾体的脆弱性等级,便于指导灾害风险防范,具体讲:① 可以和土地利用类型紧密结合进行脆弱性评价,可以非常方便地给出不同土地利用类型所对应的脆弱性等级;② 由于可以得出每一块用地的脆弱性等级,因此评价所得结果可以十分方便地用于指导防灾减灾战略的实施。这种方法的缺点在于无法定量化评估脆弱性。

二、我国东部台风风暴潮灾害脆弱性评估

(一) 脆弱性评估所需数据

1. 中国东部沿海地区台风风暴潮漫滩淹没数据

中国东部沿海地区台风风暴潮漫滩淹没数据是通过在中国东部沿海地区建立3种台风危险性情景(图4-5):西移型100年一遇台风(以下简称"W100")、西北移型100年一遇台风(以下简称"WN100")、转向型100年一遇台风(以下简称"S100")。3种台风情景主要参数见表4-11。使用第三章中自主研发的台风危险性情景生成工具得到上述3种情景台风数据,再利用MIKE水动力模型,开展台风驱动下的风暴潮危险性情景模拟,最后得到这3种情景的台风风暴潮灾害漫滩淹没数据,同时参考国家《风暴潮灾害风险评估与区划技术导则(试行)》,将台风风暴潮淹没水深分为4个等级,即水深0~0.5 m的区域为低危险区,0.5~1.2 m为中危险区,1.2~3 m为高危险区,>3 m的区域为重危险区。基于此标准,得到研究区危险性区划图(图4-6)。

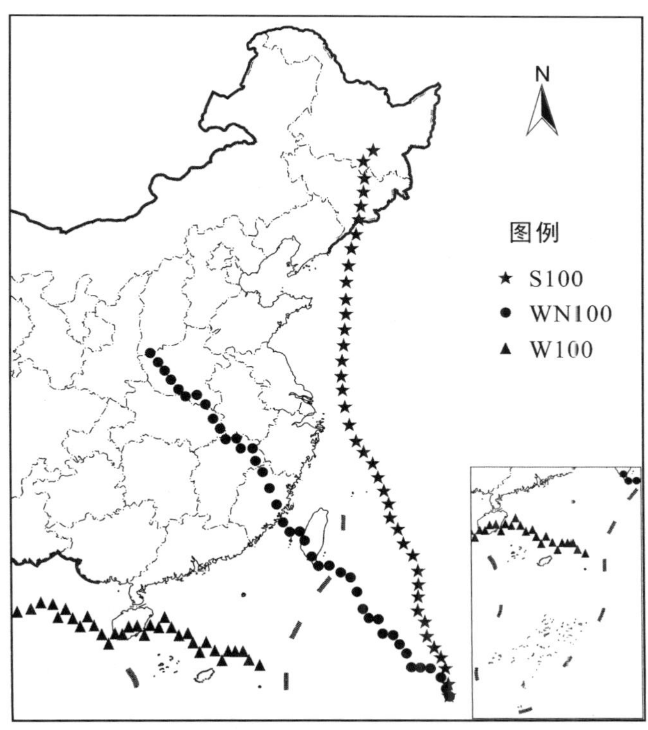

图4-5　3种台风危险性情景路径(100年一遇)

表 4－11　3 种情景台风主要参数

主　要　参　数	W100	WN100	S100
中心最大风速(m/s)	81.4	79.5	83.8
中心气压 (hPa)	869.9	876.4	860.7
最大风速半径(km)	61.1	79.5	71.2
起点(东经,北纬)	117.5°,16.4°	130.7°,14.6°	130.7°,14.6°

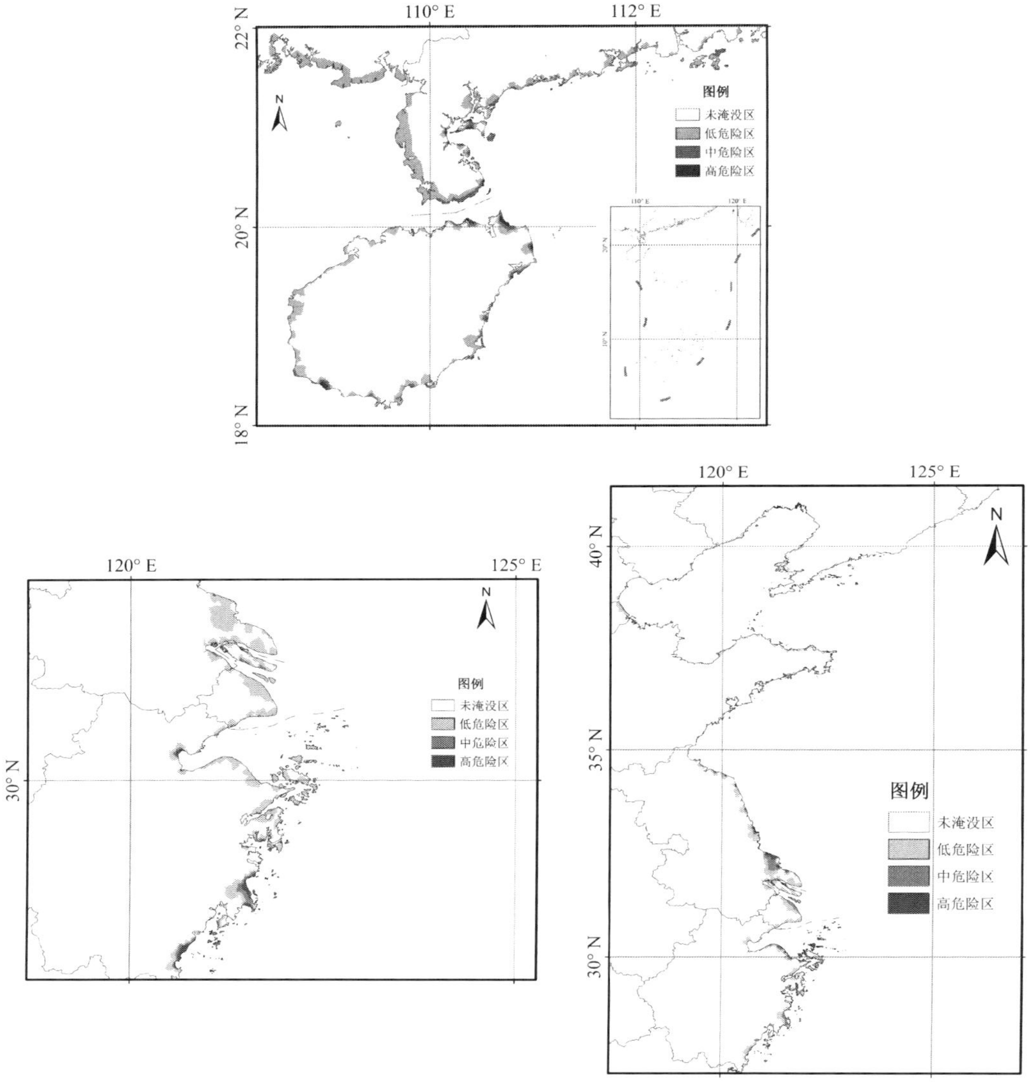

图 4－6　台风风暴潮情景(W100、WN100、S100)危险性分布

2. 承灾体脆弱性分级参考数据

我国东部沿海地区承灾体脆弱性主要参考《GB/T 21010—2007 土地利用现状分类》,

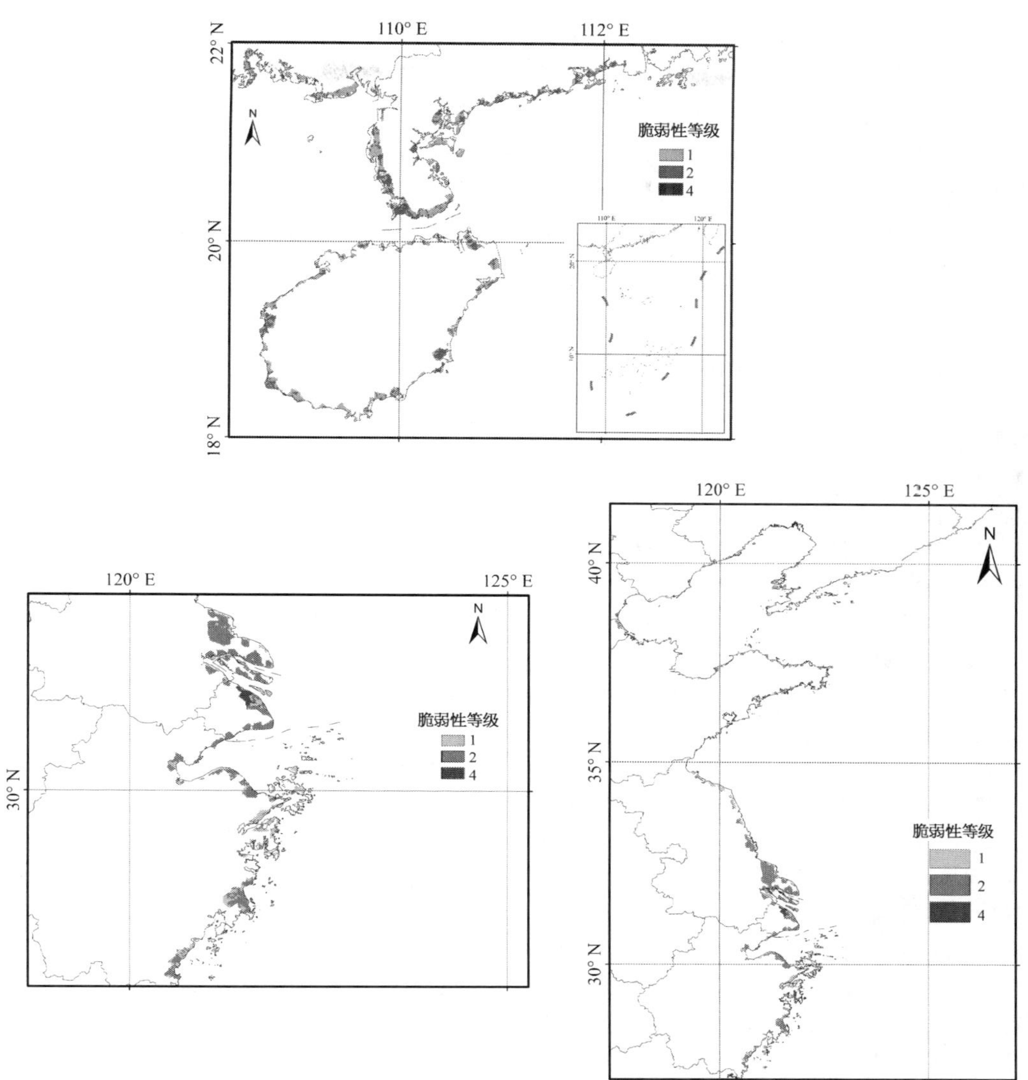

图 4-7　极端情景台风风暴潮脆弱性等级图(W100、WN100、S100)

将一级用地类型作为承灾体,依据土地利用现状一级类与脆弱性等级对应关系,将承灾体脆弱性分为 4 个等级。

3. 我国东部沿海土地利用类型数据

我国东部沿海土地利用类型数据采用寒区旱区科学数据中心(http://westdc.westgis.ac.cn)提供的 2000 年全国 1 km 网格土地利用数据。在此基础上,参考承灾体脆弱性分级参考数据,将土地利用图层重新赋值分级,得到本研究中使用的土地利用数据。

(二) 脆弱性评估结果分析

通过系统对比 W100、WN100、S100 台风危险性情景下研究区脆弱性研究结果,可以看出：

（1）就空间分布情况而言，脆弱性结果主要受危险性等级影响，分布范围与中国东部沿海台风风暴潮灾害危险性分布基本一致，即 W100 情景广东、海南及广西部分地区存在相对于台风风暴潮灾害的脆弱性，WN100 情景脆弱性分布在福建北部、浙江东南部、杭州湾、上海以及江苏南部，S100 情景则集中于江浙沪地区。

（2）从脆弱性等级上看，W100 情景中整个影响区域内脆弱性等级均为 1 级或 2 级，等级较低。WN100、S100 两种情景下，浙江、上海、江苏南部有大片 2 级脆弱性区域，这是因为上述三个省市为中国城市最为集中的地方，此外在上海东部出现脆弱性等级为 4 的高等级分布区，这主要是受上海城区用地类型的影响。

参考文献：

黄蕙，温家洪，司瑞洁，等. 2008. 自然灾害风险评估国际计划述评（Ⅰ）指标体系. 灾害学，23（2）：112－116.

梁海燕，邹欣庆. 2005. 海口湾沿岸风暴潮风险评估. 海洋学报，27(5)：22－29.

刘耀龙. 2011. 多尺度自然灾害情景风险评估与区划. 上海：华东师范大学博士学位论文.

石勇. 2010. 灾害情景下城市脆弱性评估研究——以上海市为例. 上海：华东师范大学博士学位论文.

石勇，石纯，孙阿丽. 2009a. 中国南方城市居民建筑物洪灾脆弱性研究. 人民长江，40(5)：19－22.

石勇，石纯，孙蕾，等. 2008. 沿海城市自然灾害脆弱性评价研究——以上海浦东新区为例. 中国人口资源与环境，18(4)：24－27.

石勇，许世远，石纯，等. 2009b. 洪水灾害脆弱性研究进展. 地理科学进展，28(1)：41－46.

石勇，许世远，石纯，等. 2010. 沿海区域水灾脆弱性及风险的初步分析. 地理科学，29(6)：853－857.

孙阿丽，石纯，石勇，等. 2009. 沿海省区洪灾脆弱性空间变化的初步探究. 环境科学与管理，34（3）：36－40.

王静静，刘敏，权瑞松，等. 2011. 上海市各区县自然灾害脆弱性评价. 人民长江，42(17)：12－15.

王豫德，王世民. 1997. 上海市潮灾损失计算初估. 北京：地震出版社.

徐建华. 2002. 现代地理学中的数学方法. 北京：高等教育出版社：224－230.

尹占娥，许世远，殷杰，等. 2011. 基于小尺度的城市暴雨内涝灾害情景模拟与风险评估. 地理学报，65(5)：553－562.

张涵博. 2013. 灾损曲线的构建及其在巨灾保险中的应用. 上海保险，(5)：27－30.

张龄方，苏明道. 2001. 空间资料与洪灾损失推估之应用. 农业工程学报，47(1)：20－28.

Azar D, Rain D. 2007. Identifying population vulnerable to hydrological hazards in San Juan, Puerto Rico. GeoJournal, 69(1－2)：23－43.

Badilla, Elena. 2002. Flood hazard, vulnerability and risk assessment in the city of Turialba, Costa Rica, International Institute for Geo-information science and Earth Observation (ITC), The Netherlands.

Dilley M, Chen R S, Deichmann U, et al. 2005. Natural disaster hotspots：a global risk analysis. Washington DC：Hazard Management Unit, World Bank：1－132.

Dwyer A, Zoppou C, Nielsen O, et al. 2004. Quantifying social vulnerability：a methodology for identifying those at risk to natural hazards. Geoscience Australia, Canberra.

Gissing A, Biong R. 2004. Accounting for variability in commercial flood damage estimation. Australian Geographer, 35(2)：209－222.

IPCC CZMS. 1992. Global climate change and the rising challenge of the sea. Report of the Coastal Zone

Management Subgroup. IPCC Response Strategies Working Group, Rijkswaterstaat, the Hague.

Jonkman S N. 2007. Loss of life estimation in flood risk assessment, theory and applications. PHD thesis, Delft University of Technology.

Klein R. 2003. DINAS-COAST: developing a method and a tool for dynamic and interactive vulnerability assessment. LOICZ Newsletter: 1 – 8.

Leicester R H, Bubb C, Dorman C, et al. 1979. An assessment of potential cyclone damage to dwellings in Australia. Proceedings of the Fifth International Conference on Wind Engineering. Fort Collins: Pergamon Press: 23 – 26.

Mavroulidou M, Hughes S J, Hellawell E E. 2004. A qualitative tool combining an interaction matrix and a GIS to map vulnerability to traffic induced air pollution. Journal of Environmental Management, 70: 283 – 289.

Pelling M, Maskrey A, Ruiz P, et al. 2004a. United Nations Development Programme. A global report reducing disaster risk: a challenge for development. New York: UNDP: 1 – 146.

Pelling M. 2004b. Visions of risk: a review of international indicators of disaster risk and its management. ISDR/UNDP: King's College, University of London: 1 – 56.

Penning-Rowsell E C, Chatterton J B. 1977. The benefits of flood alleviation: a manual of assessment techniques. Gower Aldershot.

UNDRO. 1991. Mitigating natural disasters. phenomena, effects and options. A Manual for Policy Makers and Planners. UNDRO/MND/1990 Manual, Genf.

USACE. 1985. Business depth-damage analysis procedures, U. S. army corps of engineers, Engineering Institute for Water Resources, Research Reports85 – R – 5.

第五章　城市自然灾害损失评估方法

自然灾害损失是指自然灾变过程作用于人类社会而造成的人员死亡、财产损失，以及为修复被破坏灾区正常社会秩序的投入。通过对灾害损失的评估与分析，找到造成灾害的高危险区域或承灾体脆弱性环节，以便采取有效的预防措施，从而提高防灾工作的科学性和减灾投入的合理性（陈颙等，1995）。灾害损失的大小和程度取决于致灾因子、灾变强度、受灾地区人口密度、经济发展水平、防御灾害打击的综合耐受能力，以及灾后救助的情况等诸多因素。沿海城市由于自然灾害系统的复杂性，致灾因子众多，孕灾环境复杂，承灾体多样，造成灾害损失评估存在诸多不确定性（尹占娥等，2012）。国内外自然灾害损失评估研究发展迅速，各种评估方法和手段日趋成熟，多灾种多时相的综合评估系统不断出现，各种评估方法在沿海地区进行了大量的实证研究（HAZUS，2012；国家减灾中心灾害信息部，2005）。我们对沿海城市自然灾害损失评估中，主要采用基于分类统计和基于土地利用类型的自然灾害损失评估方法。

第一节　自然灾害损失类型

目前，对自然灾害损失的分类还没有一个被普遍认可的方案，通常把灾害损失分为社会损失和经济损失。前者指人员生理心理损伤和对人类正常生活、社会组织、社会活动、社会发展以及生态环境破坏造成的影响等；后者通常分为两大类：直接损失（direct losses）和间接损失（indirect losses）（袁一凡，2007）。次生灾害损失也分为次生直接损失和次生间接损失，在进行灾害损失计算时可直接归入到直接损失和间接损失之中。

一、灾害损失评估类型

按灾害发生的时间先后顺序，通常把灾害损失评估划分为以下 3 种类型。

1. 预测性评估

对灾害发生前的灾害损失进行的预测性评估，是一种随时间、地区、灾害种类和社会发展状况而变化的动态性评估。它既可为国家或区域社会经济发展规划的制订提供参考，又可为防范灾害影响提供定量依据。

2. 监测性评估

监测性灾害损失评估是一种在灾害发生时对灾情程度的快速测算(估算),它可以为在有限救援时间内作出救援队伍部署、救援物资调配等提供直接依据。

3. 实测性评估

灾害发生后开展的详细评估,是决定救灾程度、制定灾后恢复建设总规划和总决策的重要依据,对灾害损失进行分类、分区的抽样调查和统计计算后得出的灾情实况,是最后形成灾害损失评估报告的基础(许飞琼,1998)。

二、灾害损失类型

1. 直接损失

直接损失是自然灾害的物理性致灾因素(大风、淹没等)造成的人员伤亡和物质破坏,包括建筑物自身破坏损失、室内外财产损失、基础设施的损失,以及对资源造成的破坏损失等,是致灾因素的直接后果,可确切统计出实际损失价值。

2. 间接损失

间接损失是指直接损失的后续影响,是灾害造成物质破坏后,导致正常的社会经济活动受到影响造成的经济损失,主要包括救灾投入,灾后的重建费用,企业减停产、搬迁、延期交货违约、原材料价格上涨、库存不能及时销出等造成的损失,工资收入损失、地价变动、公共服务部门(水、电等)损失等。间接损失很难划分得非常清楚,在时空上跨度较大,难以定量计算。

(1) 停减产损失:自然灾害发生,造成工厂企业、商贸流通等行业停止运营,或减少产量的损失。自然灾害导致固定资产破坏和劳动力减少等原因,使得生产能力下降或完全丧失而引起的经济损失。

(2) 产业关联损失:一个国家或地区范围内,各个产业部门间的协调关系遭到破坏,形成局部生产资源(包括生产力资源)的呆滞和积累而造成的经济损失。例如上游企业破坏,中断零部件供应,导致下游企业停产或减产;或因生产活动遭到破坏打击,生产和流通迟缓,导致投资和金融交易降低,经济萧条等。

(3) 投资溢价损失:自然灾害造成部分消费品和居民财产损失,灾后需要挪用部分生产性资金进行弥补。这些资金用于生产性投资和用于消费的效益是不相等的,其差额就是投资溢价损失。

借鉴国内外研究方法,依据综合性、代表性、科学性、可操作性原则,参照承灾体属性特征和国民经济类型划分,将与沿海城市地区相关的灾害损失进行详细划分,主要包括社会损失和经济损失两大类5个子类(表5-1)。通常对不同灾害进行研究时,可根据实际情况来建立灾害损失分类表。

表5－1 沿海城市灾害损失分类表(殷杰等,2011)

<table>
<tr><td rowspan="12">灾害总损失L</td><td rowspan="3">社会损失S</td><td>人员损失T</td><td colspan="2">人员生理心理创伤、生活行为方式的改变等</td></tr>
<tr><td>社会活动H</td><td colspan="2">对社会活动的破坏、社会习俗和文化的改变、社会矛盾激化、社会秩序恶化、社会组织管理机制的失效等</td></tr>
<tr><td>社会发展G</td><td colspan="2">人口流失、生态环境恶化等造成社会发展减速、停滞或倒退</td></tr>
<tr><td rowspan="9">经济损失E</td><td rowspan="7">直接损失D</td><td>建筑房屋损失D_1</td><td>居住用房损失D_{11}、商业用房损失D_{12}、行政用房损失D_{13}、公共事业用房损失D_{14}</td></tr>
<tr><td>室内外财产损失D_2</td><td>室内财产损失D_{21}、室外财产损失D_{22}</td></tr>
<tr><td>生命线系统损失D_3</td><td>给排水系统损失D_{31}、电力系统损失D_{32}、供气系统损失D_{33}、供热系统损失D_{34}、通信系统损失D_{35}</td></tr>
<tr><td>交通设施损失D_4</td><td>铁路设施损失D_{41}、公路设施损失D_{42}、桥隧设施损失D_{43}、机场设施损失D_{44}、轨道交通损失D_{45}、港口设施损失D_{46}、航道码头损失D_{47}</td></tr>
<tr><td>关键设施损失D_5</td><td>水利工程设施损失D_{51}、核设施损失D_{52}、军事设施损失D_{53}、危险物堆放点损失D_{54}、民防工程损失D_{55}</td></tr>
<tr><td>自然资源损失D_6</td><td>动植物资源损失D_{61},土地、矿产资源损失D_{62},水资源损失D_{63},自然旅游景观资源D_{64}</td></tr>
<tr><td>其他损失D_7</td><td>市政公用设施损失D_{71}、文物古迹损失D_{72}、文化场馆设施损失D_{73}</td></tr>
<tr><td rowspan="2">间接损失I</td><td>救灾重建投入I_1</td><td>救灾直接投入(物质和费用)I_{11}、搬迁安置费用I_{12}、灾后重建费用I_{13}</td></tr>
<tr><td>社会经济损失I_2</td><td>减停产(业)损失I_{21}、关联产业损失I_{22}、公共部门损失I_{23}、宏观经济影响I_{24}</td></tr>
</table>

第二节 基于分类统计的自然灾害经济损失评估方法

一、直接经济损失评估方法

在进行灾后损失评估调查时,首先需确定评估区域的范围和各区域灾害影响程度。若受灾区域范围太大,无法逐一进行调查时,则可通过抽样调查的方式进行评估。

(1) 在自然灾害发生后,对于建筑房屋的损失评估不可能逐一进行,可通过抽样调查得到各种破坏等级面积占总面积的比例,即“破坏比”计算;有些房屋的破坏程度较轻,仅需部分修复,损失就不是造价的全部,利用“损失比”表示某种程度下灾害损失与造价之比,建筑房屋损失等于建筑总面积与破坏比、损失比和重置单价的乘积(袁一凡,2007),各种建筑类型结构的灾后损失之和就是建筑受灾的总损失,其公式表达为

$$D_1 = \sum_{i=1}^{n}\sum_{S=1}^{4}\sum_{j=1}^{k} T_S(i) \times \lambda_S(i, j) \times B_S \times \eta_S(j) \tag{5-1}$$

式中，i 为评估区编号，共 n 区；S 为建筑房屋类型编号，根据城市地区生活的实际情况，建筑房屋通常分为 4 类，低层住宅、多层住宅、小高层住宅和高层住宅；j 为破坏等级编号，共 K 个等级；$T_S(i)$ 为 i 评估区 S 类房屋面积；$\lambda_S(i, j)$ 为 i 评估区 S 类房屋 j 的破坏比；B_S 为 S 类房屋单位面积造价（重置单价）；$\eta_S(j)$ 为 S 类房屋 j 级破坏的损失比。

重置单价指重建同类型房屋的单位面积造价，但不包括地价、改建费用和折旧。

（2）室内财产评估可参考房屋损失的计算公式为

$$D_{21} = \sum_{i=1}^{n}\sum_{S=1}^{m}\sum_{j=1}^{k} T_S(i) \times \lambda_S(i, j) \times W_S(i, j) \tag{5-2}$$

式中，$T_S(i)$ 为 i 评估区 S 类房屋面积；$\lambda_S(i, j)$ 为 i 评估区 S 类房屋 j 的破坏比；$W_S(i, j)$ 为 i 评估区 S 类房屋 j 级破坏的单位面积室内财产损失值。

室外财产损失统计可结合主管部门和保险公司的报告来统计。

（3）生命线系统主要以管线类结构为主，同时有部分单体工程结构。因此，生命线系统损失等于管线损失和单体结构损失之和，各种生命线系统类型的损失之和就是生命线系统受灾的总损失，其公式表达为

$$D_3 = \sum_{S=1}^{5} L_S \times B_S + \sum_{S=1}^{5} R_S \times \eta_S \tag{5-3}$$

式中，L_S 为 S 类管线的破坏长度；B_S 为 S 类管线的修复或重置单价；R_S 为 S 类单体结构的重置单价；η_S 为 S 类单体结构的损失比。

（4）交通设施的评估方法与生命线系统类似，交通设施损失等于线路损失和单体结构损失之和，将各种交通设施类型的损失进行加和就得到交通设施总的受灾损失，公式表示为

$$D_4 = \sum_{S=1}^{7} L_S \times B_S + \sum_{S=1}^{7} R_S \times \eta_S \tag{5-4}$$

式中，L_S 为 S 类交通线路的破坏长度；B_S 为 S 类交通线路的修复或重置单价；R_S 为 S 类单体结构的重置单价；η_S 为 S 类单体结构的损失比。

（5）各种关键设施的损失评估由主管部门上报。

（6）对于具有一般商品价值属性的自然资源损失可以通过资源损失量与资源市场价格的乘积获得；而对于不具有一般商品属性的自然资源损失评估可根据模糊数学的方法，将影响资源价值的自然、社会和经济因素归纳形成一个矩阵 R，再将评估要素的权重值与 R 进行复合运算，计算出资源的综合价值（吴新民和潘根兴，2003），将资源损失量与资源综合价值相乘即得到这部分资源损失；其公式可表示为

$$D_6 = \sum_{S=1}^{m} C_S \times M_S + \sum_{S=1}^{m} C_y \times Q_y \tag{5-5}$$

式中，C_S 为 S 类自然资源的损失量；M_S 为 S 类自然资源的市场价格；C_y 为 y 类自然资源的

损失量；Q_y为 y 类自然资源的综合价值。

（7）其他损失评估由主管部门上报。

二、间接经济损失评估方法

目前，间接经济损失的评估方法主要有两大类：经济学模型和统计（经验）模型。前者利用复杂的经济学理论和模型如投入-产出影响模型等进行估算；后者通过资料统计确定相关灾害-损失间的回归系数，如损失与 GDP 的统计经验系数，与直接损失比例关系（如灾害风险管理指标系统中认为灾害的间接损失为直接损失的 0.5 到 1.5 倍之间）等。这两种评估方法对于灾害的间接损失类型和影响因素考虑的不够全面，可操作性和科学性有待提高，都无法准确估算出灾害的间接损失，且对数据要求较高，目前在我国难以实现，故根据上述自然灾害损失分类结果，宜采用救灾重建投入和社会经济损失两方面建立间接损失的评估方法。

（1）救灾、搬迁安置费用和灾后重建费用，依据政府公布的数据统计。

（2）社会经济损失中企业减停产的损失，由灾前单日产值减去灾后单日产值，再乘以减停产天数，其公式为

$$I_{21} = \sum_{S=1}^{m} (P_S - A_S) D_S \tag{5-6}$$

式中，P_S为 S 类企业的灾前单日产值；A_S为灾后单日产值；D_S为 S 类企业的停产天数。

（3）关联产业的损失可利用往年年均产值乘以年均增长率减去灾年产值。

$$I_{22} = \sum_{S=1}^{m} (K_S \times R_S - M_S) \tag{5-7}$$

式中，K_S为 S 类产业往年的年均总产值；R_S为 S 类产业的年均增长率；M_S为 S 类产业灾年的总产值。

（4）公共事业部门损失由各主管部门上报。

（5）对于灾害的宏观经济影响的评估主要分四个部分即 GDP 增速减缓造成的损失、总体投资损失、物价和通货膨胀损失和金融期货股票价值损失，其计算公式为

$$I_{24} = GDP \times R + (T - V) + GDP \times N + (H - F) \tag{5-8}$$

式中，GDP 为受灾区域的国民生产总值；R 为 GDP 减缓的增长率；T 是总体投资额；V 是实际投资额；N 为通货膨胀率；H 为金融期货股票灾前市值；F 为金融期货股票灾后市值。

三、天津滨海新区地面沉降经济损失评估

1. 地面沉降经济损失分类

地面沉降灾害经济损失评估是指对未来某个特定时期内，地面沉降灾害可能造成的

预期经济损失进行的量化评估,是一种预测性评估,计算所得的结果是潜在的损失。目的是了解天津滨海新区地面沉降较为严重区域未来地面沉降可能会产生多大的经济损失、损失程度如何等。通过对天津滨海新区地面沉降灾害导致的社会、经济、环境等方面影响的致灾机制分析,以分部门统计分析为原则,把地面沉降灾害经济损失共分为 23 个小类(表 5－2):

(1) 地面沉降防治投入:指历年来为控制地面沉降采取的工程和非工程措施的费用。

(2) 安全高程损失:指地表高程降低引起的损失。地表具备一定高程是土地具有承载功能和经济价值的基础,故地表高程是一种基础性的经济资源和自然资源,其消失或降低必将导致经济损失。

(3) 测量标志经济损失:指因地面沉降导致测量水准点失效引起的重建、校准费用。

(4) 房屋建筑损失:指除重大工程外的一般民用、商用建筑,其损失主要分为建筑物损坏维修费以及由于沉降引起的建筑物价值、功能损失。

(5) 排水系统损失:指地面沉降导致的排水系统实物破坏损失、日常维护费用增加和排水系统功能损失。

(6) 给水系统损失:指地面沉降导致的给水系统实物破坏损失、日常维护费用增加和给水系统功能损失。

(7) 燃气系统损失:指地面沉降导致的燃气系统实物破坏损失和日常维护费用增加。

(8) 公路损失:指地面沉降导致的路基额外加高费用,以及由于潜水位上升引起的路面瘫软、冻裂等损失。

(9) 桥梁损失:指地面沉降导致桥梁毁坏损失、恢复桥下净空高度进行的桥梁抬升工程费用。

(10) 铁路损失:指地面沉降导致的额外维护费用,以及地铁、快速铁路设计为预留地面沉降而增加的工程费用。

(11) 防潮堤工程损失:地面沉降导致海挡防护标准降低,海挡工程损失指为恢复海挡工程到设计防护标准而增加的工程费用。

(12) 河道堤防工程损失:地面沉降导致河道堤埝防护标准降低,河道堤防工程损失指为恢复堤埝工程到设计防护标准而增加的工程费用。

(13) 闸门损失:指地面沉降导致闸门损坏和防护标准降低,为恢复闸门工程到设计防护标准而增加的工程费用。

(14) 风暴潮灾害损失:指地面沉降导致风暴潮加剧,灾害损失额外增大部分的经济损失。

(15) 涝灾损失:指因地面沉降引起的涝灾加重损失。

(16) 城市水淹水泡损失:指地面沉降导致城市内涝加重,灾害损失额外增大部分的经济损失。

(17) 防汛抢险费用:指因地面沉降引起防汛抢险费用增加的损失。

（18）工业生产经济损失：工业经济损失分为直接经济损失和间接经济损失两部分，直接经济损失指地面沉降所造成的厂房裂缝、渗漏水、倾斜甚至倒塌以及对生产设备造成直接破坏的修复费用。间接经济损失主要指因地面沉降导致的生产成本提高及产出减少等方面的损失。

（19）港口码头经济损失：指因地面沉降造成的港口码头破坏的修复、重建费用；港口码头需追加及已经追加的设备费用（如港区建闸，加设排水泵房等）；因地面沉降造成仓库废弃以及货物淹泡损失。

（20）农业生产损失：指为防治地面沉降进行农业用水限采，导致农业收入减小的经济损失。

（21）土壤盐渍化：指由于地面沉降导致潜水位上升，从而导致土壤盐渍化加重的经济损失。

（22）地表水污染损失：指地面沉降导致河流重力排污降低，引起地表水污染加重的经济损失。

（23）建设用地适宜性损失：指地面沉降导致建设用地适宜性降低引起的经济损失。

以上各分项损失计算中，测量标志建设、维护、修复的历年费用计入控制沉降的防灾减灾投入中，港口码头的经济损失也作为直接经济损失计入“地面沉降加剧的风暴潮损失”中，这两项损失不再单独计算。

需要说明的是，图 5－1 的地面沉降灾害损失分类与表 5－1 沿海城市灾害损失分类的具体指标有所区别，对沿海城市具体灾种，如台风、风暴潮、暴雨、地面沉降等开展损失评估时，一定要具体分析所研究灾种对社会经济的影响，进而建立具有较强针对性的损失分类体系，这样做出的损失评估才具有参考价值。

2. 地面沉降经济损失评估方法

地面沉降经济损失估算，以灾害机制分析为主线，全面分析地面沉降对社会、经济、环境等方面的危害；以部门统计分析为主体，便于灾情行业分析和防灾减灾对策制定。相比国内其他地区地面沉降经济损失评价方案，增加了城市房屋建筑、环境经济损失的内容。在分项经济损失计算中，主要采用下列计算方法。

（1）终值法：由于货币时间价值的原因，不同年份受灾体的损失不可能是同值的，经济损失也不是简单的评估期内各项损失的静态代数之和。估算时，应采用计算期内各年的有关贴现率将相应年份的各类经济损失之和贴现到评估基准点，相加后才能得出地面沉降灾害经济损失总值。设地面沉降灾害造成某区域第 j 类受灾体在第 i 年当年的经济损失为 S_{ij}，第 i 年的折现率为 R_i，则从 t_1 到 t_n 的时段内，以 t_n 为估算时点，该区域因地面沉降造成的总经济损失为

$$S = \sum_{j=1}^{m} \sum_{i=t_1}^{t_n} S_{ij} \left[\prod_{i=t_1}^{t_n} (1 + R_i) \right] \tag{5-9}$$

式中，S 为估算时点地面沉降经济损失；S_{ij} 为第 j 类受灾体在第 i 年当年的经济损失，$i =$

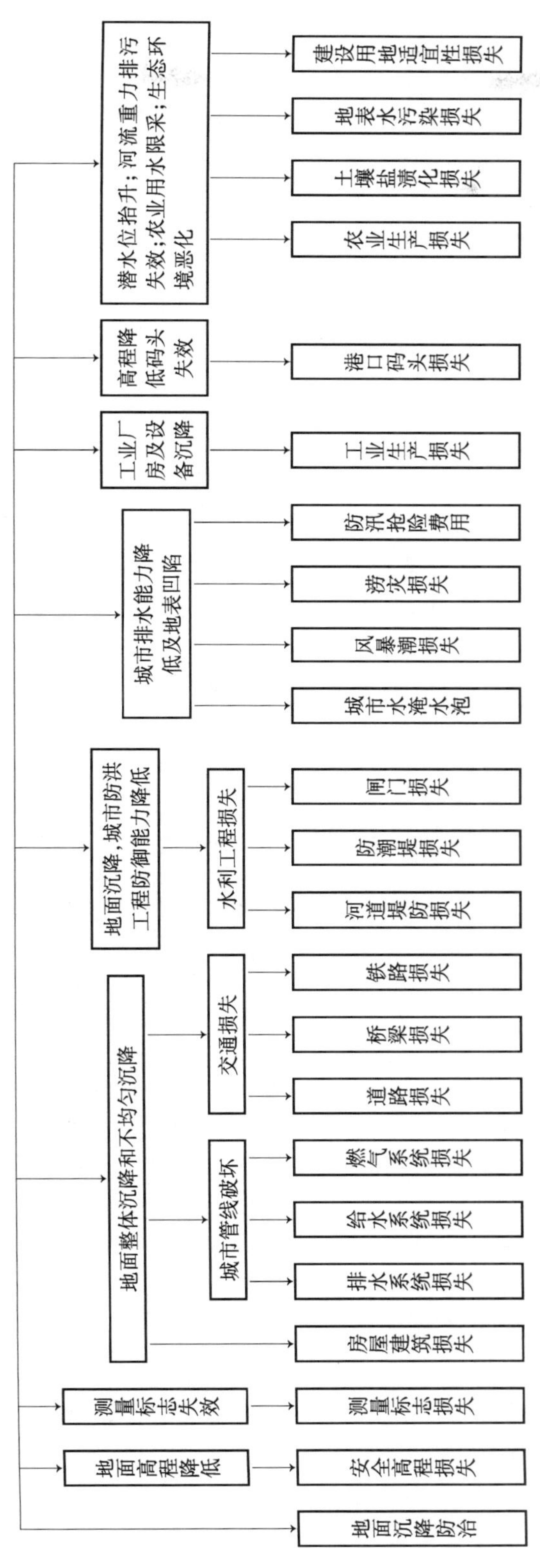

图5-1　地面沉降灾害经济损失分类

t_1, …, t_n;R_i 为第 i 年的折现率,$i=t_1$, …, t_n;m 为受灾体的种类或者损失项目(段正梁等,2002;张维然等,2003;张维然等,2005)。

(2) 影子工程法:该法是一种工程替代的方法,即为了估算某个不可能直接得到结果的损失项目,假设采用某项实际效果相近但实际上并未进行的工程,以该工程建造成本替代评估项目的经济损失的方法。在本次损失评估中,在计算地面标高资源损失时,就采用了影子工程法,即:用人工填土夯实的方法使安全高程恢复到沉降前的状况,用该替代高程的成本作为安全高程降低后的损失。

(3) 典型调查法:对统计资料比较齐全的相关工程、设施以及地面沉降所加剧的某些灾害损失中,利用典型调查法,通过有记载的具体数据资料来获取地面沉降带来的相应经济损失。在本次评估计算中,地面沉降增加的防汛抢险、风暴潮、洪涝灾害及防灾减灾投入等项中,均采用了该方法。

(4) 统计推断法:在调查统计基础上,根据灾情数据之间的某种内在联系或趋势,对没有定量数据年份的损失进行推断的方法。例如:对于天津市历年的洪涝及潮灾损失,并不是每一次的灾害都有定量的损失数据,但是,《水利志》及《年鉴》等文献的收集记载中,对每次的灾情描述都比较完全,可以根据灾害损失数据之间的比例关系对其他年份的损失数据进行估算。

(5) 重置成本法:在估算以往年份受灾体遭受地面沉降造成的损失时,可以用受灾体在估算时点的重置成本作为其经济损失值。本研究在估算部分水利工程设施及桥梁等市政设施的损失时采用了该方法。

(6) 建设成本或工程费用法:根据水利工程、建筑工程或市政工程受灾体受灾损失程度或修复费用、防灾投入的建造成本来估算受灾体因地面沉降造成的经济损失。在估算堤防、港口码头、地下深井、地下管线、海挡及排水工程设施时采用该方法。

(7) 灾情对比法:主要用于对潮灾和涝灾损失的估算。在对潮灾和涝灾进行估算时,由于历史上有相当部分的潮灾和涝灾在发生后只有灾情描述而无损失统计资料,因而只能采用灾情对比的方法,并通过修正系数的调整,根据已知灾情的经济损失推算相似灾情的经济损失。

(8) 间接损失与直接损失比例法:和其他灾害一样,地面沉降造成的损失也是由直接损失和间接损失组成,但是地面沉降灾害对于每个受灾体所造成的损失,其间接和直接之比相差很大,因此,应根据不同的受灾体类别进行相应的取值。另外,由于潮灾和涝灾的间接损失项目多且缺乏统计资料,难以估算。因此根据对典型年份潮灾和涝灾的分析推断,运用已有的研究成果,得到潮灾和涝灾损失的间接损失与直接损失的比例,并以此通过潮灾或涝灾的直接经济损失来估算其间接经济损失。

(9) 权重分解法:除地面标高资源的损失外,地面沉降并不是导致受灾体破坏进而造成经济损失的唯一要素,因此在估算受灾体损失中地面沉降所引起的那部分损失时,必须把地面沉降所起作用的权重分解出来。以潮灾为例,地面沉降虽然不是引起潮灾的唯一要素,但却是主要因素。设地面沉降前防汛墙高程(或地面高程)为 H_o,沉降后防汛墙高程(或地面高程)为 H_p,潮灾发生时地面累计沉降量为 H_c,高潮位为 H_t。毫无疑问,若令 W_t 代表潮灾损失中地面沉降所占权重,则:当 $H_t \leqslant H_o$ 时,潮灾致灾原因只有地面沉降一个，此时 $W_t=1$；当 $H_t>H_o$ 时，潮灾致灾因素有高潮位与地面沉降 2 个，假定潮灾损失与地面沉降量、高潮位呈线性关系，并认为地面沉降与高潮位对潮灾损失的贡献率相等，则 $W_t=H_c/(H_t-H_p)$（张维然等，2003；张维然等，2005）。

（10）比例推广法：由于资料、经费及时间的限制，未能对所有地面沉降灾害的受灾体逐一进行详细的经济损失统计分析，因此在采用典型调查法对部分有代表性的工程设施进行损失统计的基础上，根据工程设施所处区域位置的地面沉降情况，利用比例推广法来推算整个研究区地面沉降造成的灾害损失。

（11）专家访谈法：专家访谈法是针对特定命题，对具有相当资历及代表性的专家进行访问或组织谈话，综合分析访谈内容后，得出研究结论。采用这一研究方法，由于专家的意见一般具有权威性、针对性，不同专家的意见往往相互印证或补充，还能提供多种视角和多个层面的观点和看法，最终结论往往较为权威、可靠。在损失非市场价值计量方法选择环节，采用专家访谈法。

3. 地面沉降危险性情景构建

首先预测天津滨海新区地下水的动态变化：南水北调 2012 年给天津供水后，将展开大规模地下水压采，同时根据近几年地下水开采逐年减少的实际情况，设计三种地下水开采方案，预测不同情景下地下水系统动态变化情况。

第一方案：2001～2007 年以实际开采量为准输入，2007 年以后地下水开采量按照 2007 年实际开采量输入，各含水组开采量参照 2001～2005 年年均各含水组地下水开采比例来计算，其目的是预测最不利情况下的地面沉降发展状态。

第二方案：2001～2007 年以实际开采量为准输入，2007 年以后地下水开采量，以 2007 年实际开采量为基准逐年降低 2%，各含水组开采量参照 2001～2005 年年均各含水组地下水开采比例来计算，以模拟没有外来水源，保持现在控制沉降措施条件下地面沉降发育状况。

第三方案：2001～2007 年以实际开采量为准输入，2007～2012 年地下水开采量，以 2007 年实际开采量为基准逐年降低 2%，各含水组开采量参照 2001～2005 年年均各含水组地下水开采比例来计算；2013～2020 年各乡镇压采方案为准。第三方案模拟预测南水北调水源利用以后地下水系统动态变化和地面沉降发育状况，第三方案是地下水限采的最理想方案。

上述 3 种地面沉降危险性情景对应的累积地面沉降值见第三章相关结果。

4. 地面沉降经济损失评估

根据前述地面沉降预测结果，至 2020 年，方案一的情景下滨海新区平均累计沉降量达 268 mm，方案二全区平均累计沉降量达 177 mm，方案三全区平均累计沉降量达 95 mm。因此，在方案一的情景下 2007～2020 年天津市滨海新区地面沉降损失将达 122.21×10^8 元；方案二的情景下损失将达 80.71×10^8 元；方案三的情景下损失将达 43.32×10^8 元。

第三节 基于土地利用类型的灾害潜在损失评估方法

城市灾害潜在损失评估时，对城市承灾体进行精细化分类，并研究各类承灾体潜在损失是一项十分庞大的工程。这种思想对于区县或者市一级城市开展工作是有难度的，更适合于小尺度（如对街道、社区一级）损失评估。在对区县或者市一级开展研究时，可把每一种土地利用类型列为一类承灾体，潜在损失以直接经济损失为主，开展评估工作。

一、基于土地利用类型的灾害潜在损失评估程序

在开展灾害潜在损失评估时，必须依托 GIS 技术来进行，需将灾害损失评估中的各个要素落实到 GIS 空间单元栅格上进行运算。可按下列 4 个步骤开展工作。

1. 灾害危险性结果栅格化

在开展灾害危险性情景模拟基础上，对一定灾害危险性情景对应的研究区受影响程度进行分析。主要分析灾害的影响范围、影响严重程度，如洪水淹没水深、暴雨积水深度等，利用 GIS 技术对危险性研究结果进行栅格化，使灾害危险性分析结果呈现为由具有不同属性的栅格组成的结果。每一个栅格既反映了面积属性，又具备了影响程度属性。对危险性结果作栅格化处理时，在同一栅格中，近似认为危险性程度是相同的。通过这种方式，就实现了灾害危险性成果的网格化。

2. 承灾体社会经济信息栅格化

参考国家或地方土地利用类型分类标准以及不同土地利用类型上财产统计习惯，利用遥感影像数据对研究区土地利用类型进行分类。可分为：① 居住用地，细分为城镇居民用地和农村居民用地，也可以细分为住宅用地、公共服务设施用地、道路用地、绿地；② 工矿用地，细分为工业、采矿、仓储业用地；③ 耕地，可细分为水田和旱地，以及平原或丘陵水田或旱田；④ 水体，可细分为人工养殖鱼塘和自然水系；⑤ 草地；⑥ 林地；⑦ 其他用地。也可将耕地、草地、林地等统一归为农业用地。

在土地利用分类基础上，需要对不同土地利用类型上的社会经济活动进行调查，然后对调查结果分配到不同土地利用类型上。为了近似获取社会经济数据的空间分布，利用 GIS 空间分析工具，将土地利用类型信息与行政界叠加获得每一个行政范围内的土地利用信息，这为行政统计范围内社会经济数据的空间展布提供了重要的空间分布信息。以人口为例，可将城镇居民地和农村居民地分开，农业人口在农村居民地上展布，非农业人口在城镇居民地上展布，所得的人口空间分布密度更接近真实的不同类群人口空间分布密度值；其他社会经济指标可以按此做相似处理，例如家庭财产，房屋间数等可在居民土地利用类型上展布；工矿固定资产和产值可以在工矿用地类型上展布；农业产值可以在耕

地类型上展布等(李纪人等,2003)。

在上述两项工作完成基础上,利用 GIS 技术,对以土地利用类型为承灾体的社会经济空间展布信息进行栅格化,从而使不同土地利用类型的不同栅格具有社会经济属性。

3. 灾损率(灾损曲线)构建

利用研究区已经建立的不同土地利用类型对应的灾损率(灾损曲线)或是通过对其他灾损曲线进行修正(具体详见第四章相关内容),得到研究区不同土地利用类型的灾损率(灾损曲线)。

4. 灾害损失评估

在 GIS 技术支持下,对获得的不同情景危险性栅格数据、不同土地利用类型社会经济栅格数据,以及不同土地利用类型灾损率(灾损曲线)进行空间栅格运算,获得在一定灾害危险性情景下,以不同土地利用类型为承灾体的社会经济损失值。

需要说明的是,危险性情景分析结果对应栅格,必须和土地利用类型社会经济展布栅格在空间位置、栅格大小上要完全一致,才能进行栅格运算,以获取灾害损失结果。

二、上海滨海地区风暴潮灾害潜在经济损失评估

1. 滨海三区潮灾灾损率确定

潮灾损失率的确定,是计算潮灾经济损失的关键。损失率的大小取决于潮灾状况、承灾体的抗灾能力以及灾区的防潮措施等。我们利用两种方法叠加进行损失率的确定:一是调查当地以往的灾害损失情况,建立损失率与潮水致灾因子的关系;或是参考其他地区潮水损失率关系,根据本地实际情况进行调整来确定。

我们对上海滨海三区堤坝受损情况下,利用 MIKE 21 模型,对上海滨海三区百年一遇潮灾和千年一遇潮灾两种危险性潮灾情景的影响进行模拟。在国内外洪灾损失率研究成果和国内有关地区洪灾损失调查资料的基础上(王延红等,2001;王腊春等,2003;曹永强等,2006;李红英和李洋,2007;朱留军,2009),根据上海市历史灾情现有资料,确定损失率与淹没水深和淹没历时的函数关系或等级关系(王艳艳等,2001),提出各类财产不同水深等级的潮灾损失率(表 5-2)。

表 5-2 不同水深(m)各土地利用类型脆弱度(%)

土地利用类型 \ 潮灾脆弱度	0~0.5	0.5~1.0	1.0~1.5	1.5~2.0	>2.0
交通用地	5	7	7.5	9	10
公共设施用地	8	12	17	22	27
居住区用地	3	6	9	12	16

续表

土地利用类型 \ 潮灾脆弱度	0 ~ 0.5	0.5 ~ 1.0	1.0 ~ 1.5	1.5 ~ 2.0	> 2.0
绿化用地	30	50	66	70	77
水域用地	0	2	3	5	7
农业用地	15	25	50	80	100
工业仓储用地	6	10	13	15	18

各种土地利用类型淹没水深叠加上对应的脆弱度，得到整个研究区内不同土地利用的脆弱度，即潮灾损失率。不同重现期情景的潮灾损失率见图 5 - 2。其中，百年一遇潮灾损失率主要集中在 10% ~ 20% 之间，最大潮灾损失率为 50%，即在淹没水深为 1.0 m ~ 1.5 m 下农业用地的损失率；千年一遇潮灾损失率主要集中在 10% ~ 20%、20% ~ 30% 之间，最大潮灾损失率为 100%，即在淹没水深 > 2.0 m 下农业用地的损失率。

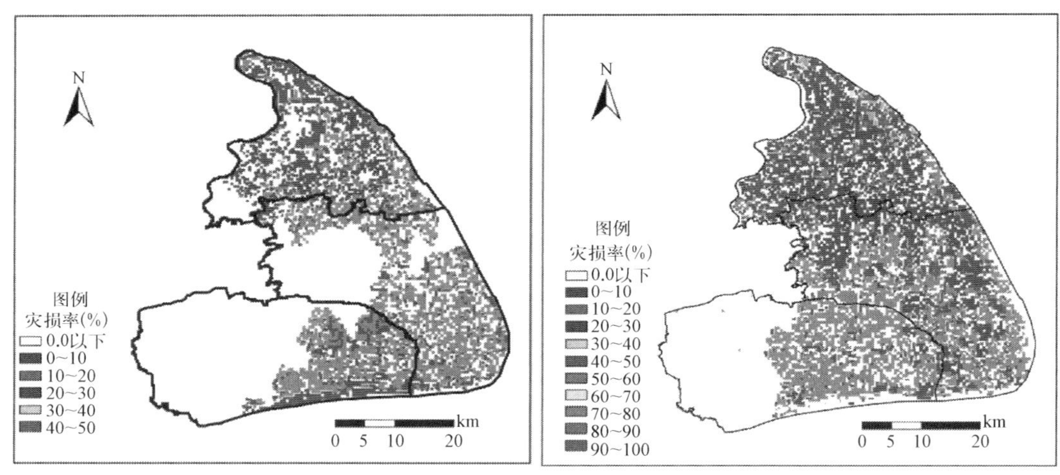

图 5 - 2　台风风暴潮灾淹没水深图(左图为百年一遇；右图为千年一遇)

2. 滨海三区潮灾损失评估

根据潮灾发生发展的时间特征，潮灾经济损失可分为直接和间接经济损失两种。直接经济损失是风暴潮直接对沿海地区破坏后所形成的经济损失，如房屋、铁路、公路等工程设施破坏所造成的经济损失等；而间接经济损失可简单地定义为除了直接损失以外的其他损失，如因房屋、铁路、公路、设备等破坏造成企业停工停产所形成的经济损失等。就整个滨海三区各土地利用类型而言，直接经济损失可以定义为

$$Loss = Cost \times Area \times Vulnerability$$

式中，*Loss* 表示潮灾损失；*Cost* 表示单位面积不同土地利用类型成本价值；*Area* 表示不同

土地利用类型受灾面积；*Vulnerability* 表示不同土地利用类型的潮灾脆弱度（或损失率）。

间接经济损失是指潮水次生灾害和衍生灾害所造成的损失。由于间接经济损失涉及面广，计算范围又无明显界限，要完整、准确地计算间接经济损失是十分困难的，因此，我们仅计算滨海三区潮灾直接经济损失。

（1）滨海三区不同土地利用类型价值估算：参照上海市 2008 年经济水平各项标准进行价值评价。各行业价值分别在对应的土地利用类型上进行展布，得到单位土地利用面积的资产。在 ArcGIS 平台中，运用栅格运算得研究区单位网格价值。滨海三区不同土地利用类型价值估算见表 5－3。

表 5－3　不同土地利用类型价值估算

土地利用类型	格网数	总面积（km^2）	总价值（亿元）	单位面积价值（元/ m^2）	单位格网价值（万元/格网面积）
交　通	1 300	246.44	5 600	2 272.36	43 072.88
公共设施	670	126.91	1 733.18	1 365.68	25 886.60
居 住 区	4 668	884.89	0.344 4	0.04	0.74
绿　化	656	124.29	28.13	22.63	429.00
水　域	2 745	520.26	57.11	10.98	203.07
农　业	19 898	3 771.70	195.92	5.19	98.46
工业仓储	2 495	472.94	25 638.97	5 421.19	102 759.40

（2）滨海三区不同情景潮灾损失评估：本研究基于潮灾灾损率进行损失评估计算。首先，根据潮灾淹没结果，在 ArcGIS 平台中运用栅格运算将各土地利用类型中每个格网的潮灾损失率与相应单位格网价值作乘，得到各土地利用类型的洪灾损失分布图（图 5－3）。将研究区内各土地利用类型的潮灾损失累计相加得到研究区该情景下的潮灾总损失（表 5－4、表 5－5）。

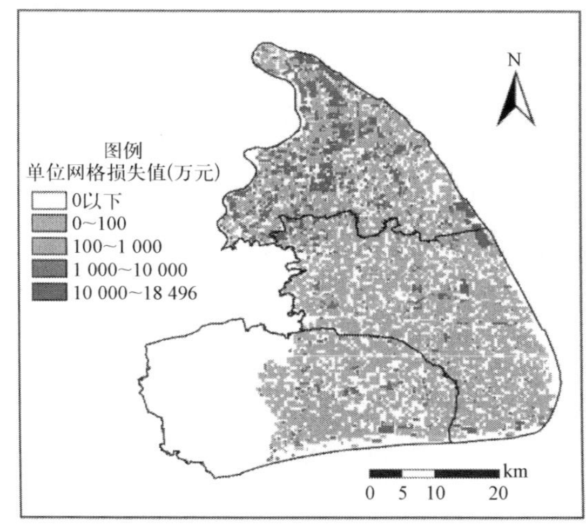

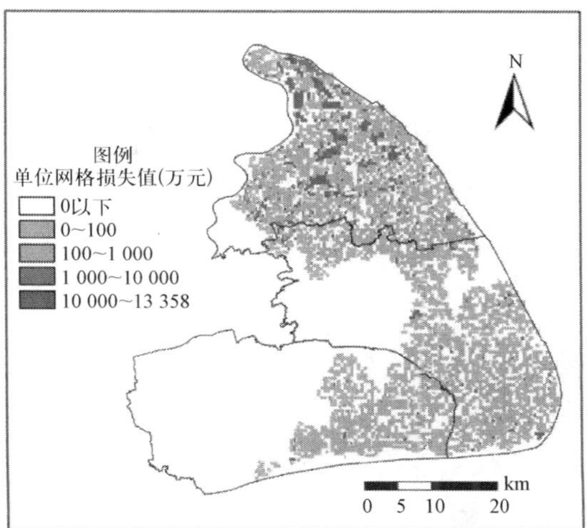

图 5－3　台风风暴潮灾淹没损失图（左图为百年一遇；右图为千年一遇）

表5-4　滨海三区百年一遇潮灾淹没损失

土地利用类型	淹没水深（m）	淹没面积（万 m^2）	脆弱度（%）	损失值（万元）	总损失值（亿元）
交通用地	0.0～0.5 m	5 284.02	5	60.036 0	65.167 4
	0.5～1.0 m	303.47	7	4.827 2	
	1.0～1.5 m	17.85	7.5	0.304 2	
	1.5～2.0 m	/	9	/	
	2.0 m 以上	/	10	/	
公共设施用地	0.0～0.5 m	7 194.12	8	78.599 0	83.864 9
	0.5～1.0 m	321.33	12	5.265 9	
	1.0～1.5 m	/	17	/	
	1.5～2.0 m	/	22	/	
	2.0 m 以上	/	27	/	
居住用地	0.0～0.5 m	17 637.17	3	0.002 1	0.002 5
	0.5～1.0 m	1 481.67	6	0.000 4	
	1.0～1.5 m	/	9	/	
	1.5～2.0 m	/	12	/	
	2.0 m 以上	/	16	/	
绿化用地	0.0～0.5 m	2 356.39	30	1.599 8	1.660 3
	0.5～1.0 m	53.55	50	0.060 6	
	1.0～1.5 m	/	66	/	
	1.5～2.0 m	/	70	/	
	2.0 m 以上	/	77	/	
水域用地	0.0～0.5 m	446.29	0	/	0.000 8
	0.5～1.0 m	35.70	2	0.000 8	
	1.0～1.5 m	/	3	/	
	1.5～2.0 m	/	5	/	
	2.0 m 以上	/	7	/	
农业用地	0.0～0.5 m	40 451.35	15	3.149 1	3.584 6
	0.5～1.0 m	3 248.96	25	0.421 6	
	1.0～1.5 m	53.55	50	0.013 9	
	1.5～2.0 m	/	80	/	
	2.0 m 以上	/	100	/	
工业仓储用地	0.0～0.5 m	9 372.02	6	304.845 1	351.587 9
	0.5～1.0 m	839.02	10	45.484 7	
	1.0～1.5 m	17.85	13	1.258 1	
	1.5～2.0 m	/	15	/	
	2.0 m 以上	/	18	/	

表 5－5　滨海三区千年一遇潮灾淹没损失

土地利用类型	淹没水深 (m)	淹没面积 (万 m^2)	脆弱度 (%)	损失值 (万元)	总损失值 (亿元)
交通用地	0.0～0.5 m	4 046.92	5	4 598.03	96.790 4
	0.5～1.0 m	2 618.59	7	4 165.27	
	1.0～1.5 m	476.11	7.5	811.42	
	1.5～2.0 m	51.01	9	104.33	
	2.0 m 以上	/	10	/	
公共设施用地	0.0～0.5 m	4 897.11	8	5 350.31	126.605 5
	0.5～1.0 m	4 097.93	12	6 715.76	
	1.0～1.5 m	153.03	17	355.29	
	1.5～2.0 m	17.00	22	51.09	
	2.0 m 以上	51.01	27	188.10	
居住用地	0.0～0.5 m	12 837.91	3	0.15	0.004 4
	0.5～1.0 m	10 814.48	6	0.26	
	1.0～1.5 m	646.15	9	0.02	
	1.5～2.0 m	/	12	/	
	2.0 m 以上	/	16	/	
绿化用地	0.0～0.5 m	1 615.37	30	109.67	2.792 1
	0.5～1.0 m	1 003.23	50	113.52	
	1.0～1.5 m	357.08	66	53.33	
	1.5～2.0 m	17.00	70	2.69	
	2.0 m 以上	/	77	/	
水域用地	0.0～0.5 m	5 237.20	0	0.00	0.010 8
	0.5～1.0 m	374.09	2	0.82	
	1.0～1.5 m	51.01	3	0.17	
	1.5～2.0 m	17.00	5	0.09	
	2.0 m 以上	/	7	/	
农业用地	0.0～0.5 m	39 925.07	15	310.82	6.458 6
	0.5～1.0 m	20 693.72	25	268.50	
	1.0～1.5 m	2 142.49	50	55.60	
	1.5～2.0 m	136.03	80	5.65	
	2.0 m 以上	102.02	100	5.29	
工业仓储用地	0.0～0.5 m	5 050.16	6	16 426.71	569.311 5
	0.5～1.0 m	6 376.45	10	34 567.96	
	1.0～1.5 m	646.15	13	4 553.76	
	1.5～2.0 m	68.02	15	553.09	
	2.0 m 以上	85.02	18	829.63	

从图 5－3 可以看出，无论百年一遇还是千年一遇潮灾，单位网格损失值主要集中在 100 万元以下，包括奉贤、南汇的大部和浦东地区的东南部。单位网格 10 000 万元损失值的区域主要集中在浦东地区的西北部，包括外高桥镇、高桥镇、高东镇、杨园镇、东沟镇、张

桥镇、金桥镇、张江镇、施湾镇以及南汇区的祝桥镇和康桥镇，在其他地区有零散分布。这是因为上述多位工业仓储、公共设施和交通用地，工业、企业集中，单位网格面积成本价值较高。

从表 5-4、表 5-5 可以看出，在堤坝受损情景下，MIKE 21 水动力模型模拟百年一遇潮灾发生时，上海市滨海三区（浦东、南汇、奉贤）潮灾淹没损失值为：交通用地 65.167 4 亿元，公共设施用地 83.864 9 亿元，居住用地 0.002 5 亿元，绿化用地 1.660 3 亿元，水域用地 0.000 8 亿元，农业用地 3.584 6 亿元，工业仓储用地 351.587 9 亿元，共计 505.868 5 亿元。对应千年一遇潮灾损失值分别为：96.790 4 亿元、126.605 5 亿元、0.004 4 亿元、2.792 1 亿元、0.010 8 亿元、6.458 6 亿元和 569.311 5 亿元，共计 801.961 3 亿元。

上海市滨海三区（浦东、南汇、奉贤）不同重现期潮灾淹没情景下各土地利用类型潮灾损失值大小顺序为：工业仓储用地损失 > 公共设施用地损失 > 交通用地损失 > 农业用地损失 > 绿化用地损失 > 居住用地损失 > 水域用地损失。这是因为在淹没面积比较中，虽然农业用地占有比例较大，但是单位面积种植业的产值远小于工商业产值和公共设施的投入，或者说在工业仓储、公共设施和交通用地中，政府企业的投资产值较大，所以在防潮减灾过程中应该完善和强化工业仓储、公共设施和交通用地地区的风暴潮实时监测系统和应急预案系统，并加强对应沿海沿江地区堤坝建设。

3. 浦东机场潮灾损失评估

浦东国际机场位于上海浦东长江入海口南岸的滨海地带，占地约 40 km^2，距上海市中心约 30 km，距虹桥机场约 40 km（图 5-4）。浦东航站楼由主楼和候机长廊两大部分组成，均为三层结构，由两条通道连接，面积达 28 万 m^2，到港行李输送带 13 条，登机桥 28 座。硬件设施为：2 条平行主跑道（4 000 × 60 m、4E 级，3 800 × 60 m、4F 级）；149 万 m^{2}停机坪（一期 124 万 m^2，二期 25 万 m^2）；127 个停机位（28 个登机桥位，26 个远机位，23 个

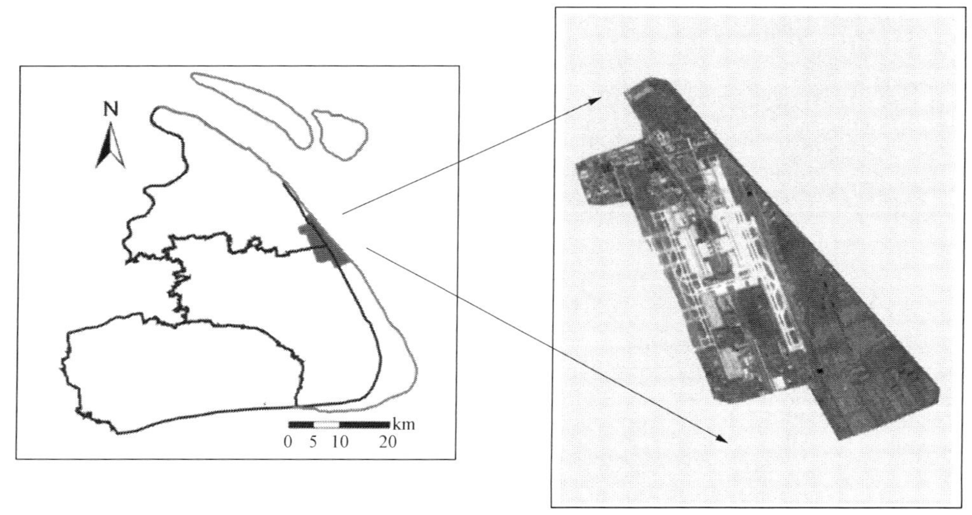

图 5-4　上海浦东机场地理位置

专机位,18 个货机位,32 个维修机位);1 座 27.8 万 m^2 候机楼。2008 年的完整数据资料显示,浦东机场全年起降航次 253 583,平均每天起降航次 695;旅客吞吐量 2 892.07 万人次;货邮吞吐量 25 593 万 t。

(1) 浦东机场潮灾直接经济损失:发生百年一遇、千年一遇潮灾时浦东机场的淹没面积和淹没深度(图 5-3)。百年一遇潮灾最大淹没面积为 11.96 km^2,占整个浦东机场总面积的 29.90%,最深淹没深度为 0.59 m,位于浦东机场的东西两侧,因为中间跑道地势相对较高。对应千年一遇潮灾最大淹没面积为 28.21 km^2,占整个滨海三区总面积的 70.51%,最深淹没深度为 0.62 m,位于浦东机场的西南角。无论百年一遇还是千年一遇风暴潮灾害,受灾区域的淹没水深绝大多少都集中在 0~0.5 m 范围内,分别占淹没面积的 98.50% 和 94.94%。

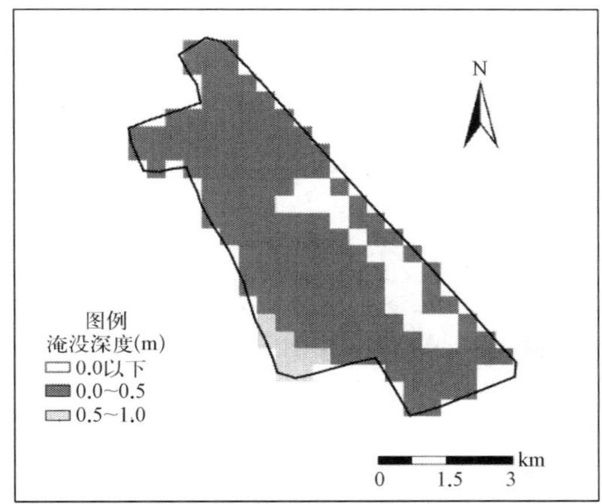

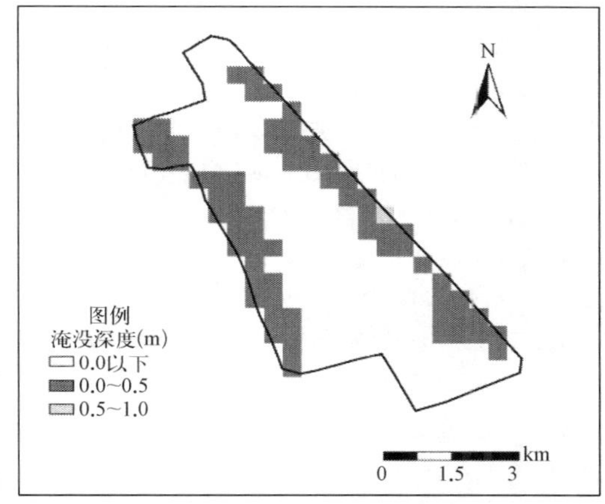

图 5-5　浦东机场潮灾淹没水深图(左图为百年一遇;右图为千年一遇)

参照 2009 年上海浦东机场利润收入 33.4 亿元,根据本节中潮灾灾损率的确定方法,对浦东机场进行评估(表 5-6)可知:发生百年一遇潮灾时,浦东机场淹没面积为 11.96 km^2,损失 5 023 万元,占年收入的 1.50%;发生千年一遇潮灾时,浦东机场淹没面积为 28.216 km^2,损失 12 014 万元,占年收入的 3.60%。

表 5-6　浦东机场不同时间情景潮灾淹没损失

时间情景	淹没水深(m)	淹没面积(万 m^2)	脆弱度(%)	损失值(万元)
百年一遇	0.0~0.5 m	1 178.20	5	4 919
	0.5~1.0 m	17.85	7	104
千年一遇	0.0~0.5 m	2 677.71	5	11 179
	0.5~1.0 m	142.81	7	835

(2) 浦东机场潮灾间接经济损失:台风风暴潮发生时,伴随台风而来的大风大雨天气,对于飞机的起降和飞行造成不同程度的影响。飞机在台风中飞行,会遇到严重的颠簸、大雨,还有恶劣的能见度,猛烈的风暴和在着陆时近地面有阵风等危险天气。当风力

达七级或以上时，飞机要绕道改降其他机场。因此上海台风风暴潮对于浦东机场的影响不仅仅是跑道淹水问题，还会带来航班延误和改降间接影响等。

如2005年8月6日，台风“麦莎”严重影响上海的交通秩序。因风力过大，超过飞行起降要求，上海浦东、虹桥两大机场的航班基本停飞。2009年8月11日台风“莫拉克”在浙江北部以及上海一带登陆期间，浙江杭州萧山机场、上海浦东机场已经大面积延误。

以上海浦东机场2008年的运营数据为基准，当百年一遇潮灾发生时，将在30 h内受到七级以上台风影响，由此停航造成的滞留旅客为9.9万人次，货邮87.65万t；当千年一遇潮灾发生时，将在36 h内受到七级以上台风影响，由此停航造成的滞留旅客为11.88万人次，货邮105.18万t。

参考文献：

曹永强，杜国志，王方雄. 2006. 洪灾损失评估方法及其应用研究. 辽宁师范大学学报，29(3)：355－358.

陈颙，刘杰. 1995. 地震灾害损失预测. 自然灾害学报，4(2)：20－29.

段正梁，张维然. 2002. 地面沉降灾害经济损失评估理论体系研究——以上海市地面沉降灾害经济损失评估为例. 自然灾害学报，11(3)：95－102.

国家减灾中心灾害信息部. 2005. 灾害评估的利器——ECLAC评估方法评析. 中国减灾，12：22－27.

李红英，李洋. 2007. 基于GIS的洪灾损失评估应用研究. 西北水力发电，23(1)：45－47.

李纪人，丁志雄，黄诗峰，等. 2003. 基于空间展布式社经数据库的洪涝灾害损失评估模型研究. 中国水利水电科学研究院学报，1(2)：104－110.

王腊春，江南，周寅康，等. 2003. 太湖流域洪涝灾害评估模型. 测绘科学，28(3)：35－38.

王延红，丁大发，韩侠. 2001. 黄河下游大堤保护区洪灾损失率分析. 水利经济，(2)：42－46.

王艳艳，陆吉康，郑晓阳，等. 2001. 上海市洪涝灾害损失评估系统的开发. 灾害学，16(2)：7－13.

吴新民，潘根兴. 2003. 自然资源价值的形成与评价方法浅议. 经济地理，23(3)：323－326.

许飞琼. 1998. 灾害损失评估及其系统结构. 灾害学，13(3)：80－83.

殷杰，尹占娥，许世远. 2011. 沿海城市自然灾害损失分类与评估. 自然灾害学报，20(1)：124－128.

尹占娥，许世远. 2012. 城市自然灾害风险评估研究. 北京：科学出版社.

袁一凡. 2007. 地震现场工作——第四部分：地震灾害直接损失评估(GB/T 18208.4—2005). 北京：地震出版社.

张维然，段正梁，曾正强，等. 2003. 1921～2000年上海市地面沉降灾害经济损失评估. 同济大学学报，31(6)：743－748.

张维然，王仁涛. 2005. 2001～2020年上海市地面沉降灾害经济损失评估. 水科学进展，16(6)：870－874.

朱留军. 2009. 基于GIS在洪灾损失评估中的应用. 城市勘测，(6)：36－38.

HAZUS. 2012. Hurricane model Hazus-MH 2.0 technical manual. Department of Homeland Security, Washington, D. C.

第六章　城市自然灾害风险区划方法

自然灾害风险区划是一项综合性工作，是灾害危险性、脆弱性和潜在损失等研究成果的综合，表现为灾害风险图的编制，包括研究区域在孕灾环境演化、致灾因子危险性影响、灾害脆弱性程度、灾害潜在损失及应急响应方案等共同作用下的综合风险信息系列图件。它融合了地理、社会、经济、灾害特征，通过资料调查、灾损计算和成果整理，以地图形式直观反映某一地区发生灾害的可能性，以及灾害发生后可能的影响范围、程度，以预测未来该地区不同强度灾害可能造成的损失，它是灾害风险管理的重要组成部分，是制定区域发展规划的重要基础资料，是防灾减灾战略实施的重要依据。

自然灾害风险区划是所有可能避免和减轻自然灾害的措施中最简便有效的方法，它将自然灾害管理提高到风险管理的水平（黄崇福等，2004）。美国、日本等国家先后完成了全国洪涝灾害风险图的编制，以及滑坡等地质灾害的危险性分析和风险区划研究（Robin et al.，2008；Ramon et al.，2008）。我国比较系统的自然灾害风险区划研究成果是《中国地震烈度区划图及使用规定》和《中国地震动参数区划图及其技术要素和使用规定》（国家质量技术监督局，2001）。此外，不少学者对洪水、滑坡、泥石流、台风、风暴潮等灾害开展了风险区划研究（唐川等，2005；Zhang and Shan，2005；李林涛等，2012；张玉红和刘强，2012；王慧彦和薛辉，2013）。周成虎等（2000）、何报寅和张海林（2002）、管珉和陈兴旺（2007），力求提高研究结果的精度和可靠性，直观呈现灾害风险等级和水平，为区域灾害风险管理提供科学依据。

第一节　自然灾害风险表征方法

自然灾害风险因子包括灾变强度（如地震强度、洪水水深、干旱强度等）、灾害脆弱程度（如人口分布、财产分布等）及灾害发生概率（即可能性），不同空间尺度范围，研究灾害风险往往基于不同的原则。全球、大洲和国家级大尺度区域灾害风险表征把握“抓住主要方面”的原则，以单一指标（或多个单一指标）或多指标综合模型（即指标体系）为主要表征方式。例如，全球尺度的 DRI（Disaster Risk Index）以死亡率校准指数（a mortality-calibrated index）作为全球灾害风险高低的衡量指标（UNDP，2004）。Hotsopts 计划中则以死亡率、经济损失总量和经济损失占 GDP 的比重三个指标来表征灾害风险指数（Dilley et al.，2005）。大洲级尺度灾害风险管理指标系统（system of indicatiors for disaster risk management）采用构建指标体系方式，对美洲国家 1980～2000 年灾害风险进行评价与管理。该指标系统共有四个综合指标，分别为灾害赤字指数（disaster deficit index，DDI）、地方灾害指数（local disaster index，LDI）、通用脆弱性指数（prewalent vuluerability index，PVI）和风险管理指数（risk management index，RMI），其中 PVI 和 RMI 又由一系列反映相关脆弱性、管理能力和应急恢复等方面的指标组成。

省/市、地级市级大尺度区域灾害风险表征，把握“辨明区域风险源、突出区域风险特征”原则，以潜在极大损失和发生概率判别矩阵加以表征（表6－1），通过对灾害损失和发生概率的计算与分级，运用“灾害风险等级划分判别矩阵”进行不同区域灾害风险高低的判断与展示。此时，灾害风险指数存在低、中、高和极高四个相对等级，不存在绝对数值大小，灾害风险的意义更多侧重高风险区域的总体分布态势。

表6－1　灾害风险等级划分矩阵示例

损失＼概率	微灾	小灾	中灾	大灾	巨灾
非常低	低	低	中	中	高
低	低	中	中	中	高
中	中	中	中	高	高
高	中	中	高	高	极高
非常高	高	高	高	极高	极高

区、县级中尺度区域灾害风险表征把握“绝对与相对风险二者兼顾，突出巨灾风险”的原则，基于潜在极大损失和发生概率数据，运用标准风险公式或修正风险公式计算灾害风险指数（式6－1），即采用修正风险公式计算灾害风险指数 *Risk*，修正系数为2。风险指数的绝对值表示灾害发生可能带来的极大损失值，不同风险等级反映风险高低。修正公式的主要特点为：可以将标准公式中等级相同的风险，进一步区分出高低，即风险值相同的情况下，可能损失大、发生概率低的灾害情景是中尺度区域未来防灾减灾规划和应急应对建设的重点。

$$Risk = P \times C^{x} \tag{6-1}$$

式中，C 表示事件后果；P 表示发生概率；x 为幂指数，通常取决于一系列要素，该值大于1。

乡、镇、街道或社区级小尺度区域灾害风险表征把握“个点调查、案例分析、素材积累”的原则，针对历史和现实发生的典型灾害情景开展专项调研，以灾害风险系统中的某一因子最为风险水平表征的指标。小尺度区域灾害风险研究的目的是减轻损失，故而灾害强度、灾害脆弱程度、承灾体价值特征和灾害损失值均可以从不同角度反映未来灾害发生的风险水平（表6－2）。

表6－2　小尺度区域灾害风险表征指标示例

编号	风险因子	风险表征	举　例
1	灾害强度	（1）灾害风险的自然属性 （2）决定风险大小的第一因素	洪水淹没深度，台风等级、地震烈度等
2	承灾体脆弱程度	（1）灾害风险的社会属性 （2）灾害受体的固有属性 （3）决定风险大小的重要因素	易损性指数、脆弱性指数、恢复力指数
3	承灾体成本价值	（1）灾害受体的固有属性 （2）取决于社会经济发展状况 （3）反映风险的可能大小	单位面积GDP、房屋财产价值
4	灾害潜在损失程度	（1）灾害风险的直接表达 （2）决定灾害风险的绝对大小	直接经济损失、间接经济损失、生态损失、社会损失等

第二节　自然灾害风险空间展布方法

自然灾害的发生与发展,离不开地球表层各自然地理要素,自然要素的空间分异必然导致自然灾害及灾害风险的空间分异。近几十年来,“3S”技术的发展,尤其是 GIS(地理信息系统)技术的迅速发展,大大简化了地表要素空间分析的难度;地统计方法与 GIS 技术的结合,也为灾害风险空间展布和空间统计分析提供了解决方案。灾害风险空间展布以完成了灾害潜在损失分析为前提,以暴雨导致的洪水灾害为例,系统介绍基于 GIS 灾害风险空间展布方法与基本步骤。灾害风险的空间分析,必须基于 GIS 格网研究思路,将灾害风险分析中的各个要素落实到 GIS 空间单元栅格内,以下操作步骤均以单位栅格(鉴于示例,未给出栅格绝对大小,可在实际操作中设定栅格尺寸)为基本分析单元。

一、灾害危险性空间展布

(1) 基于水文频率分析,计算得出 X 年一遇暴雨 3 日最大降雨量为 2 240 mm,考虑蒸发、下渗、截留等因素,采用径流系数将转换为降雨量转换为地表水深,约为 2 m。

(2) 获取研究区域地形图 DEM,并将洪水水位定量赋值到每个栅格单元。

1.5	1.8	2.5
1.7	2.4	3.0
1.8	2.0	2.5

DEM

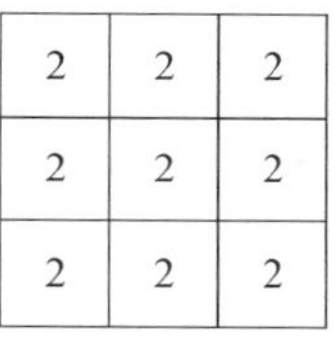

2	2	2
2	2	2
2	2	2

水位分布图

(3) 在 ArcGIS 环境下,运用栅格相减运算,将淹没深度图与 DEM 进行栅格叠加,计算得出洪水淹没深度图;并统计不同淹没深度单元格数量,进一步计算出淹没面积。将淹没深度进行适当分级,运用栅格重分类方法,将洪水淹没深度图转化为洪水灾害淹没等级(危险性)空间分布图。

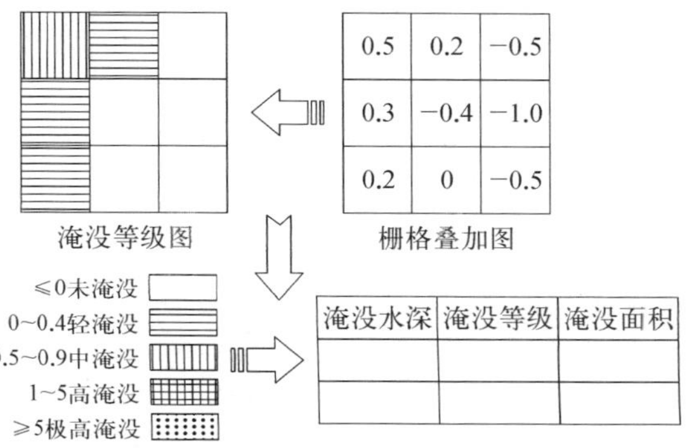

二、灾害脆弱性空间展布

（1）对应于洪水淹没分布图，对洪水承灾体按照土地利用类型进行分类，矢量化获取研究区域土地利用类型图。

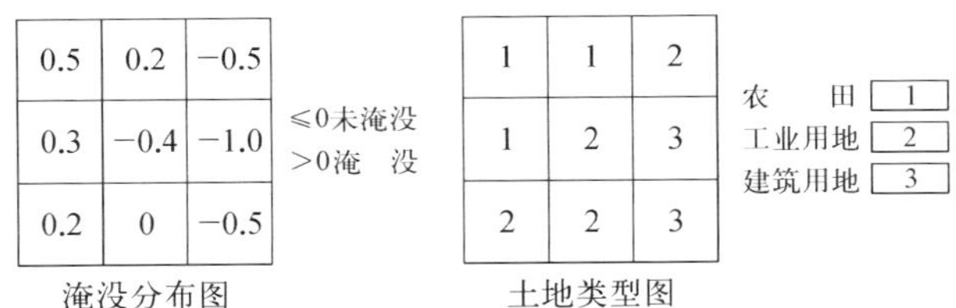

淹没分布图　土地类型图

（2）分类提取不同类型土地空间分布图。

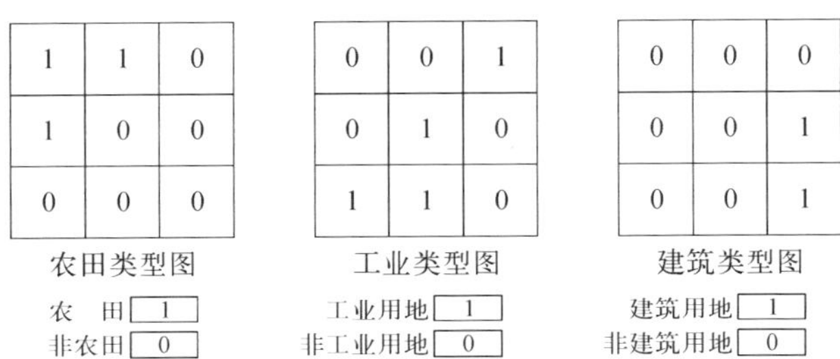

农田类型图　工业类型图　建筑类型图

（3）基于栅格相乘运算，提取不同土地类型洪水淹没深度图。

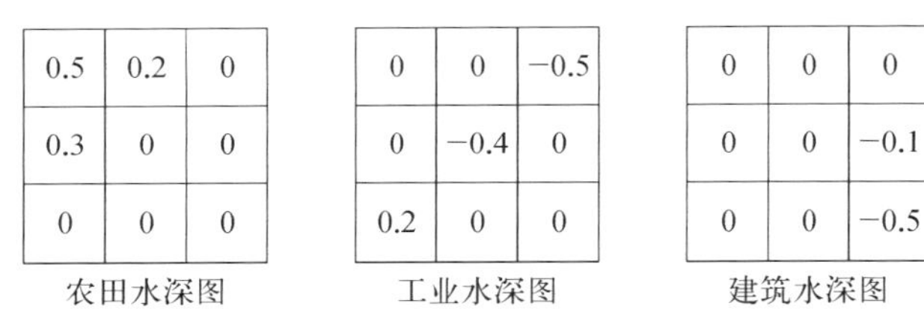

农田水深图　工业水深图　建筑水深图

（4）基于历史灾害统计数据，计算不同土地类型的灾损率-洪水淹没深度曲线函数。

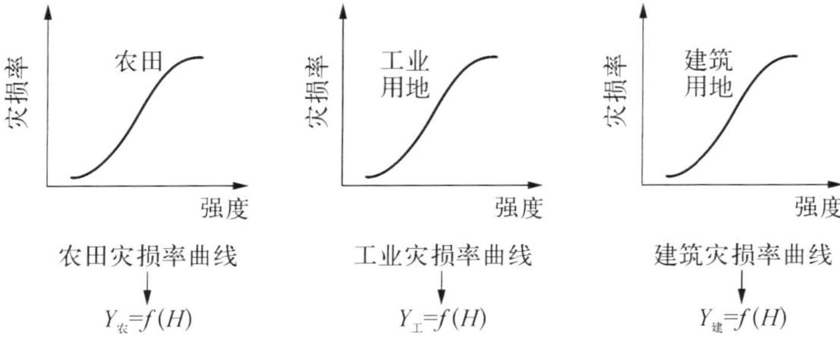

（5）基于 GIS 空间栅格函数运算，计算不同土地类型的灾损率。

72	25	0
40	0	0
0	0	0

农田灾损率分布图(%)

0	0	0
0	2	0
31	1	0

工业灾损率分布图(%)

0	0	0
0	0	0
0	0	3

建筑灾损率分布图(%)

(6) 基于栅格相加运算,得到不同土地类型灾损率空间分布图;提取不同灾损率栅格单元数,计算灾损率分布面积。将灾损率进行适当分级,基于栅格重分类,获取承灾体灾损率等级(脆弱性)空间分布图。

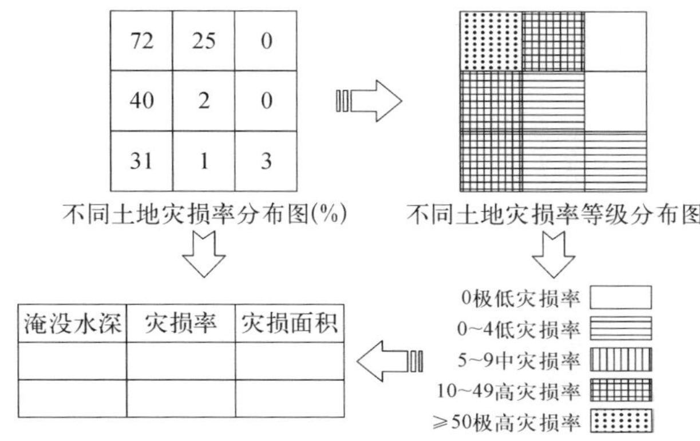

三、灾害损失空间展布

(1) 基于脆弱性分析,获得不同土地类型的灾损率空间分布栅格图。

72	25	0
40	0	0
0	0	0

农田灾损率分布图(%)

0	0	0
0	2	0
31	1	0

工业灾损率分布图(%)

0	0	0
0	0	0
0	0	3

建筑灾损率分布图(%)

(2) 基于现时国民经济统计数据,获取不同土地类型产值(成本价值)空间分布图。

100	100	0
100	0	0
0	0	0

农田灾损率分布图(元)

0	0	0
0	200	0
200	200	0

工业灾损率分布图(元)

0	0	0
0	0	0
0	0	300

建筑灾损率分布图(元)

(3) 基于栅格函数运算,计算不同土地类型的灾损值。

72	25	0
40	0	0
0	0	0

农田灾损率分布图(元)

0	0	0
0	40	0
62	20	0

工业灾损率分布图(元)

0	0	0
0	0	0
0	0	90

建筑灾损率分布图(元)

(4) 基于栅格相加运算,得到不同土地类型灾损空间分布图,提取不同灾损栅格单元数,计算灾损分布面积。将灾损进行适当分级,基于栅格重分类,获取承灾体灾损等级空间分布图。

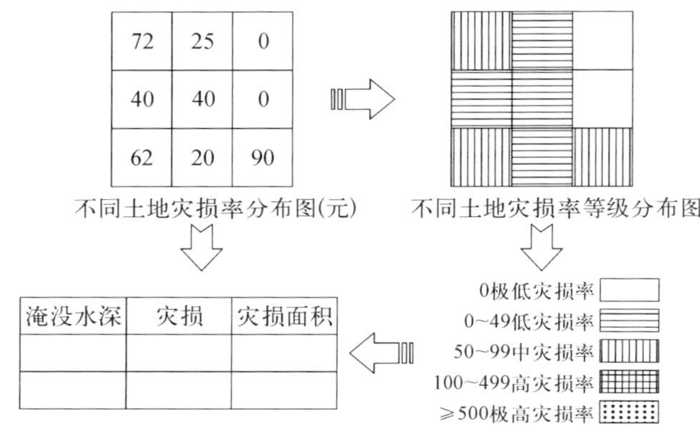

通过以上步骤,可以实现灾害风险分析结果的空间展布,危险性、脆弱性和灾害损失空间分析总体程序见图6-1、图6-2和图6-3。

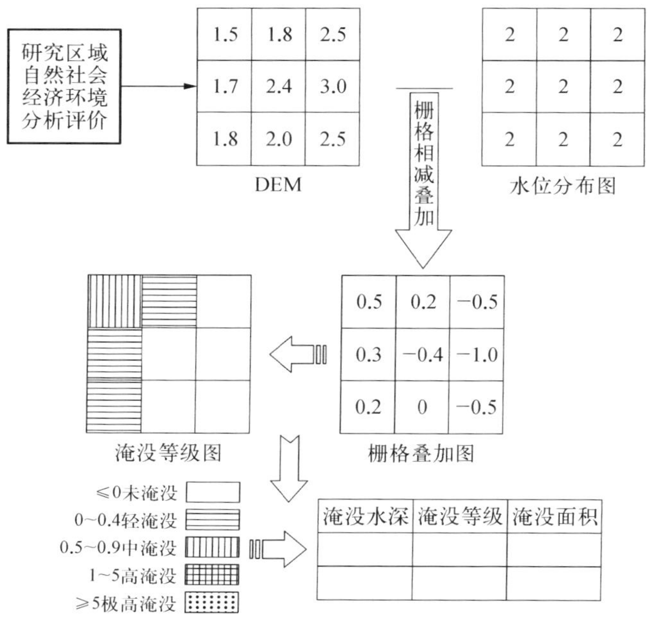

图6-1　基于GIS的灾害危险性空间分析(以洪水为例)

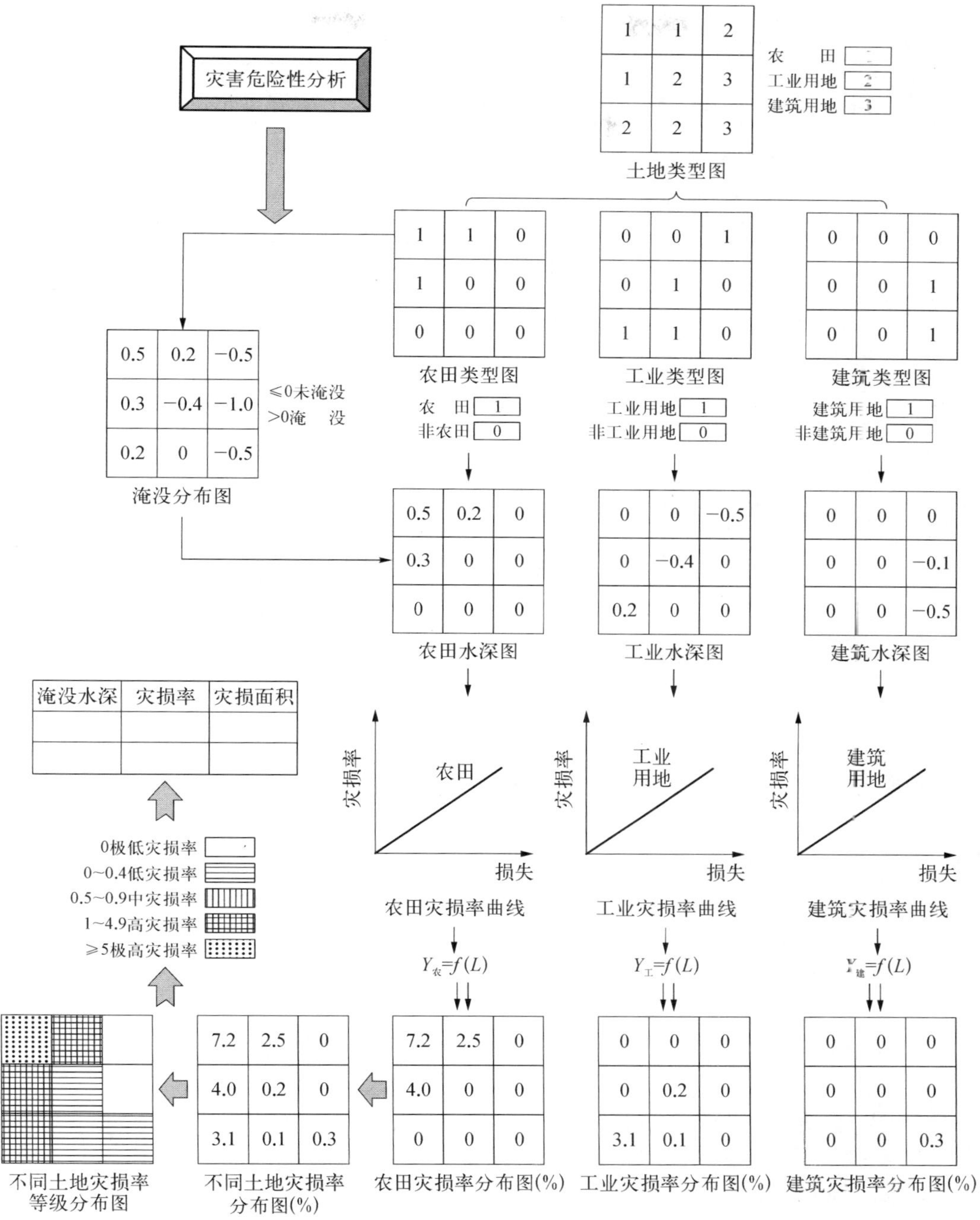

图 6-2　基于 GIS 的洪灾脆弱性分析

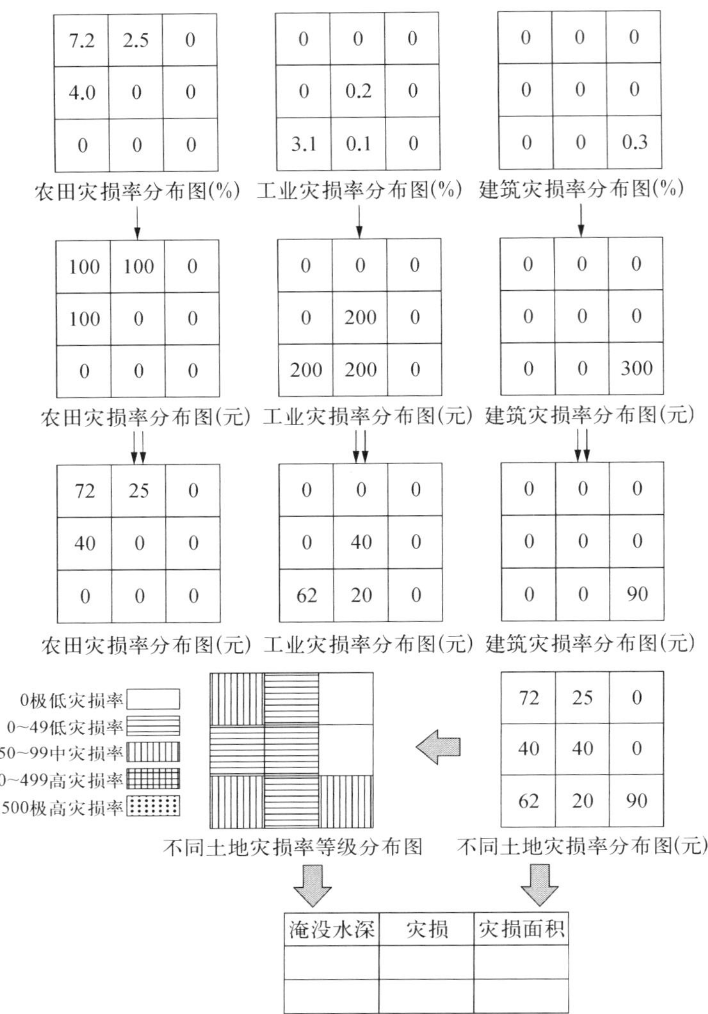

图 6－3　基于 GIS 的灾害损失分析(以洪水为例)

四、情景风险的空间展布方法

A：同一强度(频率)灾害在同一时间段内的风险的空间展布

此种情景，灾害损失值的空间分布和分级即为灾害风险的空间展布。

B：同一强度(频率)灾害在不同时间段内的风险的空间展布

此种情景类似情景 A。

C：不同强度(频率)灾害在同一时间段内的风险的空间展布

此种情景，需要进一步进行空间运算以求得风险值的空间分布。具体来讲，将给定时间段内不同强度灾损和概率进行空间相乘运算，将运算结果进行等级不安分，以此比较相同和不同区域灾害风险的差异。详细操作程序如下(接前例)。

（1）已有给定区域 20 年一遇和 100 年一遇灾害损失分布图。

10	8	2
15	12	0
7	4	1

10年一遇灾损分布图(万元)

80	52	12
34	15	0
9	16	3

100年一遇灾损分布图(万元)

（2）有给定区域未来 20 内的 10 年一遇和 100 年一遇灾害损失发生分布图。

88	88	88
88	88	88
88	88	88

10年一遇灾损概率图(%)

18	18	18
18	18	18
18	18	18

100年一遇灾损概率图(%)

（3）基于 GIS 空间相乘运算，求得区域未来 20 年内，10 年一遇和 100 年一遇灾害风险值。

8.8	7.04	1.76
13.2	10.6	0
6.16	3.52	0.88

10年一遇灾害风险分布(万元)

14.4	9.36	18
6.12	3.3	0
1.62	2.88	0.54

100年一遇灾害风险分布(万元)

（4）提取不同风险栅格单元数，计算风险值分布面积。将风险数值进行适当分级，基于栅格重分类，获取区域灾害风险等级空间分布图。

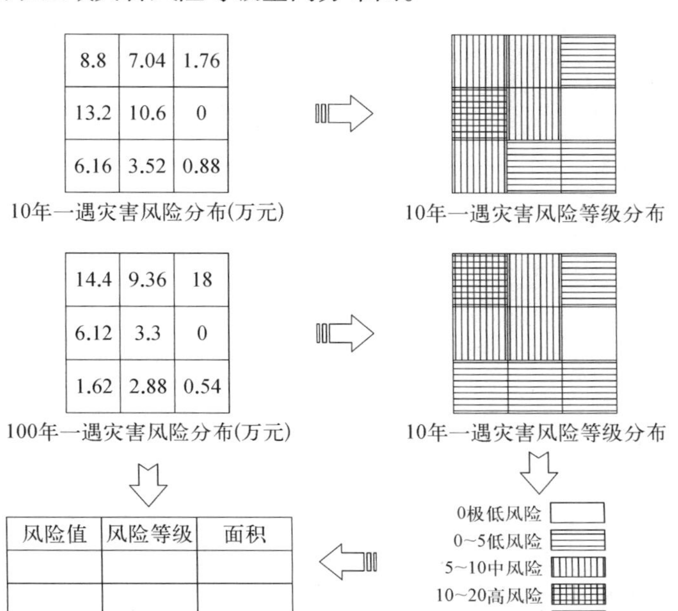

D：不同强度（频率）灾害在不同时间段内的风险的空间展布：此种情景不做探讨。

第三节　自然灾害风险分级方法

自然灾害风险分级是灾害风险评估的关键问题。灾害风险评估的首要任务就是将风险值进行合理分级，对灾害风险水平进行等级划分，以便将风险评估结果从定量分析转化为定性评价。风险分级既要反映出本区域风险差别，又要体现出本区域与其他区域风险水平的差别。往往参考成功研究区域分级标准进行适当修改，有时还进行相对和绝对风险的划分；前者是针对区域内部风险差异而进行的分级；后者则强调与其他区域风险进行比较。表 6-3 列出塔吉克斯坦戈尔诺-巴达赫尚州（Gorno-Badakhshan，简称 GBAO，Tajikistan）关于灾害严重性的分级和标准；表 6-4 列出比较通用的概率分级标准；表 6-5 给出风险分级参考标准。

表 6-3　灾害强度（严重性）的分级和标准（GBAO）①

分类	分级	标准								
		经济损失（亿元）	死亡人数	致死率（%）	受伤率（%）	关键设施	生命线工程	财产（房屋）	环境效应	社会经济效应
特大灾难	5	≥1 000	≥10 000	≥50	≥100	长期破坏	长期中断	普遍严重	普遍严重	长期且广泛
重灾	4	100～1 000	1 000～10 000	10～50	50～100	50% 功能丧失	中断 1 个月	局部严重	局部严重	可张且广泛
大灾	3	10～100	100～1 000	5～10	10～50	关闭一周	中断 1 周	中等严重	中等严重	广泛
中灾	2	≤10	10～100	2～5	5～10	关闭几天	中断几天	局部损害	局部损害	临时且广泛
小灾	1	≤1	≤10	≤2	0～5	临时中断	临时中断	极小损害	极小损害	临时影响

表 6-4　概率分级标准（GBAO）

分　类	分　级	标　准
非常高	5	80%～100%
高	4	60%～80%
中	3	40%～60%
低	2	20%～40%
非常低	1	0～20%

① 参考联合国开发署计划署（BCPR/UNDP）灾害风险评估专家颜建平学术报告。

表6-5 风险等级划分标准(GBAO)

风险等级	标准		损失举例	响应等级	分数	预警信号
	严重程度	发生概率				
A	>毁灭	>25%	— 大量死亡或致命受伤 — 完全关闭的设施和重要服务超过1个月 — 受影响地区超过75%的财产受到严重损坏	**紧急行动** 非常高风险状态，最高优先减灾和应急计划	5	红色
B	重度	>25%	— 出现死亡或致命受伤 — 完全关闭的设施和重要服务超过1个月 — 受影响地区超过50%的财产受到严重损坏	**立即行动** 高风险状态，高优先减灾和应急计划	4	橙色
	>重度	10%~25%				
C	中度	>10%	— 终身残疾，严重受伤或患病 — 完全关闭的设施和重要服务超过2周 — 受影响地区超过25%的财产受到严重损坏	**迅速行动** 中度到高度风险状态，中度到高度减灾和应急计划	3	黄色
	>重度	1%~25%				
	>毁灭	1%~10%				
D	>轻度	>10%	— 受伤或患病导致不致残率 — 完全关闭的设施和重要服务超过1周 — 受影响地区超过10%的财产受到严重损坏	**计划行动** 足够重视的风险状况，进一步缓解和应急计划的审议	2	蓝色
	中度	1%~10%				
	>重度	<1%				
E	轻度	<10%	— 可治疗的老伤 — 完全关闭的设施和重要服务超过24 h — 受影响地区不超过1%的财产受到严重损坏	**咨询性质** 低风险状态，附加减灾和应急计划	1	绿色
	>重度	<1%				

灾害风险等级划分是灾害风险由定量计算转化为定性评价的重要步骤，风险分级的原则和方法决定分级结果的适用性和可应用性。不同空间尺度灾害风险评估目的不同导致了风险分级的标准和方法亦不相同。全球、大洲和国家级大尺度区域灾害风险评价目的在于超宏观把握灾害损失的绝对大小和潜在高风险区域的空间分布，风险分级要把握“简洁易懂，可比性强”的原则。以DRI系统中地震灾害物理暴露性采用年均死亡人数和地震灾害平均暴露人数坐标系统加以反映，其中，年平均死亡人数(单位：人)的分级标准为：0~0.1、0.1~1、1~10、10~100、100~1 000、1 000~10 000；平均暴露人数(单位：百万人)的分级标准为：0~0.1、0.1~1、1~10、10~100，表示风险等级依次从低到高，分级标准便于理解，可用于不同国家和地区直接对比(UNDP,2004)。Hotsopts计划中每一种风险指数均按照数值序列平均分为十个等级，位于前三位的风险等级代表“相对风险显著水平高”(即8~10级)，5~7级、1~4级依次代表相对风险显著水平逐渐降低(Dilley et al.,2005)。灾害风险管理指标系统中的地方灾害指数(LDI)等级划分标准为：0~50、50~100、100~150、150~200、200~250，依次代表地方灾害指数由低到高(Cardona,2005)。国家级灾害风险评估模型—HAZUS计算出的可能建筑物破坏等级按照无(None)、轻微(Slight)、中度(Moderate)、重度(Extensive)、完全(Complete)分为五等级。从便于操作的角度，我们选择灾害造成的经济损失(Economic Loss)指标作为灾害风险的划分标准。

省/市/地区级尺度灾害风险分级的目的在于明确区域高风险区域分布状况，为城市防灾减灾总体规划提供必要的科学指导，故而风险等级划分把握“量级不错、分布合理、等值划分”的原则。我们在开展浙江省温州市暴雨-洪灾风险指标-损失和概率等级划分方案时，基本按照区域可接受程度加以确定，采用等间距分级方法。风险等级空间展布的结果便于指导温州市政府确定区域风险源、明确风险特征和确定高风险区的空间位置，进而为城市发展的宏观决策提供依据(刘耀龙，2011)。

县/县级市/区级尺度灾害风险分级侧重于反映区域内部空间差异和时间差异，风险分级的基本原则为“强调区域差异，突出概率因素，多为不等值划分”。我们在开展浙江省温州市平阳县暴雨-洪灾风险值等级划分时即按照风险数值序列特征，结合区域灾害损失值的可接受程度，采用标准差分级法将风险划分为五个等级(Wang et al.，2013)。

乡/镇/街道/社区级小尺度灾害风险分级的意义在于确定类似灾害情景下的灾害风险高低程度，用于区域个案数据库累计和时间序列分析使用。风险等级划分的原则包括“符合区域特征、注重案例积累、建立长期记录”(刘耀龙，2011)。

第四节　自然灾害风险区划图编制

自然灾害风险地图是自然灾害风险及其因子在地理空间上的表达，用于反映区域灾害危险性、灾害脆弱性、灾害损失和发生概率空间分布态势和未来发展趋势。自然灾害风险区划图往往不是一副图件，而是灾害系列图集。目前，国内外大量灾害风险研究结果均以灾害风险图(或风险因子图)形式呈现，且分单一灾害和综合灾害风险地图两类。

在自然灾害风险等级划分完成后，即可进行灾害风险区划图的编制。自然灾害风险区划是按照灾害风险的大小进行合理分级，对处于同等级别风险水平区域进行合并处理，结果表现为不同灾害风险水平的空间分布状况。灾害风险区划图是灾害风险评价的基本成果，也是指导区域防灾减灾规划的基础资料。

自然灾害风险区划图的编制方法与常规地图的编制方法相同。参考葛全胜等(2008)关于自然灾害风险图编制的规范要求，自然灾害风险区划图的编制应该基于以下原则。

1. 科学性原则

主要包括制图过程和结果这两个方面。自然灾害风险区划图的制作要以自然灾害综合评估的科学方法为指导，并且要符合地图制图的一般规定。无论采用何种分析方法和技术路线进行风险分析，其风险区划图成果必须符合自然灾害的自然规律和社会属性，客观地体现区域的风险特征。

2. 实用性原则

自然灾害风险区划图的设计，充分考虑不同使用者的需要及现行的测绘基础，设计了不同评估尺度,不同评估精度的多级风险区划图满足不同决策者的需要;除此之外,实用性的要求体现在对成果的标准化、规范化规定方面,要求风险信息便于共享和更新,有利于持续完善,避免重复建设,提出既要运用高科技(GIS、数据库和网络技术)开发成果、管理和运用成果,同时也兼顾多方面的需要,规定了灾害风险区划图的成果应是电子版和纸质图两种形式。

3. 系统性原则

自然灾害风险区划图的分级共同构成一个完整的系列,便于组成地区的、国家的自然灾害风险区划图体系,利于进行集成管理。内容的系统性包括危险性、脆弱性、潜在损失或等级;而方法的系统性则涵盖了 GIS 方法和非 GIS 方法。

4. 标准化、规范化原则

(1) 资料来源标准化:编制灾害风险区划图所采用的各类灾害资料来源应是权威的历史文献、档案、灾害调查报告,或经过论证被民政部门认可的资料;采用的社会经济资料应是国家各政府统计部门公布的资料;水文气象资料应是各级气象局、水文机构整编的资料;而编制灾害风险区划图所采用的其他资料应是其领域主管部门认可的,能够满足研究需要的资料。

(2) 过程规范化:自然灾害风险区划图的编制过程中,涉及数字化等相关技术,数字化过程要以国家规定的相关技术规程执行;确定自然灾害风险分析方法时,应根据区域自然灾害特性、风险图类别及基础资料情况等因素,选择一种或多种科学的方法操作。

(3) 结果标准化:自然灾害风险区划图成果要以统一的标准来指导出版,图名的字体、字大小、比例尺及图名置放位置等要有统一的安排。

5. 可操作性原则

考虑到资料的可获得性,研究基础和工作条件等客观因素,力求在保证风险区划图质量的前提下,又强调可操作性。

第五节　温州市平阳县灾害风险区划

平阳县位于浙江东南沿海,地处温州南翼区域经济的中心,县境陆域处北纬 27°21′~27 °46′和东经 120 °24′~121°08′之间,行政上隶属浙江省温州市,与瑞安、文成、苍南各县接壤,鳌江由西向东横贯全县。平阳县辖 17 个建制镇(南麂镇是一个海岛镇,不在本次研究范围内)、13 个乡、1 个民族乡,陆地行政面积 942.6 km^2,海域面积 3.7 万 km^2,2008 年总人口 84.91 万人,国内生产总值(GDP)达 148.10 亿元。水头镇和麻步镇是 2009 年“0908”莫拉克台风暴雨-内涝受灾最严重的两个镇。

一、台风暴雨-洪涝危险性分析

运用 P－Ⅲ 概率函数，估算出温州市及周围在内的 25 个雨量监测点 3 种典型重现期条件下（100 年、50 年和 10 年一遇）过程降雨量强度值。总体来说，福建省的 7 个站点降雨量均高于浙江省 18 站点，其中，青田和文成站除外。单个监测站点台风暴雨频率-强度分析的基础上，运用 ArcGIS 的统计分析工具，得到 3 种典型重现期条件下（10 年、50 年及 100 年一遇）台风暴雨危险性（过程降雨量）空间分布，并得到 3 种典型重现期条件下不同降雨量范围的面积。平阳县 10 年、50 年和 100 年降雨量空间分布相反的态势反映了历史台风暴雨强度分布规律，即 10 年一遇以内的台风暴雨灾害，其降雨量东部明显高于西部，而 50 年一遇以上的台风暴雨灾害，降雨中心则呈现由东部到西南转移的趋势。显然，针对不同重现期台风暴雨灾害，平阳县不同区域应有不同的应对侧重点。

基于第三章所建立的“基于 GIS 的城市暴雨内涝危险性模拟工具”，得到 3 种典型重现期条件下（10 年、50 年和 100 年一遇）平阳县洪水危险性（淹没深度）分布结果。暴雨-洪涝灾害危险性分布明显受到台风暴雨强度分布的影响，10 年一遇台风暴雨-洪涝淹没水深呈现出自西向东逐渐增加，较为均匀的“南北带状”空间分布态势。50 年和 100 年一遇台风暴雨-洪涝危险性表现出“西南高-中部低-东北高”的空间起伏态势。

二、洪灾脆弱性分析

考虑中尺度洪涝承灾体的类型、可分辨程度以及资料的可获取性（王宝华等，2002；王艳艳，2002；马定国等，2007；石勇等，2009），平阳县洪涝承灾体类型依土地利用类型主要分为 6 类：分别为居住用地、商业用地、农业用地、工业用地、林业地用地、未利用地。平阳县土地利用类型主要为农业用地和林业用地，分别占总面积的 43.18% 和 47.75%。参考前人关于不同土地类型洪灾脆弱性的研究成果（Das et al.，1988；施国庆，1990；王延红等，2001；Vrisou van Eck et al.，2001）以及“0908”莫拉克台风实际调查分析，平阳县洪灾脆弱性（淹没水深-灾损率）曲线函数见表 6－6。其中，居住用地和商业用地为实际调查拟合函数。

表 6－6　平阳县主要洪涝承灾体灾损率函数

用地类型	洪涝灾损率函数	相关系数
居住用地	$\beta = 15.073\chi^{0.7283}$	$R = 0.5648$
商业用地	$\beta = 11.955\chi^{1.2412}$	$R = 0.6819$
农业用地	$\beta = 51.087 + 28.2778\chi$	$R = 0.6883$
工业用地	$\beta = 9.211 + 14.8271\chi$	$R = 0.9222$
林业用地	$\beta = -3.182 + 17.1306\chi$	$R = 0.9894$
未利用地	0	—

注：β 为洪涝灾损率，单位%；χ 街为洪涝淹没深度，单位 m。

基于 GIS 栅格运算模块，将平阳县土地利用分布图与平阳县洪涝淹没水深（危险性）分布图按照表 6－6 函数分别进行空间运算。依次得到 3 种典型重现期条件下（10 年、50 年和 100 年一遇）平阳县洪涝灾害脆弱性（灾损率）分布图（图 6－4、图 6－5、图 6－6）。

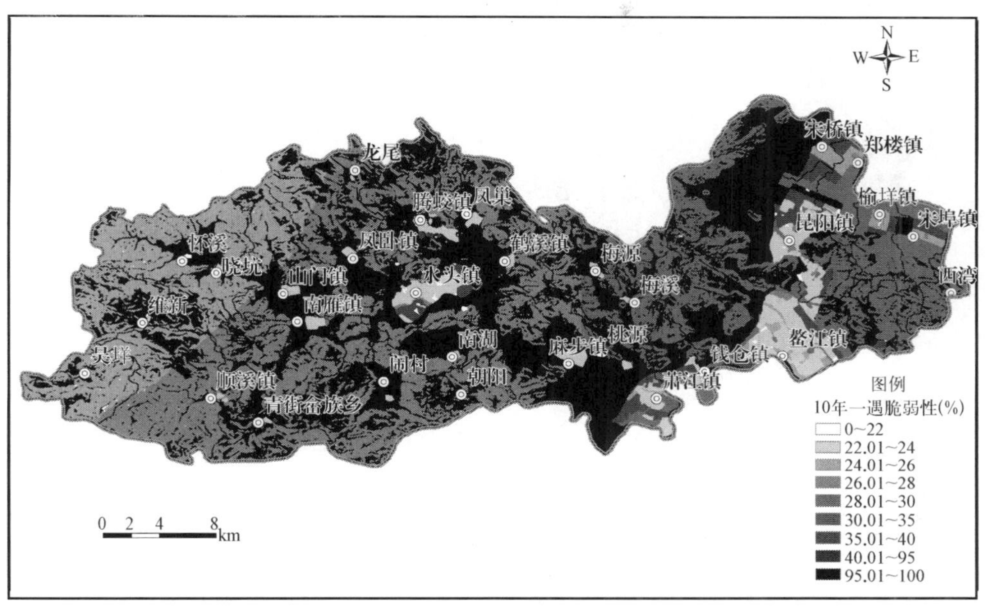

图 6－4　10 年一遇平阳县洪涝灾害脆弱性分布图

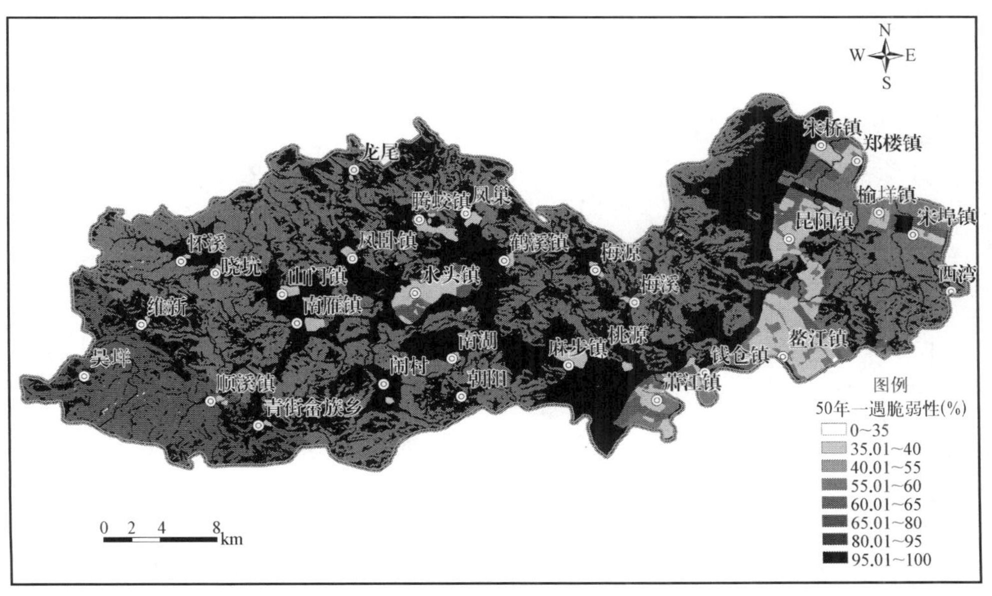

图 6－5　50 年一遇平阳县洪涝灾害脆弱性分布图

图 6－6　100 年一遇平阳县洪涝灾害脆弱性分布图

三、洪涝灾害损失分析

基于 GIS 栅格运算模块，将平阳县洪涝灾害脆弱性（灾损率）分布图与承灾体成本价值（单位面积 GDP）进行乘法运算，得到 3 种典型重现期条件下（10 年、50 年和 100 年一遇）平阳县洪涝灾害损失空间分布图（图 6－7、图 6－8、图 6－9）。洪涝灾害损失受到成本

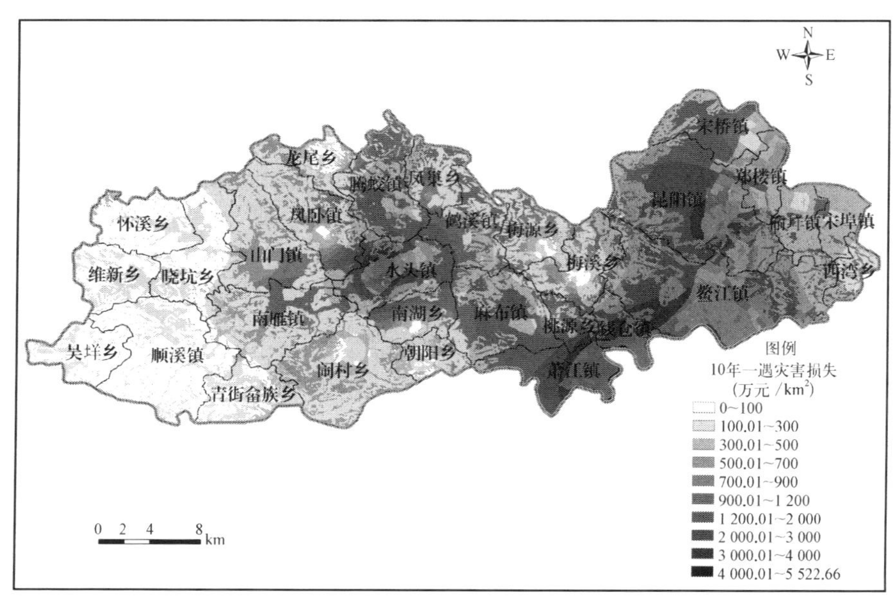

图 6－7　10 年一遇条件下平阳县洪涝灾害损失空间分布图

价值和灾损率的共同影响,3 中重现期情景下均形成较为明显的“损失中心(带)”,分别为“水头-腾蛟”中心、“麻步-萧江-钱仓”中心和“昆阳-鳌江-宋桥”带。3 种情景下平阳县台风暴雨-洪涝灾害潜在最大损失结果基本上反映出灾害风险的空间分布。

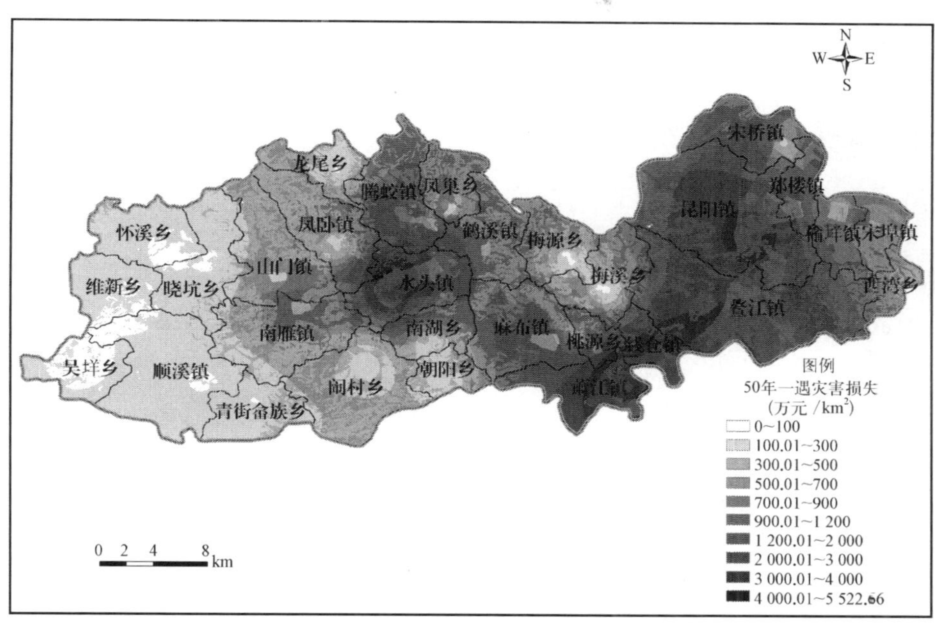

图 6-8　50 年一遇条件下平阳县洪涝灾害损失空间分布图

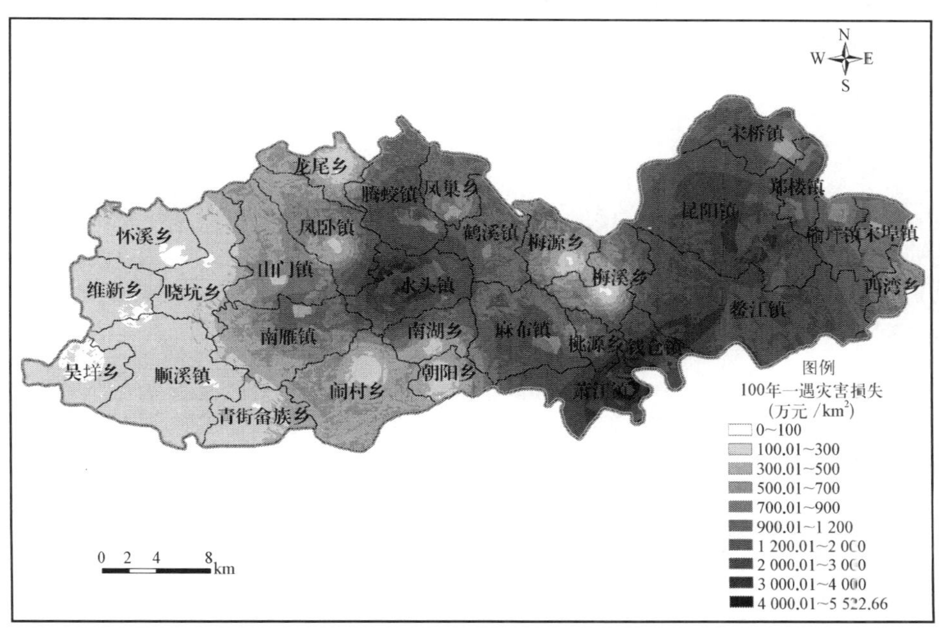

图 6-9　100 年一遇条件下平阳县洪涝灾害损失空间分布图

四、洪涝灾害风险分级

1. 标准风险公式及修正

标准风险公式综合考虑灾害损失和发生概率，是国内外最常用的风险值定量计算模型。其计算函数如下：

$$Risk = C \times P \tag{6-2}$$

式中，C 为事件后果，在本研究中为灾害损失（L）；P 为发生概率。

鉴于标准灾害风险函数存在将灾害风险和非灾难风险等同的问题（Haimes，2005），参考 Whyte and Burton（1982），Smith（2001），Ammann（2006）以及 Schneider et al.（2006）提出了标准风险公式的修改公式，即

$$Risk = P \times C^x \tag{6-3}$$

式中，C 为事件后果；P 为发生概率；x 为幂指数，通常取决于一些列要素，该值大于 1。本研究中将幂指数 x 初步确定为 2，也即

$$Risk = P \times L^2 \tag{6-4}$$

式中，L 为台风暴雨-洪涝灾害损失，P 同上。平阳县台风暴雨-洪涝灾害风险值分别按照标准风险公式和修正式进行计算，考虑到小尺度区域（平阳县水头镇）0908“莫拉克”台风强度，选择 50 年和 100 年一遇两种台风暴雨情景，分别计算未来 10 年、20 年、50 年和 100 年内的风险数值。在此基础上，运用不等值分级法——标准差分级法开展灾害风险等级划分和空间展布研究。

2. 洪涝灾害风险值计算

基于 50 年和 100 年一遇平阳县台风暴雨-洪涝灾害损失空间分布数据，结合未来 10 年、20 年、50 年和 100 年内相应的灾害发生概率数据（表 6－7），分别运用式（6－2）和（6－4）计算未来 4 种时间跨度下 2 种重现期情景灾害风险值的大小和空间分布（图 6－10）。

表 6－7　未来典型年份内 50 年和 100 年一遇台风暴雨发生概率

时间框架（t，未来年份）	发生概率/P	
	50 年重现期（2.0% AEP）	100 年重现期（1.0% AEP）
10	18%	10%
20	33%	18%
50	67%	40%
100	87%	63%

注：$P = 1 - (1 - AEP)^t$，P 为概率，AEP 为年超越概率，t 为时间周期。

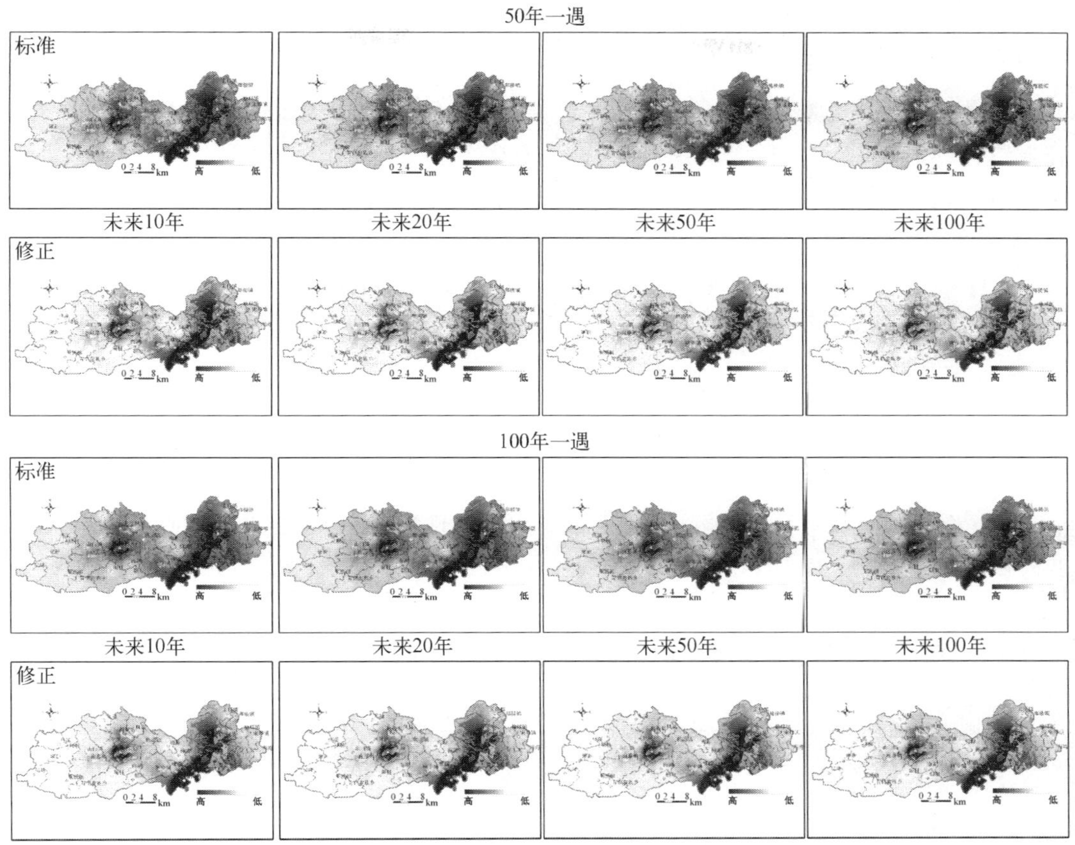

图6-10 未来四种年内50和100年一遇情景平阳县洪涝灾害风险值分布图

相同条件下(未来相同年份,相同重现期条件下),标准公式计算风险值要小于修正公式。以50年一遇洪涝灾害为例,在未来10年内标准公式计算的风险值分布0~994.078之间,而修正公式风险值则扩大到0~5 490 000。同一种公式计算出的4种时间段内风险值的空间分布态势类似,只是数值逐渐增大。

按照两种公式计算,相同时间条件下50年一遇风险值均大于100年一遇;如标准公式计算的未来20年内,发生50年一遇灾害的最大风险值为1 822.48,而发生100年一遇的风险值994.078。按照修正公式计算的未来50年内,发生50年一遇灾害的最大风险值为20.4e+006,而发生100年一遇的风险值12.2e+006。不同的是,按照修正公式计算出的两种重现期风险值的差距有所缩小;如未来100年,标准公式计算出的50年一遇最大风险值是100年一遇的1.380 9倍,而修正公式则为1.380 2。

五、洪涝灾害风险区划

以上各种情景下,风险值的数值分布基本符合偏正态分布规律;按照标准差分级方法计算平均值和标准差，以算术平均值为中间级别的分界点，以 1/2 倍标准差参与其他级别的划分。其余级别的分界点相应的为 $\bar{x} \pm \frac{1}{2}\sigma$, $\bar{x} \pm \sigma$, $\bar{x} \pm \frac{3}{2}\sigma$; …按照标准公式计算的 50 和 100 年一遇两种灾害情景，以未来 100 年内的发生 50 年一遇灾害的风险值分布作为划分基础，共分为 5 级（表 6－8）；按照修正公式计算的 50 和 100 年一遇两种灾害情景，以未来 100 年内的发生 50 年一遇灾害的风险值分布作为划分基础，亦分为 5 级（表 6－9）。

表 6－8　灾害风险分级与预警信号（标准公式）

分级	分类	标　准	预警信号
1	极低	< 458.25	
2	低	458.26 ~ 1 146.05	
3	中	1 146.06 ~ 1 833.84	
4	高	1 833.85 ~ 3 316.78	
5	极高	> 3 316.78	

表 6－9　灾害风险分级与预警信号（修正公式）

分级	分类	标　准	预警信号
1	极低	< 211 060.54	
2	低	211 060.55 ~ 2 355 308.69	
3	中	2 355 308.70 ~ 4 499 556.84	
4	高	4 499 556.85 ~ 6 643 804.99	
5	极高	> 66 438 045.00	

同一种时间段内，修正公式得出的灾害风险等级部分区域高于标准公式。如未来 20 年内，修正公式计算出的 50 年一遇灾害在萧江镇、鳌江镇、昆阳镇和水头镇出现中风险等级区域，而标准公式相同区域主要为低风险等级（图 6－11）。从标准公式计算结果看，未来四种时间段内，相同区域面对 50 年一遇台风暴雨-洪涝灾害风险等级均大于 100 年一遇；如未来 50 年内，50 年一遇灾害高风险区域出现在钱仓镇、萧江镇、昆阳镇和水头镇的城区；而 100 年灾害高风险区域明显缩小，近在钱仓镇、萧江镇和水头镇部分区域出现。从修正公式计算结果看，未来相同时间段内，50 年一遇相对高风险区域范围还是要大于 100 年一遇，只是面积较标准公式有所缩小。比如，未来 100 年内，修正公式计算出的 50 年一遇灾害存在着一条明显的“极高风险带”，即萧江镇-钱仓镇-鳌江镇-昆阳镇，而 100 年一遇亦存在类似“风险带”，只是北端缩短。同等情况下，标准公式中 100 年一遇较 50 年一遇的高和极高风险区域则要少得多。可以看出，修正公式较好地反映了未来 100 年内，局部区域（如昆阳镇和水头镇）低概率高损失（100 年一遇）灾害风险大于高概率低损失（50 年一遇）事件。

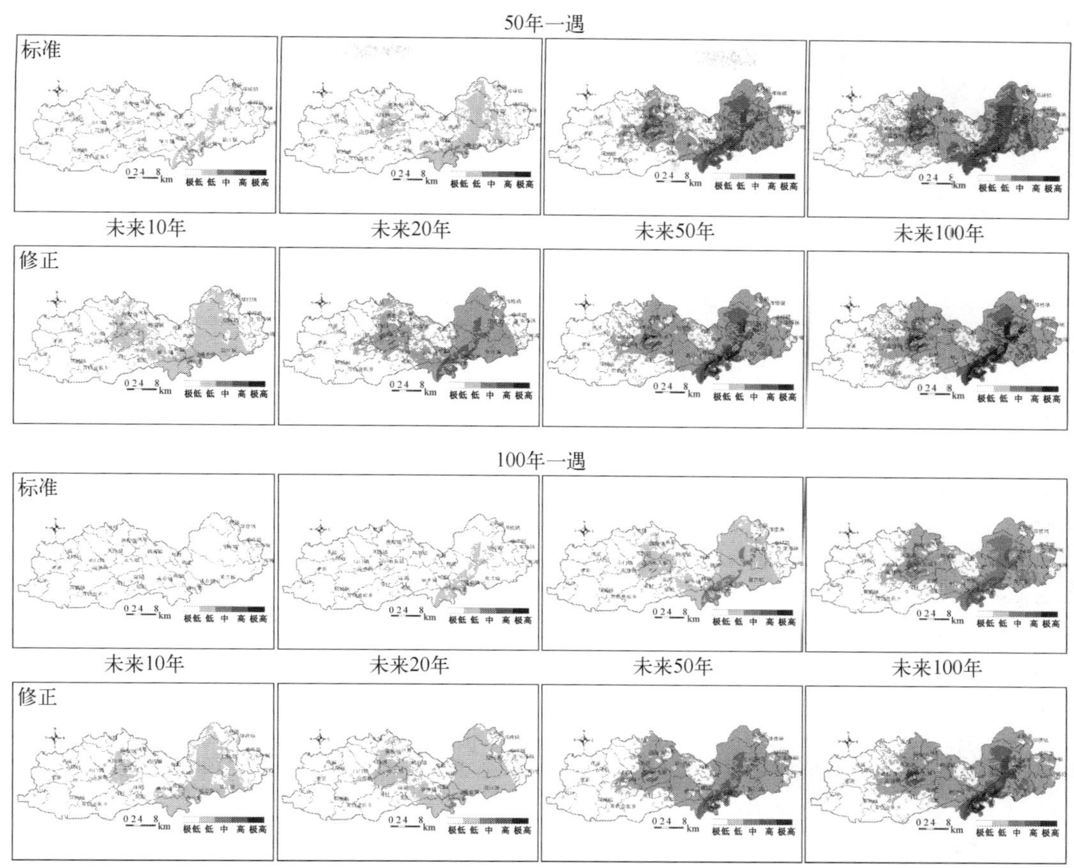

图6-11　未来四种年内50和100年一遇情景平阳县洪涝灾害风险等级分布图(标准和修正公式)

参考文献:

葛全胜,邹铭,郑景云,等. 2008. 中国自然灾害风险综合评估初步研究. 北京:科学出版社.

管珉,陈兴旺. 2007. 江西省山洪灾害风险区划初步研究. 暴雨灾害,26(4):339-343.

国家质量技术监督局. 2001. 中国地震动参数区划图. 北京:中国标准出版社.

何报寅,张海林. 2002. 基于GIS的湖北省洪水灾害危险性评价. 自然灾害学报,11(4):85-91.

黄崇福,张俊香,陈志芬,等. 2004. 自然灾害风险区划图的一个潜在发展方向. 自然灾害学报,13(2):9-15.

李林涛,徐宗学,庞博,等. 2012. 中国洪灾风险区划研究. 水利学报,43(1):22-30.

刘耀龙. 2011. 多尺度自然灾害情景风险评估与区划——以浙江省温州市为例. 上海:华东师范大学博士学位论文.

马定国,刘影,陈洁,等. 2007. 鄱阳湖区洪灾风险与农户脆弱性分析. 地理学报,62(3):321-332.

施国庆. 1990. 洪灾损失率及其确定方法探讨. 水利经济,(2):37-42.

石勇,石纯,孙阿丽. 2009. 中国南方城市居民建筑物洪灾脆弱性研究. 人民长江,40(5):19-22.

唐川,朱静. 2005. 基于GIS的山洪灾害风险区划. 地理学报,60(1):87-94.

王宝华,付强,谢永刚,等. 2002. 国内外洪水灾害经济损失评估方法综述. 灾害学,22(3):95-99.

王慧彦,薛辉. 2013. 县域自然灾害综合风险区划图编制——以滦县为例. 自然灾害学报,(3).
王延红,丁大发,韩侠. 2001. 黄河下游大堤保护区洪灾损失率分析. 水利经济,(2):42-46.
王艳艳. 2002. 不同尺度的洪涝灾害损失评估模式述评. 水利发展研究,2(12):66-69.
张玉红,刘强. 2012. 风暴潮灾害易损性风险区划的建模及应用. 第九届全国工程地质大会论文集.
周成虎,万庆,黄诗峰,等. 2000. 基于GIS的洪水灾害风险区划研究. 地理学报, 55(1):15-24.
Ammann W J. 2006. Risk concept, integral risk management and risk governance [A]. In Ammann WJ, Dannenmann S & Vulliet L (Eds.), Risk21 — Coping with Risk due to natural hazards in the 21st Century, London, Taylor & Francis Group, 3-24.
Cardona O D. 2005. System of Indicators for Disaster Risk Management — Programme for Latin America and the Caribbean: Summary Report [EB/OL]. http://idea. unalmzl. edu. co/.
Das S, Lee R. 1988. A Nontraditional Methodology for Flood Stage — damage calculation. Water Resources Bulletin, 110-135.
Dilley M, Chen R S, Deichmann U. 2005. Natural Disaster Hotspots: A Global Risk Analysis, Washington DC. Hazard Management Unit, World Bank, 1-132.
Haimes Y Y. 2005. Managing Risks of Catastrophic and Extreme Events. Risk Analysis, 25: 1083.
Ramon C, Joan M V. 2008. Rockfall susceptibility zoning at a large scale: From geomorphological inventory to preliminary land use planning. Engineering Geology, 102: 142-151.
Robin F, Jordi C, Christophe B, et al., 2008. Guidelines for landslide susceptibility, hazard and risk zoning for land-use planning. Engineering Geology, 102(3-4): 99-111.
Schneider L S, Dagerman K S, Insel P. 2006. Atypical Antipsychotic Drugs, Dementia, and Risk of Death — Reply. The Journal of the American Medical Association, 295(5): 496-497.
Smith D J. 2001. Reliability, Maintainability and Risk — Practical Methods for Engineers (5th Edition). [EB/OL]. Elsevier, ISBN: 978-0-7506-3752-7.
UNDP. 2004. Reducing disaster risk: a chellgnge of development. John S. Swift Co., USA. www. undp. org/bcpr.
Vrisou van Eck N, Kok M. 2001. Standard method for predicting damage and casualties as a result of floods. The Netherlands Delft Ministry of Transport, Public Work s and Water Management, 22-41.
Wang J, Chen Z L, Xu S Y, Hu B B. 2013. Medium-scale natural disaster risk scenario analysis: A case study of Pingyang County, Wenzhou, China. Natural Hazards, 66: 1205-1220.
Whyte A V T, Burton I. 1982. Perception of risks in Canada. In Burton, I., Fowle, C. D., and McCullough, R. S. (Eds.) Living with Risk: Environmental Risk Management in Canada, pp. 39-69. Environmental Monograph No. 3, Institute for Environmental Studies, University of Toronto, Canada.
Zhang J, Shan W. 2005. Early Warning and Prevention of Geo-Hazards in China. In: Landslides, Part Ⅳ. Springer Belin Heidelberg, 285-289.

第七章　城市灾害应急响应方法

20世纪中期以来,伴随着城市化进程的不断加快,除了地震、洪水、台风等传统自然灾害的不断发生外,城市数量、人口、规模不断扩张所带来的火灾、爆炸、公共卫生事故、工程事故等人为灾害性事件也给人民的生命和财产安全造成了极大威胁(周晓猛等,2006)。选取适当应急避难场所,利用城市空旷场地,经过科学的规划、建设与规范化管理,在自然灾害发生前后或其他应急状态下,为居民提供安全避难、基本生活保障及救援、指挥的场所(Current et al.,1992),对降低灾害的破坏力起着格外重要的作用。本章分别探讨避难所的服务范围划分、选址以及疏散的一些最新方法。

第一节　避难所服务范围划分

公共安全体现社会和谐,而公共安全的实现依赖于应急避难场所的规划、建设。应急避难场所规划可将城市综合防灾目标在城市空间上具体深化、落实,主动为未来应急避难场所的进一步建设预留空间,为各种应急避难演习、防灾宣传提供场所。目前的应急避难场所尚处于探索研究和初步试验阶段,人们对其不甚了解,其规划原则及其程序也有待更进一步探讨。近年来,若干严重的城市灾害造成了大范围的财产损失和人员伤亡,其中很多大型灾害要求居民必须及时从住处疏散到指定的避难所,而居民所疏散到的指定避难所是根据避难所的服务范围而定的,因此,我们需要确认每个避难所的服务范围。

一、服务范围划分方法原理

避难所服务范围直接影响了居民的疏散路线及降低灾害破坏的力度,有关避难所服务范围的确定将在这一节详细阐述。假设避难所数量、位置一定,并且其总容量能够容纳所有居民,为了确定避难所的服务范围,必须考虑一些必要的因素,其中包括每个避难所的容量、居民的空间分布以及居民到达指定避难所的旅行成本。一个基本原则是,居民应该被指定到尽可能近的避难所,如果最近的避难所容纳不了,则指定他们到其他避难所。正因如此,一个避难所的服务范围就可能在空间上被分割为几个独立的区域,也就是说,一些居民必须穿过其他避难所的服务范围,才能到达指定的避难所。这种情况将直接增加大规模疏散过程中人员有效迁移的难度,当到达一个非指定的避难所后,人们往往不愿继续迁移,而且会造成大量相邻避难所服务范围内的交通流冲突。因此,除了减少总旅行成本和避难所的容量限制,服务范围的空间连续性也是必须考虑的因素。维持空间连续性,意味着每个避难所的服务范围形成一个同质区域,用单个多边形即可包括,而且这些多边形覆盖了整个居民区,在空间上具有排他性。

目前,已经存在多种公共设施的服务范围划分方式,如预警警报器(Current et al.,1992;Murray et al.,2002;Murray,2005)、雷达气象站(Minciardi et al.,2003)、消防站(Toregas et al.,1971;Plane et al.,1977),以及特快列车车站(Gleason,1975)等。划定一个设施的服务范围的最简单方法,就是将其看成某一特性的影响范围,比如,避难所的容量、超市的吸引力、消防站的允许响应时间、警报器的最大影响范围以及车站的可接受步行距离等。这种方法通过地理信息系统软件的缓冲分析即可实现。但是,这种服务范围往往是重叠的,而且基于距离的运算难以同时体现设施的容量和需求的空间分布。

在区域经济研究方面,有许多方案用于划定商业实体的贸易范围和市场范围(Reilly,1931;Lösch,1954;Huff,1963;Applebaum,1966;Christaller,1966;Olsen et al.,1979;Ghosh et al.,1987;Farhan et al.,2005),这些方案同时考虑了商业实体的吸引力和顾客的需求,但是,大部分方案都不能划定彼此排斥的服务范围,从而造成空间上的重叠。

为了划定排他性的服务范围,Voronoi 图或 Thiessen 多边形被广泛地使用(Haggett et al.,1977;Okabe et al.,1992;Okabe et al.,2000),例如制定邮编的使用范围(Boyle et al.,1991),然而在这些方法中,设施的服务范围完全依赖于设施的选址,任何需求都只能通过最近的设施来满足,而无法考虑设施的容量。鉴于这一局限,一些研究者提出附权 Voronoi 图(Hyson et al.,1950;Gambini et al.,1967;Beckmann,1971;Tanemura et al.,1980;Aurenhammer et al.,1984;Vincent et al.,1990;Mu,2004),用权重(如容量或吸引力)来描述一个点的影响范围,因此,附权 Voronoi 图可以划定容量有限且具有排他性的服务范围。但是,上述大多数方法都假设潜在需求在空间上是均匀分布的,或难以准确处理不均匀分布的需求(Okabe et al.,2000)。以上大多数方法都采用欧几里得距离来计算旅行成本,当设施要通过道路网络才能到达时,则可用网络最短路径代替欧几里得距离。这些扩展方法已被应用于地理信息系统商业软件,如 ESRI 的 Network Analyst(ESRI,1996)和 TransCAD(Caliper,2002)。一些研究者提出了在物流中用基于网络的方法制定销售中心的顾客群(Huang et al.,2004),顾客群和销售中心都是道路网络中的点,供需状况均考虑在内,以避免销售中心的过度利用或不充分利用。但是,上述基于网络的方法只考虑了网络上的需求,而居民的分布往往在网络外,这些方法还没有明确提出一个把网络外的需求整合为道路网络上的点或路段的途径。Upchurch and Kuby(2004)介绍了一种在轻轨运输系统中,制定满足网络上和网络外需求的火车站服务范围的方法,在这一解决方案中使用了许多网格,如网络阻力网格、旅行成本网格以及选址网格,从而把一个需求区域划分成了若干空间方格单元,空间单元可能在网络上,也可能在网络外,而且其旅行成本可以单独计算。尽管这种解决方法没有考虑每个火车站的容量以及需求的空间不均匀性,但我们可以借鉴其划分需求区域的思想。

由于每个避难所容量有限,有时指定居民到最近的避难所并不妥当。因此,一个预先划定的疏散图,明确指定每个居民或团体(如一个街区)应疏散到哪个避难所,对于在灾难事件中保护居民是十分关键的。在此疏散图中划定的避难所服务范围必须有排他性,并且覆盖整个居民区。

目前已经存在一些方法,用来划定服务范围、影响范围、控制范围、缓冲区、各种设施腹地等,但它们的缺陷在于没能全面考虑总旅行成本最小、避难所的容量限制和服务范围的空间连续性。有些方法假设设施的容量无限大，而居民总是被分配到最近的设施，然而，如果这些设施没有优化选址，则很可能导致避难所过于拥挤。另外一些方法假设需求点在空间上均匀分布，而且服务点容量越大，其服务范围越大，但这种假设是不合理的，因为居民通常呈不均匀空间分布。还有一些方法把总旅行成本最小化作为主要制约因素，而服务范围的空间连续性则退居其次。

处理居民的空间不均匀分布问题，可以将整个居民区划分为若干具有排他性的空间单元，居民根据其分布状况归入不同的空间单元。一个空间单元通常小到一个街区，并假设空间单元内部的居民是均匀分布的。值得注意的是，空间单元越小，这种假设就越合理，而且，空间单元的大小和数量是由人口统计数据的详细程度决定的。一个空间单元（如一个居民区）在算法中作为一个需求点来处理，而每个避难所则代表居住区内的一个点。

本书介绍一种用于划定避难所服务范围的算法。该方法假设避难所位置、数量及容量已定，且总容量大于或等于总需求，居民在空间上呈不均匀分布。算法的主要目标是使旅行成本最小化，保持服务范围的空间连续性，并满足每个避难所的容量限制。服务范围必须具有排他性，覆盖整个居民区，并且要防止避难所过度拥挤。基于上述目标和约束条件，算法将整个居民区划分为若干空间单元以解决需求的不平衡性，并采用替换插入减少旅行成本，提高服务范围的空间连续性。

基于上述介绍，我们定义以下优化目标：

$$\text{最小化}\ V = \sum_{i=1}^{M} \sum_{j=1}^{N} r_j t_{ij} x_{ij} \tag{7-1}$$

式中，V 为总旅行成本；M 为避难所数量；N 为空间单元数量；i 为避难所编号；j 为空间单元；r 为空间单元 j 内居民的数量；t 为从空间单元 j 到避难所 i 的旅行成本。

当避难所 i 分配给空间单元 j，则 $x_{ij} = 1$，否则 $x_{ij} = 0$；对于每一个 j，$\sum_{i=1}^{M} x_{ij} = 1$，以确保每个空间单元都能分配到一个避难所。该优化目标需满足以下两项条件：

（1）分配到同一避难所的需求单元彼此邻接，即保证服务范围的空间连续性。

（2）针对任一避难所 i 有 $cact_i \leqslant cmax_i$，式中，$cact_i = \sum_{j=1}^{N} r_j x_{ij}$，即避难所 i 的实际容量；$cmax_i$ 为避难所 i 的最大容量限制，且 $\sum_{i=1}^{M} cmax_i \geqslant \sum_{j=1}^{N} r_j$。

作为需求点的最小元素不是居民个人，而是聚集了一些居民的空间单元。居民的数量可能会使一些避难所的实际容量超过其最大容量，尤其是当总的最大容量（$\sum_{i=1}^{M} cmax_i$）刚好等于或稍大于总的居民数量（$\sum_{j=1}^{N} r_j$）。因此，计划容量（$cpla_i$）和每个避难所的容量范围定义如下：

$$\sum_{i=1}^{M} cpla_i = \sum_{j=1}^{N} r_j \tag{7-2}$$

对每一个 i，有

$$cmax_i - cpla_i = \max\{r_1, r_2, \ldots, r_N\} \tag{7-3}$$

实际情况下，$cmax_i$和 r_j通常都是已知的，而 $cpla_i$可由式 7－2 和式 7－3 决定。事实上，式 7－3 中的 $cmax_i$就是避难所 i 的最小需要容量。

对于每一个避难所，由一个单链表记录分配到该避难所的需求单元。在这一单链表中，元素按照使用该避难所的优先级排列，且避难所的容量应尽可能地充分利用。单链表定义如下：

（1）如果 $x_{ij} = 1$，则空间单元 j 在避难所 i 的单链表里，且在单链表中的编号为 $index_{ij}$。

（2）如果 $x_{ij_n} = 1$，$x_{ij_m} = 1$，且 $t_{ij_n} < t_{ij_m}$，则 $index_{ij_n} < index_{ij_m}$。

（3）如果 $x_{ij_n} = 1$，$x_{ij_m} = 1$，$t_{ij_n} = t_{ij_m}$，且 $r_{j_n} \leqslant r_{j_m}$，则 $index_{ij_n} < index_{ij_m}$

鉴于上述定义，要在满足约束条件的同时实现两个目标函数是相当困难的，尤其是在避难所没有优化选址的情况下。一个可行的办法是寻找尽可能满足两个目标函数的折中方案。

替换插入机制是一种划定避难所服务范围的算法，该算法的目标是保证所有居民在避难所的安置，避免避难所过度拥挤，减少总旅行距离，并且尽可能维持服务范围的空间连续性。

替换插入机制的原理简述如下：当且仅当满足下列插入条件中的一条时，一个空间单元 a 可以分配到避难所 s，即被插入到避难所 s 的单链表中，式中 j_{last}表示避难所 s 的单链表中的最后一个空间单元。

（1）$cact_s \leqslant cpla_s$.

（2）$cact_s > cpla_s$ and $t_{sj_{last}} > t_{sa}$.

（3）$cact_s > cpla_s$，$t_{sj_{last}} = t_{sa}$，and $r_{j_{last}} > r_a$.

第一个条件表示避难所 s 有剩余容量，且式 7－3 确保了插入后 $cact_i \leqslant cmax_i$。第二和第三个条件表示，空间单元 a 比已插入避难所 s 的单链表中的其他空间单元拥有更高的优先级。对每一个空间单元 j，算法在所有避难所 i 中按照 t_{ij}的升序寻找满足一个插入条件的避难所。如果第一最近避难所 i_1符合条件，则采用直接插入，即直接将 j 插入到 i_1的单链表中，且 $x_{i1j} = 1$；否则采用下述替换插入，调整空间单元和避难所之间的关联关系，减少总旅行成本，并保持服务范围的空间连续性。

图 7－1 解释了替换插入的过程。图中有三个避难所，s_1、s_2和 s_3，每个避难所都已被分配了一些空间单元。黑色的空间单元 a 尚未分配到任何避难所，且 $t_{s_1a} < t_{s_2a} < t_{s_3a}$。如果 s_1满足一个插入条件，则 a 被插入到 s_1的单链表中，即直接插入。否则，如果 s_1和 s_2都不满足任一插入条件，只有 s_3满足一个插入条件，则 a 被分配给 s_3。但是，把 a 分配给 s_3会妨碍 s_3的空间连续性，而且可能增加总旅行成本。因此，另一个方法就是寻找一个称为替换单元的空间单元，这个空间单元必须已经分配给 s_1或 s_2，且与 s_3的服务范围相邻，并将之插入到 s_3。这时，s_1或 s_2中被替换单元占用的容量可以空出并分配给 a。替换单元，或者说是直接插入和替换插入的旅行成本差异，必须最大限度地节约旅行距离。根据这

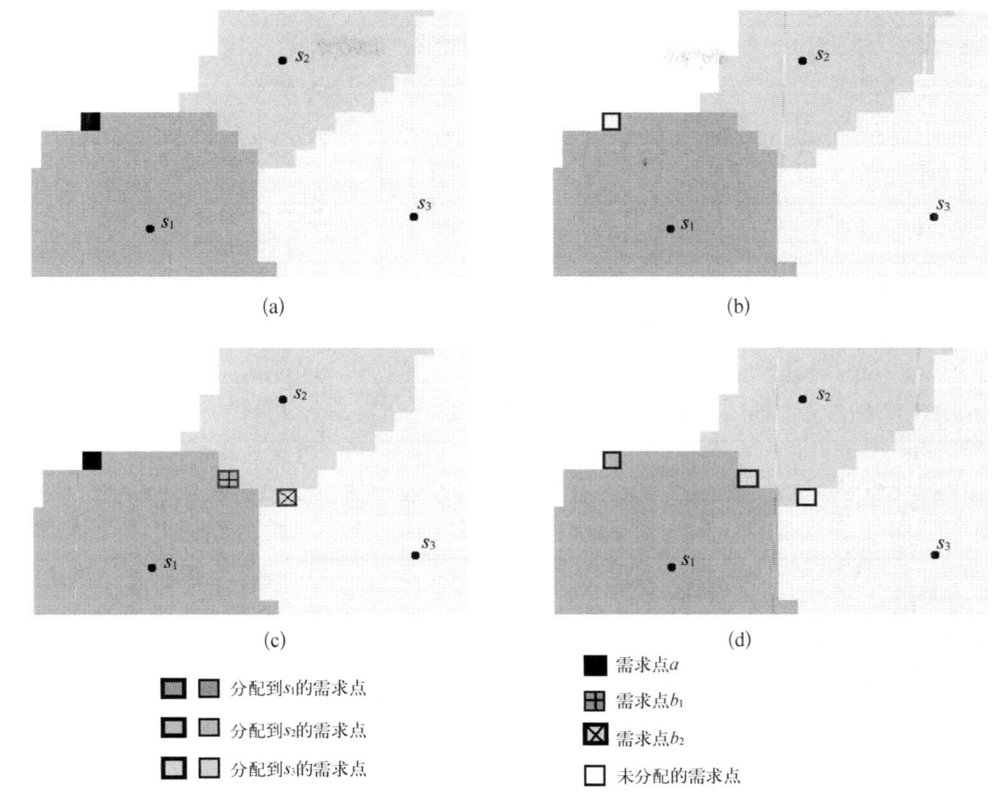

图 7－1 替换插入过程

一原则，以下用两个公式可以计算在寻找 a 的替换单元 b 时节约的旅行成本。

$$\text{最大化 } SC_{tr} = t_{s_fa}r_a + t_{s_kb}r_b - (t_{s_ka}r_a + t_{s_fb}r_b) \tag{7-4}$$

$$\text{最大化 } SC_t = t_{s_fa} + t_{s_kb} - (t_{s_ka} + t_{s_fb}) \tag{7-5}$$

对每一个 b，$x_{s_kb} = 1$，在本例中，$k = \{1, 2\}$ 且 $f=3$

SC_{tr}和 SC_t表示替换插入节约的旅行成本。式中，$(t_{s_fa}r_a + t_{s_kb}r_b)$ 或$(t_{s_fa} + t_{s_kb})$ 是直接插入的旅行成本，$(t_{s_ka}r_a + t_{s_fb}r_b)$ 或 $(t_{s_ka} + t_{s_fb})$ 是替换插入的旅行成本。如果最大 SC_{tr}或 SC_t为负数或零，则算法将按直接插入把 a 插入到 s_f的单链表中。否则，a 的替换单元 b 可行，且按下述方法进行替换插入：从 s_k的单链表中移除 b；把 b 插入到 s_f的单链表中；把 a 插入到 s_k的单链表中。后两步可能是直接插入，也可能是替换插入。SC_{tr}和 SC_t是从不同角度定义的。SC_{tr}考虑居民个人的旅行距离，即总的旅行距离，而 SC_t考虑一个空间单元的旅行距离。采用 SC_{tr}时，服务范围很可能在空间上零散分布。比如，如果 r_a相对较小，则最大 SC_{tr}很可能为零或负数，因此，a 将直接分配给 s_f，$f = 3$ [图 7－1(b)]，这通常是不合理的：仅仅因为人数少，一个空间单元内的人必须穿过几个较近的避难所而迁移到更远的避难所。相对来说，SC_t有利于保持服务范围的空间连续性。SC_{tr}和 SC_t的计算效果比较将在应用部分予以阐述。

我们可以将替换插入看作一个重复的过程。一旦把一个空间单元分配到非第一最近避难所，就必须用式 7－4 或式 7－5 来检验是否存在一个替换单元，以及是否有必要进行替换插入。如图 7－1(c)所示，在把 a 插入 s_3的单链表中时，s_1单链表中的空间单元 b_1被选为替换单元。因为 s_1是 a 的最接近避难所，而 s_3并非 b_1的最接近避难所，所以在将 a 插入 s_1的单链表时采用了直接插入，而将 b 插入 s_3的单链表时采用了替换插入。因而，在 s_2的单链表中选择了替换单元 b_2分配给 s_3，而将 b_1分配给 s_2。除非可以找到替换单元，否则将停止重复过程，采用直接插入[图 7－1(d)]。

把一个新的空间单元插入到一个避难所单链表中可能会导致该避难所的实际容量超过其最大容量，因而一些排在单链表末尾的空间单元将被移除。被移除的空间单元成为未分配单元，必须重新分配到合适的避难所。每一个直接插入都包括了从更新的避难所单链表中移除额外空间单元的过程。但是，移除额外空间单元和替换插入也可能造成死循环，即在算法进行过程中周期性地出现相同的空间单元和避难所的配给状态。一个简化的检测死循环的方法是周期性地记录和比较一组运行状态参数(如式 7－1 中 V 的值，未分配空间单元的个数等)。如果发现了相同的参数值，就表示检测到一个死循环。要打破死循环，结束程序，可以用非重复的直接插入取代重复的替代插入来处理未分配的空间单元，不论避难所是否为第一最近避难所。算法的总过程可简述如下：

<u>算法 1：总过程</u>

1. 将所有避难所单链表初始化并清空；
2. 如果没有未分配的空间单元，转至步骤 7；
3. 得到第一个未分配的空间单元(用 a 表示)。如果没有，转至步骤 2；
4. 对每一个避难所 i，按 t_{ia}升序，搜索一个至少满足一个插入条件的避难所(用 f 表示)；
5. 替换插入(a, f)；
6. 得到下一个未分配的空间单元(仍用 a 表示)。如果没有，转至步骤 2，否则转至步骤 4；
7. 结束。

替换插入是一个采用替换插入机制的循环过程，其中包括了直接插入。

<u>算法 2：替换插入(参数：空间单元 a，避难所 f)</u>

1. 如果 f 是 a 的最近避难所，或者检测到一个死循环，则用直接插入处理 a 和 f，且转至步骤 3；
2. 如果可以通过式(7－4)或式(7－5)找到替换单元 b 和替换避难所 k，则替换插入(a, k)，替换插入(b, f)。否则，用直接插入处理 a 和 f；
3. 结束。

二、应 用 案 例

我们将替换插入算法应用于上海市应急避难所服务区划分的实证研究中，分多种情景进行了验证、比较与分析。其研究区为上海市外环以内区域。该算法要求事先获得人口空间分布数据、道路网络数据及设施数据，为此，我们收集了相关研究区的上述数据，包括 118 个人口统计单元、道路网络、90 个可作为避难之用的场所以及 685 个交通小区。

我们选择交通小区作为最小需求单元，其原因如下。

(1) 人口统计单元是以行政街道或者乡镇作为最小统计单位，若直接作为需求单元，存在研究粒度过大问题，如杨浦区殷行镇户籍人口有 14 万。

(2) 交通小区人口适当，约为 1 万 ~2 万人，经统计外环内 685 个交通小区平均人口为 8 427 人，粒度大小适中。

(3) 交通小区内土地使用、经济和社会特性基本一致，以铁路、河流等天然屏障作为分区界限，且尽量不打破行政的划分。

(4) 交通小区划分充分考虑路网结构，区内质心可取为路网节点，利于应急疏散。通过对人口统计和交通小区图层叠加和统计计算交通小区内人口数，作为需求量。

借鉴现有建设应急避难所用地类型选择的经验，我们将 90 个市级公园、大型绿地、体育场等开放空间作为避难场所，场所内已建的设施（如办公、水、电、广播、监控、医疗等设施）可以在灾后迅速转变原有功能，为灾后救助服务。

图 7-2 为反映交通小区（需求单元）、避难场所（设施）以及人口密度（需求量）的空间分布图，我们将人口密度划分为 5 个等级，可以明显看出避难场所位置的分布与人口密度分布呈显著的正相关性，除个别避难场所外，绝大多数避难场所都分布在人口密集地

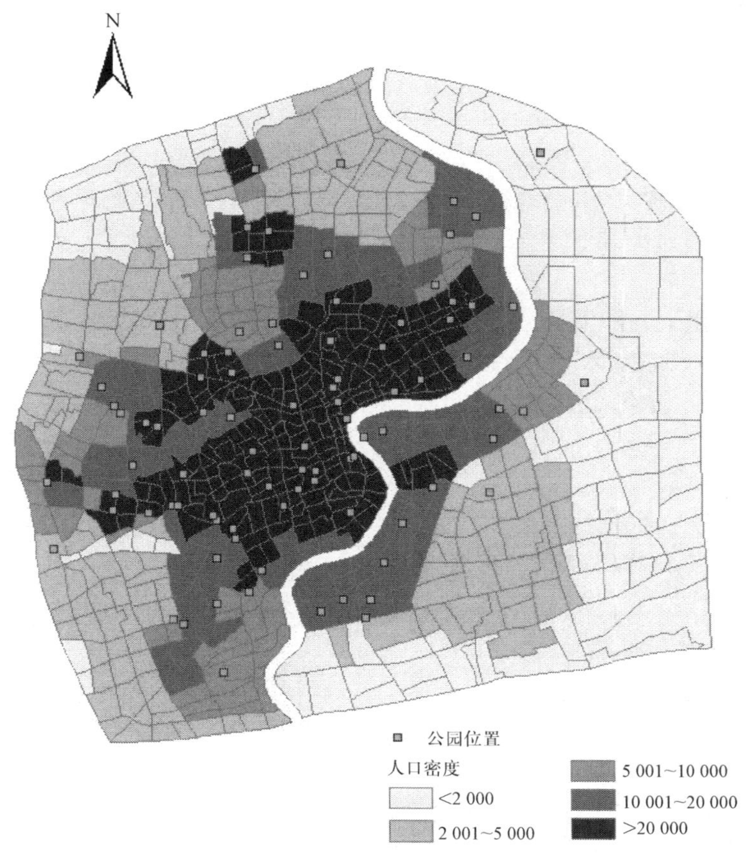

图 7-2　人口密度和避难场所位置分布图

区,如图中人口密度大于 20 000 人/km^2的深色区域。

按照北京中心城区避难所规划纲要规定紧急避难场所人均面积 1.5 ~2.0 m^2,长期避难所人均用地面积 2.0 ~3.0 m^2标准,理应按照避难场所实际的可利用面积计算避难容量,但由于数据缺失,其容量尚无法按照避难场所实际面积定义。因此,我们暂且假设每个避难场所的避难容量都是一样的,即避难所最大容量是研究总人数除以避难所数量后与各交通小区最大人口数量之和,约为 8.90 万人,规划容量约为 7.26 万人。我们用 C# 编写程序实现基于替换插入机制的算法,程序运行在英特尔 Core2 E4500 2.2G CPU、2G 内存及 250G 硬盘的计算机上面。

我们将研究区域内人口统计图和交通小区图进行叠加,由于人口统计区和交通小区之间的空间范围、大小并不匹配,因此必须通过一定的空间关系运算,得到交通小区的人口数据,本研究采用区域内插算法中的叠加法来求解交通小区的人口数据,人口分布图为源区,交通小区图为目标区,下式计算目标区各个分区 t 的内插值 v_t:

$$v_t = \sum_s U_s a_{ts} / \sigma_s \tag{7-6}$$

式中,t 为目标区各个分区的序号;s 为源区各个分区的序号;U_s为分区 s 的已知统计数据;a_{ts}为 t 区与 s 区相交的面积;σ_s 为 s 区的面积。

以交通小区和选定避难所的重心代表整个区域,重心点在距其最近道路上的投影点作为该区域撤离人员进入道路网络的入口。将收集到的道路网络经 ArcGIS Network Analyst Tools 处理生成起点为交通小区重心,终点为避难所重心的成本距离矩阵。交通小区旅行成本就是相应交通小区和避难所 *ID* 在距离矩阵对应的值。把交通小区的 *ID*、位置和人口数,避难所的 *ID*、位置,交通小区到避难所的旅行成本距离矩阵作为输入数据输入程序。输出结果为交通小区 *ID* 及其被指派的避难所 *ID*,通过属性表连接在 ArcGIS 中显示计算结果。

实验设计了以下两种情景:

(1) 情景 1:考虑应急避难所设计容量的限制,采用替换插入算法分配每一个需求单元到避难所(算法 2 中选用 SC_t)。

(2) 情景 2:忽略每个应急避难所的容量限制,每个空间需求单元都分配到一个最近的避难所。

情景 1 按照上文提到的替换插入算法划定每个避难所的服务范围,情景 2 仅根据最短路径距离指派每个需求单元,两种情景的实验结果分别对应图 7 -3(a, b),图中小方块代表避难场所所在位置,避难场所周边同色区域表示其服务的范围,即不同颜色代表不同的服务范围。

通过对两种情景实验结果的比较可以评价本研究替换插入算法在保持服务区空间连续性方面的效果,同时也可以比较设施的容量、每个需求单元的平均旅行成本及其总目标函数优化后的表现。图 7 -4 表示情景 1、2 划定服务区后避难所的实际容量和规划容量分布情况,实际容量是计算后每个避难所服务的交通小区人口总数。图 7 -5 列出了情景 1、2 在不同旅行距离下需求单元的频数分布和累计频率分布情况。

从图 7 -3(a, b)可以看出,情景 1,2 的结果基本能够保持避难所服务范围的空间连

(a) 情景1　　　(b) 情景2

图 7－3　避难所服务范围

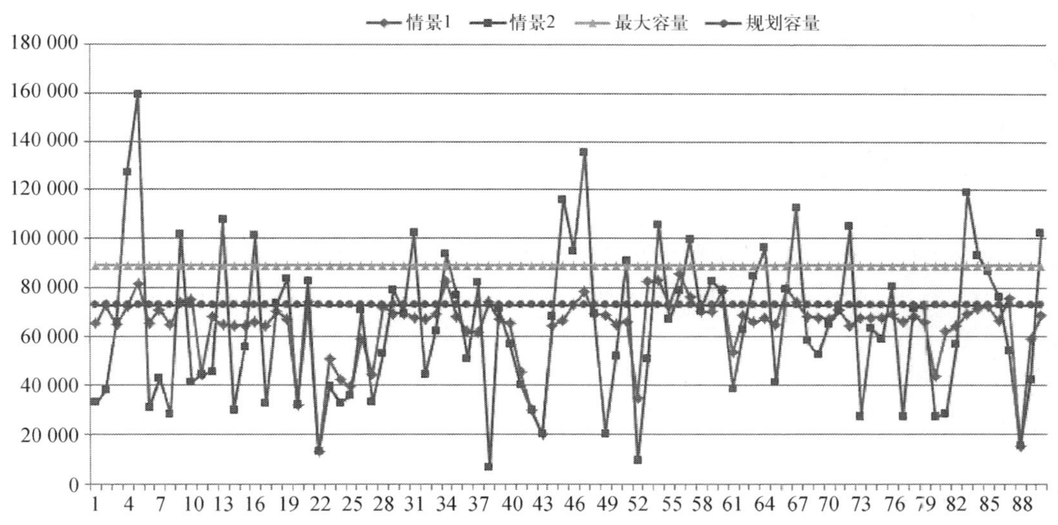

图 7－4　避难所容量分布

续性，但仍有个别独立区域出现，究其原因，主要是用道路距离量测需求单元与避难所的旅行成本时，由于道路通达性问题，两个交通小区相邻接但没有道路直接相通，撤离时需绕行其他路段增加了旅行成本；或者相反情况，两个交通小区相近但没有公共边界，却有道路直接相通，需求单元与避难所之间的旅行成本更小。图 7－3(a)还表明情景 1 能够根据周边交通小区的人口密度，动态调整服务范围的大小，如在市中心区人口密集区服务范围较小，在靠近外环的区域服务区较大。图 7－3(b)仅仅按照最短路径距离计算旅行成本、划分服务区，未考虑避难所容量的限制，假定其服务能力无限。

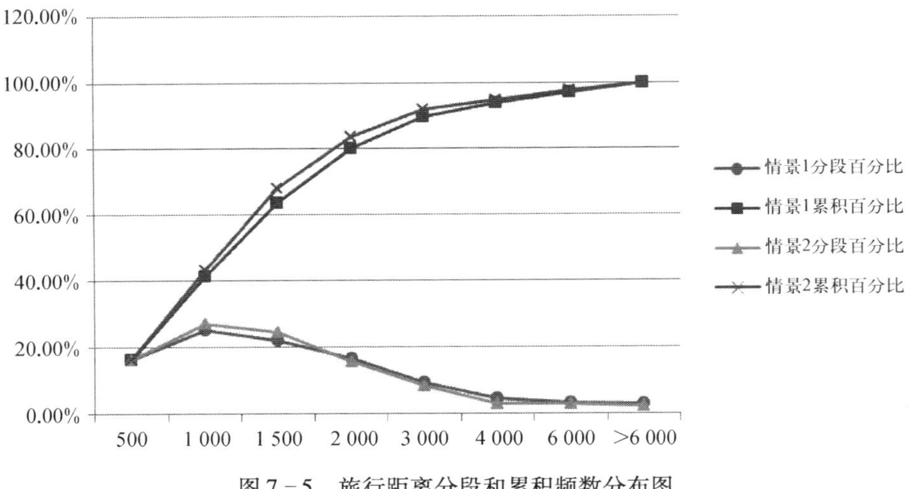

图 7－5　旅行距离分段和累积频数分布图

从图 7－4 中可以看出，在情景 1 下，所有避难所实际容量均小于最大容量，大部分避难所实际容量在规划容量以下；而在情景 2 下，很多避难所实际容量大于最大容量。在实践中，根据情景 1 的结果，我们可以指导部分避难所在一个可能的范围内（规划容量与最大容量之间）进行容量调整（增容）以适应需求。当然，我们也可以说按照情景 2 的结果调整避难所容量，但从图 7－4 中可以看到，其需要调整的幅度较大，缺乏可行性。

此外，我们对疏散距离也进行了分析。首先需要说明的是，我们的方法是在假设避难所位置、数量及容量已知的前提下，为每一个疏散单元寻找一个避难所，并且保证总的疏散距离最短（系统最优）；如果单看某个疏散单元，其疏散距离可能很长，这是由避难所位置或数量的物理原因造成的，这一点可从图 7－5 情景 2 的曲线中看出，即便每个疏散单元都仅使用最近避难所，也存在 10% 左右的人员疏散距离超过 3 km 的情况，而在情景 1 下，情况类似。因此，我们说，解决部分疏散单元疏散距离较长的办法应该是优化避难所位置、数量及容量，这一点是我们今后努力的方向之一。在此，我们也做了初步的尝试，如图 7－6 所示，其展示了疏散距离超过 5 km 的疏散单元的空间分布，显然这些单元多分布于城郊地区，可能需要优化选址，建立新的避难所，但具体方法仍需依赖未来的研究工作。

以上的分析表明基于替换插入机制的算法（情景 1）能够保证容量限制的要求，具有保持避难所空间服务范围的连续性和总目标函数优化的能力。

为进一步验证方法的有效性，我们又将这一算法应用于一套包括了美国孟菲斯市主要居住区的人口统计数据，下辖 4 001 个统计区，共计 278 428 人和 144.6 km^2。数据用本研究提出的算法，按照下述两种模式处理，即基于统计区的模式和基于单元格的模式。前者用人口统计区作为空间单元，后者用一个网格中的单元格作为空间单元。网格将整个居民区划分为大小一致的单元格，不考虑人口统计区的大小差异。图 7－7 展示了两种模式下人口空间分布的密度，图 7－7（a）和图 7－7（b）都反映出居民区内人口的非均匀分布。表 7－1 列出了两种模式的主要参数。街区的居民数已知，单元格的居民数由人口密度和网格单元大小决定。

图 7－6　旅行距离大于 5 km 交通小区分布

表 7－1　两种模式的主要参数

	基于街区的模式	基于格网的模式
空间单元	街区	格网
总人口数	278 428	278 428
单元面积(km^2)	0.036(均值)	0.04
单元数量	4 001	4 017
每个单元的平均居民数	69.6	69.3
每个单元的最大居民数	2 010	1 067
避难所数量	20	20
预计容纳量	13 921.4	13 921.4
最大容纳量	15 931.4	14 988.4

采用假设的避难所数据。在研究区域内人为地选择 20 个点作为避难所的所在地，所有避难所都采用相同容量，其参数于表 7－1 中列出。旅行成本为一个空间单元的中心点

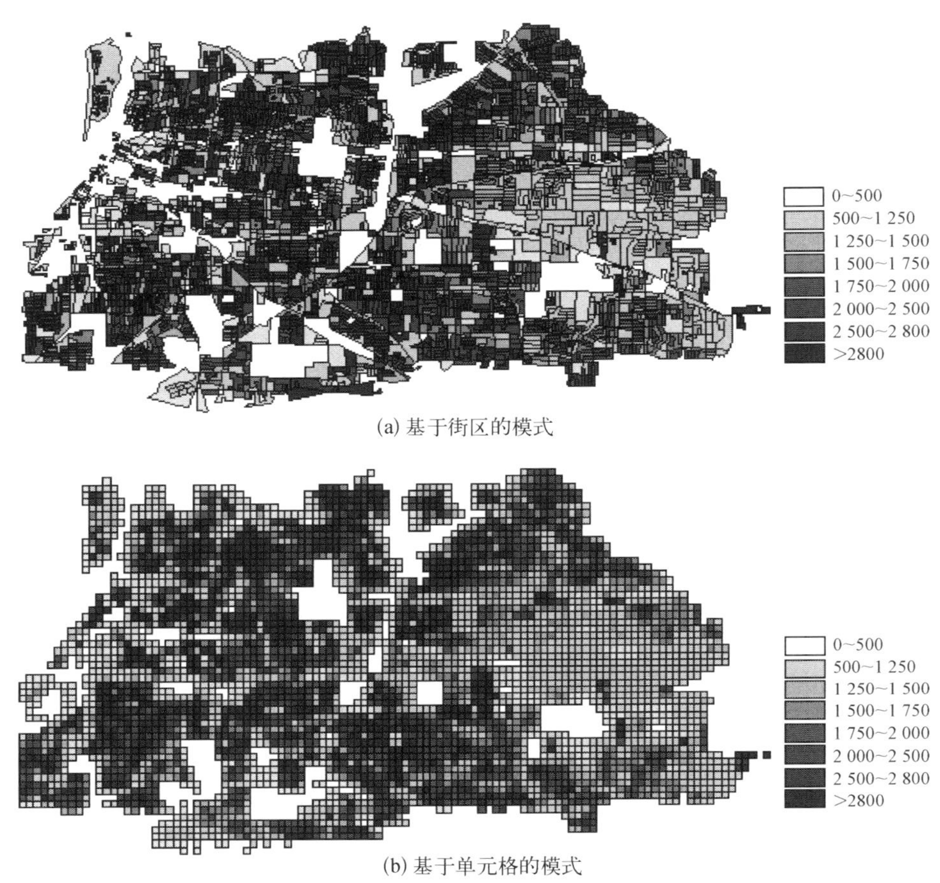

(a) 基于街区的模式

(b) 基于单元格的模式

图 7－7　人口空间分布密度(人/km^2)

到一个避难所的网络最短路径距离(简称网络距离),ESRI 公司的 ArcView,Network Analyst 和 Avenue 被用作计算网络距离。

实验对比了以下四种情况:

(1) 情况 1:每个空间单元都分配到一个最近的避难所,而不考虑避难所容量。

(2) 情况 2:应用替换插入算法,在算法 2 中选用 SC_{tr}(式 7－4)。

(3) 情况 3:应用替换插入算法,在算法 2 中选用 SC_t(式 7－5)。

(4) 情况 4:应用替换插入算法,但用直接插入处理总过程中步骤 5 的 a 和 f。

情况 1 为目前大多数服务范围划定算法,其他情况分别为本研究算法的三种不同用法,通过比较四种情况的运行结果,可以评价替换插入机制和选择替换单元方法的效果。图 7－8、图 7－9 分别展示了在基于街区和基于单元格的模式下,用网络距离作为旅行成本所划定的服务范围,图中的黑色实心圆点代表避难所的位置,为使图像更加清晰,图中没有显示空间单元的边界。避难所的实际容量与规划容量和最大容量也做了对比,由于

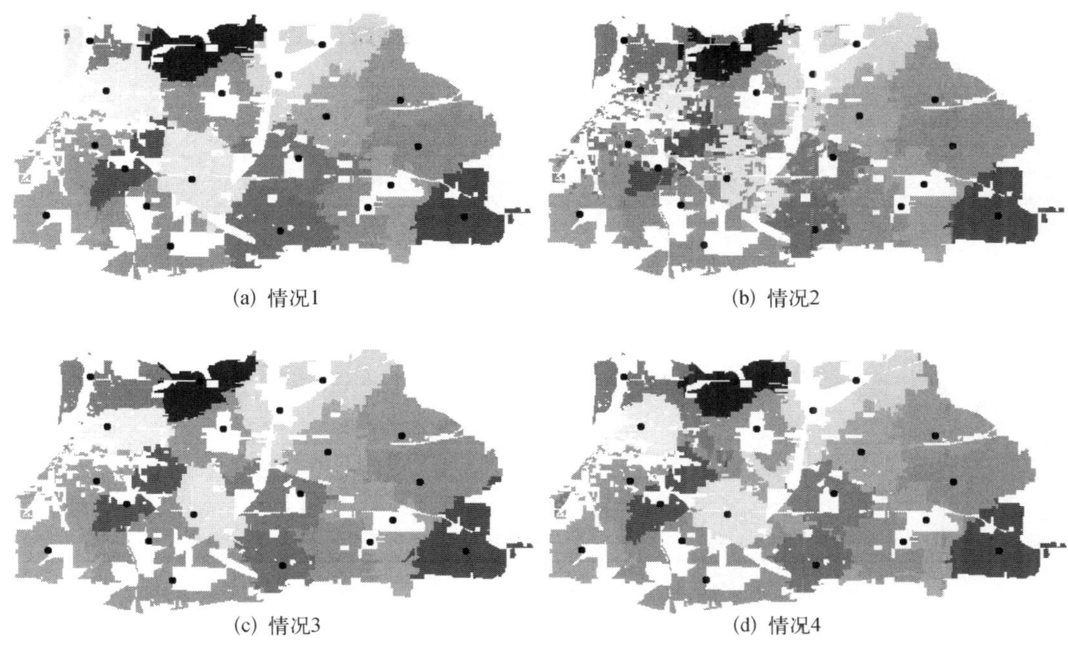

(a) 情况1　(b) 情况2

(c) 情况3　(d) 情况4

图 7－8　基于街区模式下用网络距离计算的避难所服务范围

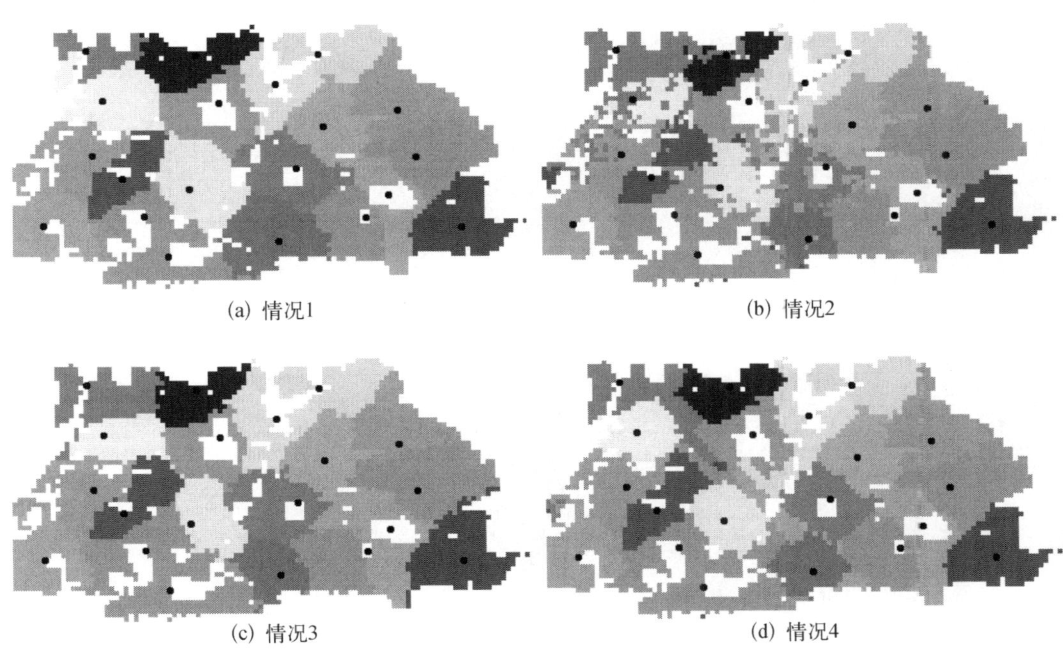

(a) 情况1　(b) 情况2

(c) 情况3　(d) 情况4

图 7－9　基于网络模式下用网络距离计算的避难所服务范围

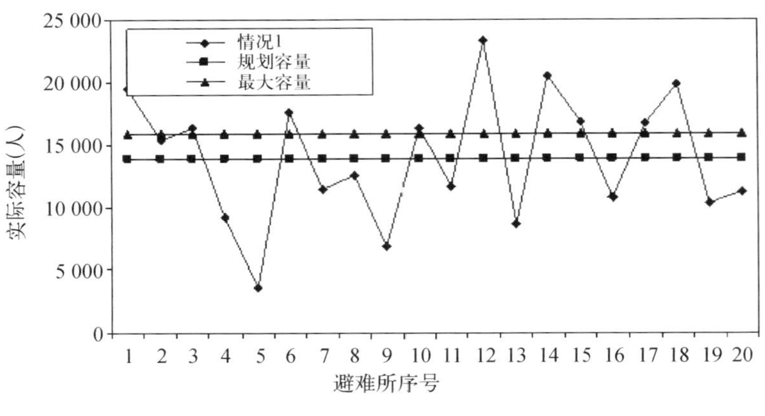

(a) 情况 1

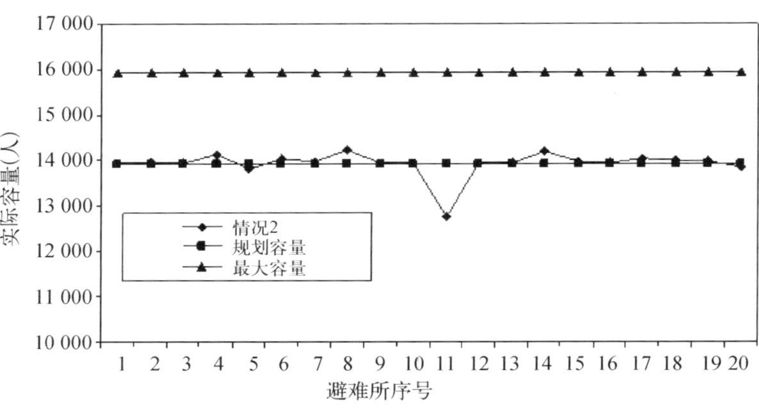

(b) 情况 2

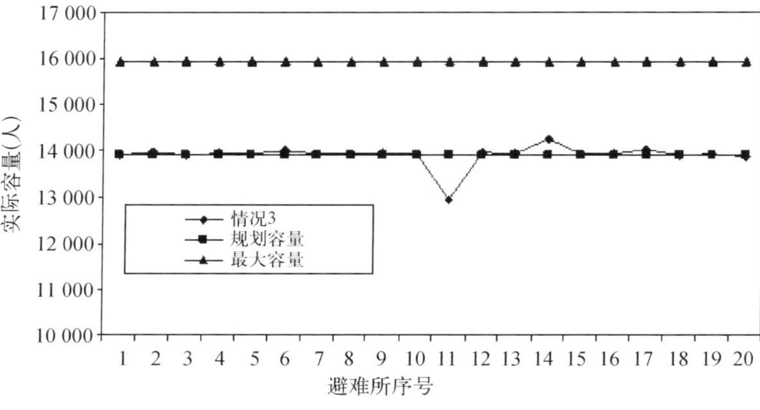

(c) 情况 3

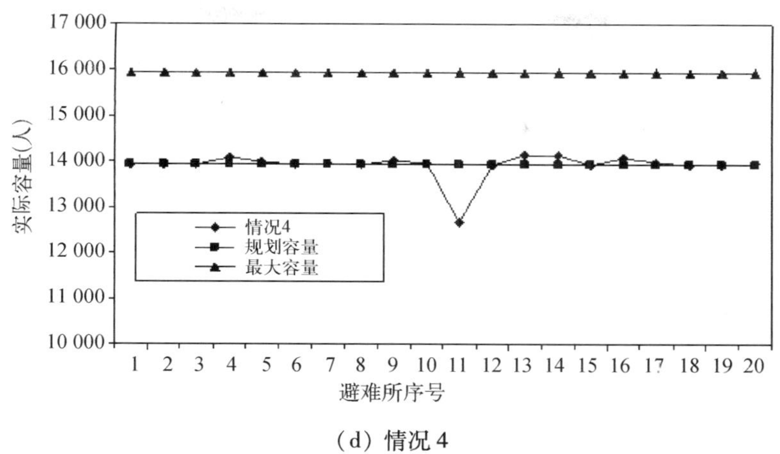

(d) 情况 4

图 7－10　基于图 7－8 的容量比较(基于图 7－4 的结果与该结果类似)

三幅图表现出极为相似的趋势,为减少重复,图 7－10 只展示了基于街区模式下,用网络距离计算的结果比较。

如图所示,在情况 1 下,尽管有良好的空间连续性,却存在着严重的避难所过度拥挤和未充分利用的现象,因此,这种情况是不合理的。相反,在其他情况下没有过度拥挤现象,而且情况 3 总有最佳的空间连续性,但是,由于边界效应和没有居民的空间单元的存在,情况 3 下仍然存在一些非连续的服务范围,但这些服务范围仍然可以归入到其他避难所的单一连续多边形内,并且这些多边形相互排斥。

从空间单元的形状来看,如图 7－8(c)所示,基于单元格的模式与基于街区的模式的计算结果,除前者的服务范围边界较后者更为光滑外,也基本相同。但在实际应用中,基于街区模式下的服务范围较易实施,因为它们总是与人口统计街区的行政界线保持一致。但是,如果可用数据的统计尺度达不到高分辨率的街区人口统计水平,那么,用基于单元格的模式将大的居民区划分为若干小的空间单元将是十分有效的。

图 7－11 说明了四种情况下的总旅行成本,情况 1 总是产生最低的旅行成本,情况 4 总是产生最高的旅行成本,而情况 2 的旅行成本总是大于情况 3 的旅行成本。为了进一步验证这一结论,又在情况 2 和情况 3 下,用基于单元格的模式和网络距离,采用本研究算法为三组避难所进行了服务范围的配置,图 7－12 为划定出的服务范围,图 7－13 比较了它们的总旅行成本,反映出同样的结果。因此,上述结论并非因为数据偶然性,但仍需从算法的角度进一步研究。

表 7－2 总结了在不考虑旅行成本的计算方法和应用模式时,对四种情况的讨论结果。如表中所示,鉴于预定目标和制约条件,按情况 3 制定的方案优于按其他情况制订的方案。

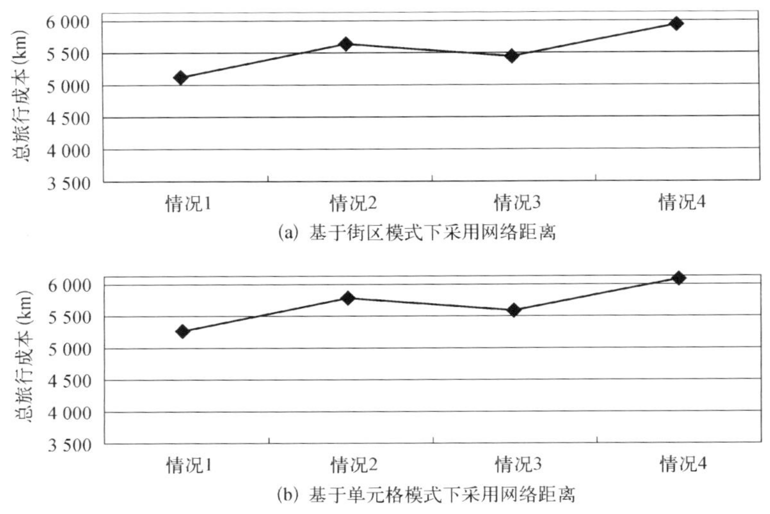

图 7 - 11 四种情况下的总旅行成本,即式(7 - 1)中的 V

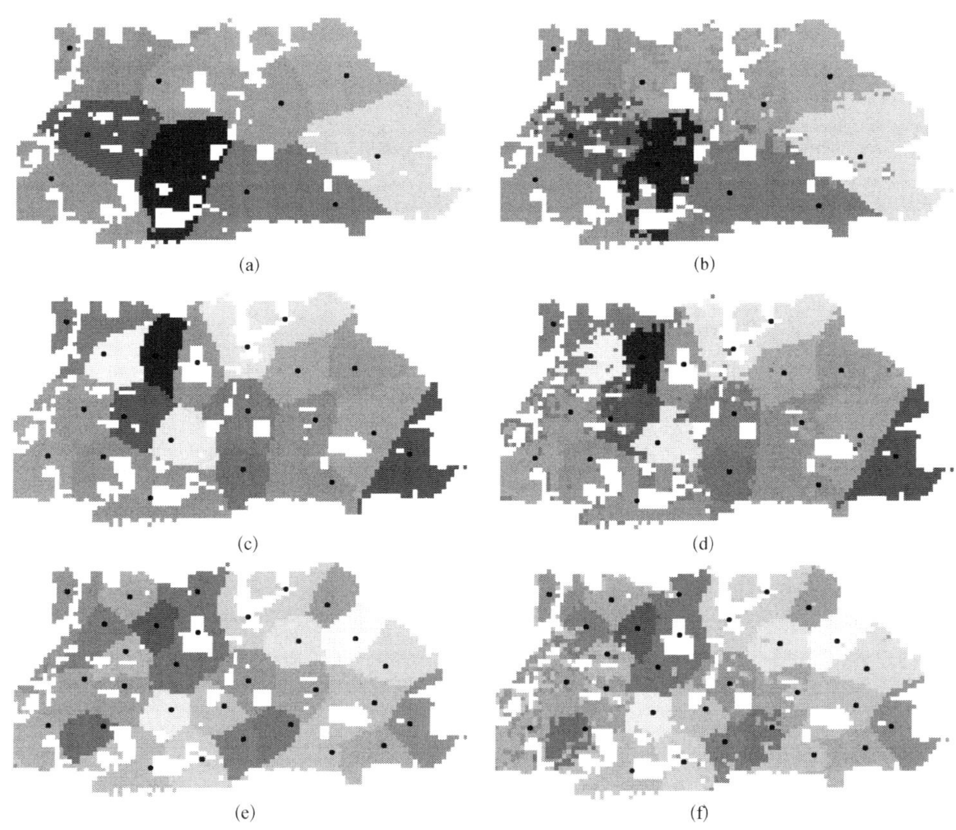

图 7 - 12 对 10 个避难所(a、b),20 个避难所(c、d)30 个避难所(e、f)在情况 2 下(a、c、e)和 情况 3 下(b、d、f),用基于单元格的模式和网络距离进行的更多实验中划定的避难所服务范围

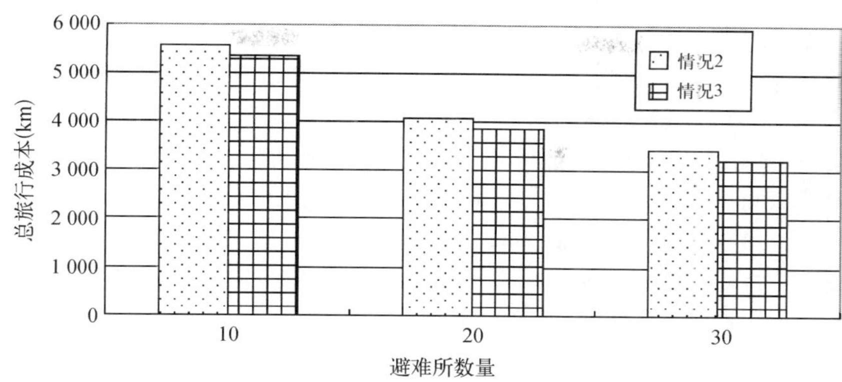

图 7－13　在情况 2 和情况 3 下，当避难所数量分别为 10、20 及 30 时的总旅行成本

表 7－2　四种情况的结果对比

	情况 1	情况 2	情况 3	情况 4
旅行成本	最少	更少	次少	最多
空间连续性	满足	部分服务区域零散分布	满足	部分服务区域被分割成多个部分
实际容纳能力	多数避难所超过其计划和最大的容纳能力	低于最大容纳能力	低于最大容纳能力	低于最大容纳能力
计算时间	快	慢	一般	快

第二节　避难所选址方法

避难场所包括防灾公园、广场、体育场、操场、停车场、学校、寺庙、开阔空地等(Murray et al.,2002)。以日本的防灾公园为例,1923 年的关东大地震将东京 40% 的建筑物夷为平地,受害者超过百万人,死亡者多达九万人,其中 90% 以上是被大火烧死的。在这场大震灾中,城市里的广场、绿地和公园等公共场所对灭火和阻止火势蔓延起到了积极的作用,其效力比人工灭火高一倍以上。许多人由于躲避在公园内而幸免一死。地震发生后,当时大约 70% 的市民都把公园等公共场所作为避难处。可见,我们要合理科学的选择应急避难场所的位置。

一、选 址 原 理

避难所选址问题属于公共设施区位问题,即给定一个地区内公共服务设施可能分布的地点,考虑公众公共服务设施的需求,确定公共服务设施的最优布局。这类问题属于区位科学研究领域的一部分,已有多种模型方法可以用于解决这类问题,如 P－中位数模型,区位覆盖模型，最大覆盖模型及极大熵法等（潘安平，2009），特别是 P -中位数模型，近年来已普遍应用于解决公共设施区位划分问题（潘安平，2009）。P -中位数模型把公共设施区位问题抽象为：在 N 个可能的地点中选取 P 个地点建立公共设施使得总加权（平均）施行距离最小，P -中位数模型的目标为追求总加权距离最小，即从系统的效率角度出发，其仿真结果仍可显示公平效果，当公共设施数目一定时，P -中位数模型是唯一有效而迅速的配置方法，同时具有简单明了、控制变量少、运算较迅速的优点。一个典型的 P -中位数模型往往假设：① P 个设施均提供同质服务，同时各分区需求者没有选择偏好，单纯以距离远近作为选择的依据；② 各分区必须仅由一个设施服务，而每个设施的服务容量假设为无限制；③ 人的行为是理性的，会利用相同的最短路线，移动至相同的设施，同时路况是固定的，无论何时均不变；④ 分区规模较小，且需求分布均匀，同时设施规模大小不影响需求，主要由需求决定设施规模。这种 P -中位数模型是无容量的公共设施区位模型，每个需求结点都有相应的公共设施提供服务。无容量的公共设施区位模型假设每个公共设施都能够无限度地满足需求结点的要求，即意味着每个避难所的容量是无限的，这显然不符合实际情况。在实际中，每个避难所所能容纳的人数是有限的，当一个避难所的人数达到上限以后，可认为此避难所就无法再提供避难服务，其他需疏散居民应按就近原则安排到最近的其他避难所（潘安平，2009）。因此，在避难所选址问题中，有容量限制的 P -中位数模型（约束 P -中位数模型）更符合现实中的避难所选址。

约束 P -中位数问题（Capacitated P-Median Problem, CPMP）是一种布局优化问题，可以描述为把一个带有权重或者需求量的需求点集合 N 分割为受约束的簇集合 P，要求每个需求点都分配并且仅分配到一个簇，且在满足簇约束的情况下使簇的相异度之和最小（Fleszar et al.，2008）。CPMP 在计算机网络的设计、销售地域的设计、选区的划分、车辆路径的选择等布局问题当中有广泛的应用（Mulvey et al.，1984；Bozkaya et al.，2003；Koskosidis et al.，1992）。它也与许多的线性优化问题有密切的关系（Fleszar et al.，2008），例如受约束的聚类问题（Capacitated Clustering Problem，CCP）、P -中位数问题（P-Median Problem，PMP）、指派问题（Generalized Assignment Problem，GAP）和单源的设施定位问题（the single source capacitated facility location，SSCFL）。CPMP 是复杂的线性优化问题，且该问题已经被证明是 NP - complete 问题（Garey et al.，1979）。由于问题的复杂性，在现实的情况中精确的算法很少被用来解决该类的问题，大部分的解决方法是用近似启发式的算法。这些启发式算法大致可分为两类：构造启发式和改进启发式方法（Osman et al.，1994）。在构造启发式方法中，首先观察所求解问题的特征，然后根据不同的特征设计特定的方法从数据源构造一个解，该方法的不足之处是求解问题的方法都与特定的问题有关，不能得到一个通用的解决问题的方法；在改进启发式算法中，首先构造一个解，然后通过局部邻域搜索方法逐步改进这个解，该算法的主要缺点是容易陷入局部最优解，而不能达到全局最优解（Franc et al.，1999）。近年来在改进启发式算法的基础上，学者们提出了许多的元启发式算法来求解各种各样的线性组合问题，这些算法提供了允许目标函数值变坏的机制，有效克服了局部搜索算法容易陷入局部最优的缺陷。常被应用到 CPMP 问题的算法有遗传算法，退火算法，禁忌算法，蚁群算法，GRASP 算法，分散搜索算法（Osman et al.，1994；Correa et al.，2004；李有梅等，2005；Ahmadi et al.，2005；Stephan et al. ,2006)等。接下来就以约束 P -中位数模型来探讨其如何解决避难所选址这一问题。

基于约束 P -中位数模型的避难所选址的基本步骤：每个需求点原则上都要被指派到距离自己最近的中心点，但是由于簇的容量约束这个原则并不能一定被满足，特别是在对应的簇容量较紧的情况下许多需求点被指派到远离自己的中心点，而出现所划分的簇不连续、间隔分布的情况。因此，首先采用基于替换插入机制的划分应急避难所服务范围算法作为指派算法来构造解，然后用基于外包矩形的局部搜索方法来提高邻域解搜索的效率，最后结合了路径重连算法，扩展邻域解的搜索范围，来提高解的质量。

在避难所选址问题中，约束 P -中位数模型表示如下（Ahmadi et al. ,2005）：

目标函数：
约束条件：
$$\min \sum_{i=1}^{n} \sum_{j=1}^{m} d_{i,j} x_{i,j}$$

$$\sum_{j}^{m} y_{ij} = 1 \qquad \forall i \in N \tag{7-7}$$

$$\sum_{j=1}^{m} y_j = p \tag{7-8}$$

$$x_{ij} \leqslant y_j \quad \forall i \in N,\ \forall j \in M \tag{7-9}$$

$$\sum_{i}^{n} q_i x_{ij} \leqslant Q_j \quad \forall i \in N,\ \forall j \in M \tag{7-10}$$

$$x_{ij} \in \{0,\ 1\},\ y_j \in \{0,\ 1\} \quad \forall i \in N,\ \forall j \in M \tag{7-11}$$

式中，N 是需求点集合；M 是候选中心点集合，在候选点集合 M 中选择 P 个布局设施；q_i是需求点的权重（如人数）；Q_j是中心点容量。式 7 -7 表示一个需求点必须被指派到唯一中心点；式 7 -8 表示设置的中心点的数量是 P；式 7 -9 表示只有当 $y_j=1$ 时 x_{ij}才能分配到 y_j；式 7 -10 表示被选择的中心点的容量约束被满足；式 7 -11 表示 x_{ij}，y_j的取值范围。

分散搜索（scatter search，SS）算法是一种基于群体搜索的启发式算法，算法的主要操作集中在参考集上（Marti et al. ,2006）。与其他基于群体的算法（如遗传算法）一样，新解是通过结合参考集合中的一个子集，然后再经过局部改进而产生，并将其加入到参考集，新参考集中的解既保留父代的优良性能又可以防止解过早收敛，反复迭代直到参考解集中的解不再改变为止，分散搜索算法和路径重连算法基本步骤如下（图 7 -14）（Stephan et al. ,2006；Marti et al. ,2006；Cotta,2006）。

第一步，构建初始解。此步骤可以构建一个可行解，利用可行解为种子解产生一个初始解集合。初始解的构造可以分为两个步骤，一是构造一个含有 P 个中心点的集合，二是将需求点指派到中心点，在该过程中应用到了划分避难所服务范围的替换插入算法。上述过程可进一步简述如下：假设已选择 P 个中心点，并且初始化每个中心点所在的簇为空，指派过程如下：计算距离需求点最近的中心点，如果中心点的容量未满就将需求点直接指派到该中心点，否则就在中心点所在的簇中选择一个与邻近的中心点的簇相邻的元素作为替代元素。如图 7 -15 所示（Li et al. ,2008），图中有三个簇，每个簇的中心点分别为 s_1、s_2和 s_3，每个簇已经被指派一些需求将 a 分配给 s_1，否则，如果 s_1和 s_2都不满足条件，

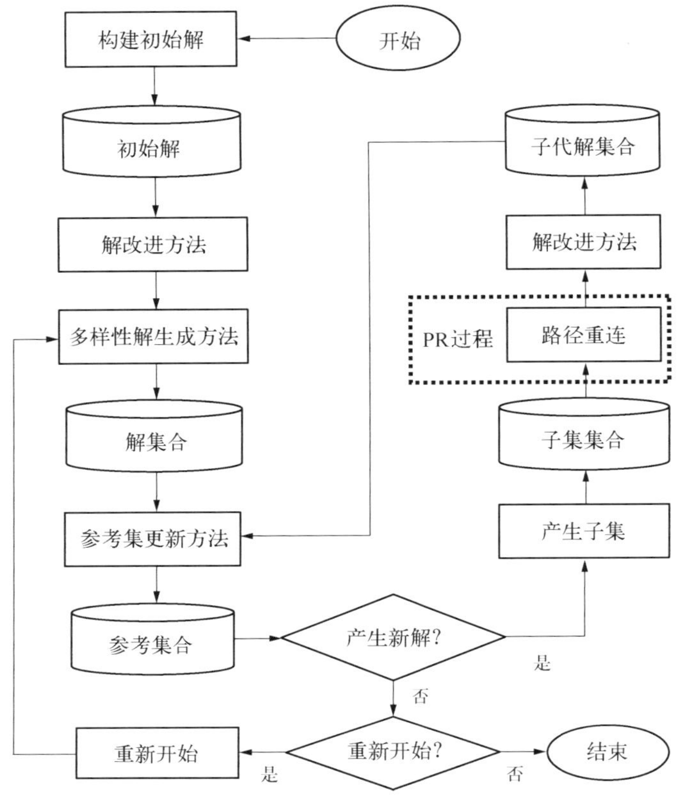

图 7－14　分散搜索算法的流程图

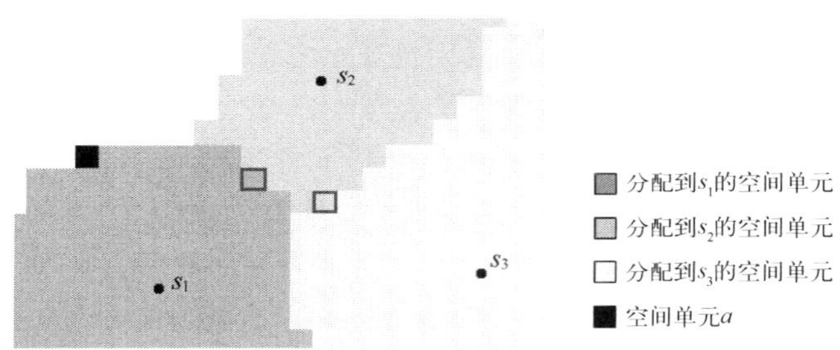

图 7－15　替换插入图

只有 s_3满足，则被指派给 s_3，但是把 a 指派给 s_3会妨碍 s_3的空间连续性，从而可能增加总的目标函数值。因此，另一种方法就是寻找一个称为替代元素的需求点，这个需求点必须已经指派给 s_1或 s_2，且与 s_3的服务范围相邻，并将之指派到 s_3，这时 s_1或 s_2被占用的容量可以空出并将 a 分配给 s_1或 s_2，通过这种机制我们可以得到一个满足服务范围空间连续性的可行解。

第二步，改进解。根据上述步骤可产生符合约束条件的可行解，但该可行解不一定是优化解，为了减小目标函数值以找到优化解，我们进一步引入基于 λ－交换（Correa et al.，

2004)的局部启发式搜索算法来对解 S 的邻域进行搜索。对 S 的邻域搜索过程可简述如下：已知解 $S_0 = \{C_1, C_2, \cdots, C_p\}$，每个簇 C_i 的中心点是 S_i，两个簇(C_i, C_j)的邻域可以用两种经典的邻域结构来表示即替换和交换，替换就是将 C_i 中的一个需求点指派到 C_j，同时从 C_i 中将该点删除，反之亦然；交换就是将 C_i 和 C_j 中的两个需求点进行交换，交换它们的簇属性。这两种邻域都可以得到一对新的簇(C_i', Cj')，用它去代替(C_i, C_j)就可以产生一个新的解 S_0'，在该搜索的过程中要保证替换和交换都要满足 CPMP 的约束条件。判断 S_0'的目标函数是否有改进，若 S_0'优于 S_0 就可以代替 S_0，如此迭代直到找到 S_0 邻域内的局部最优解。如果每一对(C_i, C_j)都要被处理，处理次数就是 $P(P-1)/2$，但这并不必须，因为若(C_i, C_j)不相邻，替换、交换并不能改善解的质量，反而有可能破坏解的连续性，因此只需要处理相邻(C_i, C_j)。基于此，本研究提出运用外接矩形的方法来寻找有邻接关系的(C_i, C_j)。定义每个需求点都有一个坐标(X, Y)，由于簇是需求点的集合，那么这些需求点就应该在以($X_{\min}$, $Y_{\min}$)和($X_{\max}$, $Y_{\max}$)为边界的矩形范围之内，该矩形就是这个簇的外包矩形，判断(C_i, C_j)是否邻接就是判断两个簇的外包矩形是否有交叉。为了避免出现使两个簇的外包矩形相邻接但不交叉的直线边界，我们在原来边界值的基础上添加一个微小的增量 Δd，适量放大外包矩形的边界。此外，簇中的元素发生变化时，簇边界值也将更新。最后，对于使用外包矩形方法与未使用该方法的计算结果的对比将在实验部分论述。

第三步，生成多样性解。上述方法生成的解作为参考集的候选解，这些解必须在问题的解空间范围内广泛分布，这样才能避免陷入局部最优，进而搜索整个解空间。所有候选中心点集合为 A，初始解中已选择的中心点集合为 L，剩余中心点集合为 L_0，循环 L_0 中的每个元素 x，找到 Max(x, L)记为 x_0，将其转移到 L 的结尾同时删除 L 开头的元素，以保持 L 中元素个数不变，同时将 x_0 添加到一个新的集合 M，如此循环直到 L_0 为空。最后再将初始解中心点按照同样的方法加入 M，从集合 M 中取第 1 到 P 个元素，第 2 到 $P+1$ 个元素，以此类推直到第 $M-P$ 位置的元素，将这一组的中心点通过第一步的解构造方法，即可产生大量多样性解。

第四步，更新参考集。参考集合大小为 B，参考集有两类解集合组成，一类是质量较好的解集合 B_1，一类是多样性较好的解集合 B_2。当产生的新解传入该方法，首先判断该解的目标函数值，若小于 B_1 中的最大值则将其插入替换 B_1 中目标函数最大的解，若不比 B_1 中的解更优，则继续判断与 B_2 的差异，如果差异值大于 B_2 中的解，则将其插入替换 B_2 的一个解。

第五步，产生子集。该步骤从参考解集合中产生子集，用于路径重连算法中。理论上参考解集合中的每个子集都是路径重连算法的候选解，并且子集的种类也很多，但在通常情况下，所采用的子集大小是 2，即要产生所有大小为 2 的子集。

第六步，结合路径重连算法优化解。路径重连算法是一个确定性的演化算法，它将第五步产生的大小为 2 的子集合中的一个解作为起始解，令一个解作为导向解，然后按照一定的规则产生一条从起始解到导向解的路径，以能够获取更优解。解在路径上移动时，导向解的属性逐步被引入到起始解中以形成一系列的新解，然后利用这些新解更新参考集。当路径上的解搜索完毕，然后把导向解和起始解的位置交换，可以生成新的解路径。

二、应 用 案 例

实验 1 基于一组标准数据集合（Lorena et al. ,2003），需求点 N 及其中心点 P 的规模用 $SJC(N, P)$ 表示，分别为 SJC_1（100，10），SJC_2（200，15），SJC_{3a}（300，25），SJC_{3b}（300，30），SJC_{4a}（402，30）和 SJC_{4b}（402，40）。对比使用外包矩形方法与未使用该方法的实验结果，如表 7－3 所示，第 2 列表示已知文献中该问题规模的最优解，第 3 列和第 7 列表示前一情况下的目标函数值和求得解所耗费的时间，第 5 列和第 8 列是第二种情况下对应的值，第 6 列和第 9 列表示两种情况比较所得到的差值百分比，第 4 列表示第一种情况与最优值的差值百分比。

表 7－3　运行结果对比表

不同数据集规模的问题	目标函数值–最优解	目标函数值－外包矩形法	目标值差值百分比（外包矩形法，最优解）	目标函数值－非外包矩形法	目标值差值百分比（外包矩形法，非外包矩形法）	时间－外包矩形法	时间－非外包矩形法	时间差值百分比（外包矩形法，非外包矩形法）
SJC_1	17 288	17 350	0.36	17 336	－0.081	7	9	28.6
SJC_2	33 270	33 442	0.52	33 441	－0.003	80	100	25
SJC_{3a}	45 338	45 453	0.25	45 481	0.062	415	504	21.4
SJC_{3b}	40 635	41 098	1.14	41 092	－0.015	520	644	23.8
SJC_{4a}	61 928	62 297	0.60	62 298	0.002	1 248	1 571	25.9
SJC_{4b}	52 541	53 239	1.32	53 360	0.227	1 511	1 900	25.7

结果分析如下：① 计算结果误差（第 4 列）在 0.25～1.32 之间，尚没有达到最优的结果，这是由在满足中心点容量约束的条件下牺牲一部分的函数值来保持中心点服务范围的空间连续性而造成，并且结果也在允许的范围之内；另一方面，误差值相对均匀，这说明上述算法针对不同规模的问题时具有很好的稳定性。② 从列 7、8 可以明显看出，算法的运算时间随着问题规模不断增大而不断变长，例如 SJC_1 执行时间是 7 s 而 SJC_{4b} 迅速增加大到 1 511 s。另外从列 9 可以看出，方法 1 相比较于方法 2 运算时间明显缩短，平均提高25.0%，这充分说明采用外包矩形法来减小不必要的邻域搜索的范围，缩短算法运行时间是非常有效的。③ 列 6 表示两种情况的目标函数值之差，平均差值绝对值只有 0.065，这说明外包边界矩形方法在明显缩短计算时间的情况下，并没有使目标函数的值发生大的变化。

此外，我们仍旧选择美国孟菲斯市主要居住区为研究区域，用上文提到的算法针对避难所优化选址问题进行实验。我们用 C#编写程序实现提出的算法，程序运行在英特尔奔腾 E2140 1.6G CPU、1G 内存及 160G 硬盘的计算机上面。将孟菲斯市主要人口居住的 4 001 个统计小区划分为 4 017 个大小一致的单元格，然后将统计小区的人口分散到各个单元格内，单元格化处理使得人口统计小区得以规则化，这既能保持簇的空间连续性，又利于问题求解。全区共有 100 个候选避难所，选择其中的 29 个建立应急避难所，需求点到中心点的距离 $d_{i,j}$ 用直线距离表示。这里分别采用三种不同的方法进行避难所选址：① 随机为 29 个避难所生成位置，然后划分服务范围。② 在第一种方法的基础上，运用局部搜索算法选择避难所。③ 在第一种方法的基础上，运用上述提到的算法选择避难所。其结果如图 7－16(a、b、c)所示。

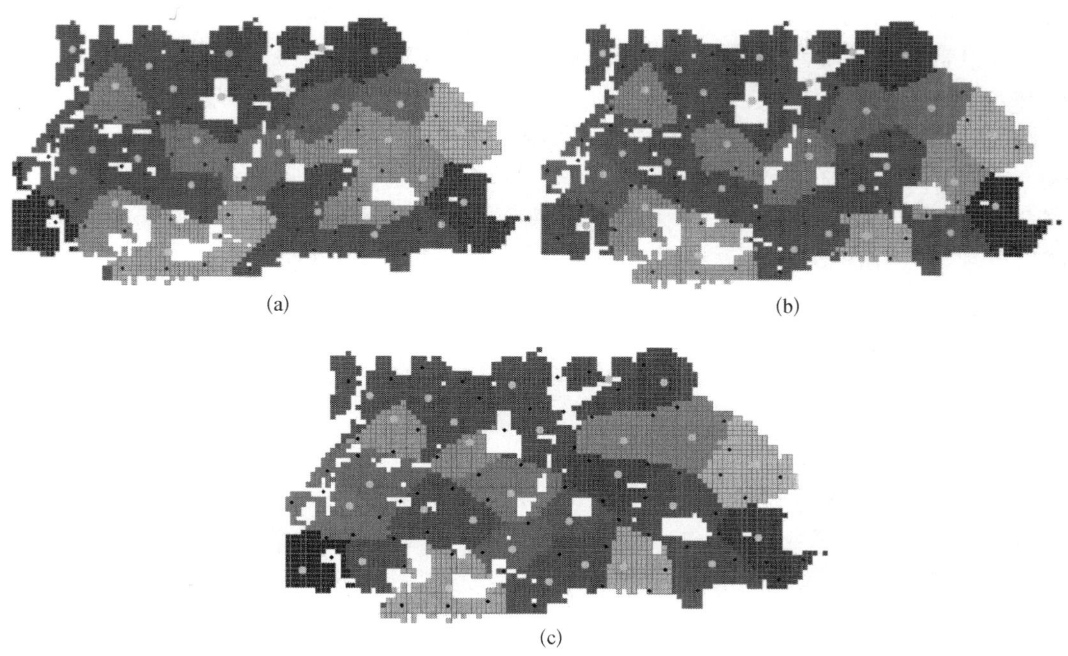

图 7－16　三种不同避难所选址方法的比较

这三种方法都可以得到连续、就近和排他的服务区域，由于图 7－16(a)的避难所没有经过优化选址，所以随机选择避难所的方法一般得不到最优的结果。实验计算结果每个单元格的人员撤离到指定避难所的平均距离是 1.314 0 km，而第二种方法的平均旅行距离只有 1.078 8 km，第三种方法只有 1.050 7 km，另外从图中也可以明显看出方法 1 的避难所的位置有很多落在所服务范围的边缘，这样的情况是不利于减少总的旅行距离。出现这种结果是由于中心点位置是随机选定的，没有能够考虑周边单元格的人口密度情况，由于还要保持空间服务单元的联系性，所以就出现平均旅行距离增加和中心点偏离重心位置的情况。图 7－16(b)是应用了局部邻域搜索的方法，该方法在执行过程中不断地调整避难所的位置，可以在满足约束的情况下，得到目标函数局部最优的解，从图中可以清晰地看出中心点位置和所服务的范围的分布情况，其结果也比方法 1 每个单元少0.232 5 km的旅行距离。图 7－16(c)是利用本研究提出的算法所产生的结果，其平均旅行距离又比方法 2 每个单元格平均减少 0.028 1 km，从图中可以看出中心点的选择得到了优化，同时也保持了服务范围的空间连续性，使每个栅格单元尽可能的分配到最近的避难所。

第三节　有组织分阶段疏散方法

灾害事件往往迫使大量居民离开住所，疏散到集中避难所或其他类型的安全地带，以避免人员伤亡。这些紧急疏散按时间组织形式可分为同时疏散和分阶段疏散两类(Chien et al.,2007)。在同时疏散的情况下,一旦发出疏散命令,所有的疏散者(如车辆和行人)同时出发;而在分阶段疏散的情况下,首先需要根据所有疏散者的地理位置将其分组,然后各组根据其既定时间出发,沿着其既定的疏散路线开始疏散。然而,在突发事件引起的大规模疏散过程中,有限的交通基础设施往往无法满足短期内生成的大量交通流,有研究表明,当疏散者产生的交通流量远远大于交通基础设施提供的承载量时,分阶段疏散比同时疏散更加有效(Chen et al.,2004)。这主要是由于同时疏散往往伴随着自发性行为,当面对有限的交通基础设施时,自发性行为极有可能导致混乱和冲突,从而严重拖延疏散过程。因此,针对极端灾害事件,我们建议,相关部门有必要事先制定分阶段疏散计划,能在充分考虑交通基础设施、待疏散人员总量及空间分布差异等因素基础上优化疏散过程。

一、疏散方法原理

第一节和第二节中讨论了避难所选址及划分避难所的范围问题,并介绍了相应的算法和应用。然而,严重灾难发生时,要在最短时间内将人员都疏散到避难所或其他安全地带并非易事,尤其灾难发生在人员较密集地区时。本节将介绍一种基于道路的疏散算法,优化疏散过程。

目前,大多数相关研究致力于模拟疏散过程,并设法找到影响疏散时间的重要因素(Chen et al.,2004;Sinuany-Stern et al.,1993;Murray-Tuite et al.,2004;Han et al.,2005;Cova et al.,2002;Chiu,2004),也有一些研究集中于利用网络流模型评价疏散计划(Chien et al.,2007;Cova et al.,2003;Yamada,1996),但很少有研究在交通流模拟或者网络流模型的分析基础之上提出一种制定疏散计划的可行方法。

在道路容量受限的网络中,利用一些线性规划方法可以生成优化的疏散路径(Chalmet et al.,1982;Francis et al.,1984;Hamacher et al.,2002;Hoppe et al.,1994;Kisko et al.,1985),但这些方法往往需要使用者事先估算含未知因素的参数值,如总疏散时间的上限,这些参数值的正确与否将极大地影响方法结果,此外,线性规划方法通常也比较费时,不适用于大尺度问题。为此,Lu 和 George(2005)提出了一种用于容量受限道路网络路径规划的启发式算法,其与线性规划方法相比更为经济和快速,但其一些假设条件往往与现实不符,如该算法假定道路交叉口同样具有容纳大量疏散人流的能力。此外,在确定每个疏散组的规模时,该算法利用每条疏散路径的第一个路段容量作为唯一标准,而忽略了疏散目的地与疏散路径的邻接关系等其他现实因素。Liu 等(2006)提出了另一种在紧急情况下基于细胞自动机的网络规划方法,该方法可用于计算每个疏散组疏散的最优起始时间,其定义了每个疏散组的疏散区,只要该疏散组移出疏散区,则认为疏散成功。

在上述研究成果的基础上,我们接下来将在本节介绍一种新的分阶段疏散算法,与前述的基于细胞自动机的网络规划方法不同,我们假设所有疏散组都有对应的安全出口,且仅当所有疏散组均通过安全出口后,才认为疏散过程成功完成。利用该算法可确定各疏散组的出发时间及路径。

我们利用结点-弧段模型描述道路网络(Sheffi,1985),将道路抽象为弧段,将道路间的交叉口抽象为结点。假设 $G = <A, N>$ 表示一个道路网络,其中 $A = \{a_1, a_2, \cdots, a_k\}$ 表示对应于 k 条路段的 k 个弧段的集合,$N = \{n_1, n_2, \cdots, n_m\}$ 表示对应于 m 个道路交叉口的 m 个结点集合。被疏散者必定从网络中某个结点出发,经过道路网络,到达另一个代表疏散目的地的结点。那么,应该如何组织疏散,才能使所有被疏散者最快全部疏散到疏散目的地?

我们将通过同一结点进入网络的疏散人员归为一组,则所有疏散者可被归并为数个疏散组,定义相关变量如下:

δ——疏散组的数量;

n_{exit}——疏散目的地结点;

t_0——疏散命令发出的时刻;

$size_v$——疏散组 v 中疏散者的数量,$v \in [1, \delta]$;

t_{pass}^v——疏散组 v 完全通过道路网络上任一结点所需要的时间;

n_0^v——疏散组 v 进入道路网络上的第一个结点;

t_0^v——疏散组 v 的起始疏散时刻,即当组内第一个疏散者进入 n_0^v 的时刻;

$route_v = \{a_0^v, a_1^v, \cdots, a_{k-1}^v\}$——疏散组 v 的疏散路径,共包括 k 条弧段。根据上述定义可知,n_0^v 和 n_{exit}:分别为弧段 a_0^v 和 a_{k-1}^v 的两端点之一;

t_i^v——疏散组 v 进入弧段 a_i^v 的时刻,$i \in [0, k-1]$;

t_{travel}^v——疏散组 v 沿 $route_v$ 的总行驶时间(不考虑交通拥堵);

t_{wait}^v——自疏散组 v 出发后,在到达结点 n_{exit} 前的总等待时间。

此外,我们给出如下四个假设:

(1)当无交通拥堵时,每个疏散者的疏散速度相同,均为 $speed_{eva}$。

(2)除疏散产生的交通流外,无其他背景交通流。

(3)所有路段具有相同通过能力,即相同的车道数量,定义为 $lane_{no}$。

(4)所有疏散小组的疏散目的地相同且唯一,而对于多疏散目的地的问题,我们将在文章结论部分进行讨论。

在大规模的有组织疏散过程中,通过强制性临时调整道路网络中的通行规则可以令上述假设实现。为计算方便,我们令 $size_v$ 等于疏散车辆以速度 $speed_{eva}$ 沿车道数为 $lane_{no}$ 的网络路径进行疏散时在路段上占据的长度。由于 $speed_{eva}$ 和 $lane_{no}$ 是常量,并且 $t_{pass}^v = size_v / speed_{eva}$,因此对于一给定疏散组来说,$t_{pass}^v$ 和 $size_v$ 是固定值。另外,我们定义 $[t_i^v, t_i^v + t_{pass}^v]$ 表示疏散组 v 沿 $route_v$ 通过弧段 a_i^v 时的占用时段,$i \in [0, k-1]$,在此占用时段内,其他疏散组无法进入此弧段。

根据以上变量及假设,我们定义总疏散时间 TET 如下:

$$TET = \max[(t_0^v - t_0) + t_{travel}^v + t_{wait}^v + t_{pass}^v], \text{ For } \forall v \in \{1 \cdots \delta\} \qquad (7-12)$$

TET 代表了自 t_0 至最后一个疏散组完全通过 n_{exit} 的时段。为描述 *TET* 的范围，我们定义 *SET* 表示从 t_0 到最后一个疏散组完全通过 n_{exit} 的理论最小可能时段，其公式如下：

$$SET = \sum_{i=1}^{\delta} t_{pass}^{i} + \min(t_{travel}^{v}), \text{ For } \forall v \in \{1 \cdots \delta\} \tag{7-13}$$

在实际疏散过程中，获得理论最小可能时段 *SET* 的唯一情况是，最接近 n_{exit} 的疏散组必须首先到达 n_{exit}。然后，其他的疏散组必须不断地跟随进入 n_{exit}，也就是说，任意两个相继到达 n_{exit} 的疏散组之间无时间间隔。上述情况是否能出现依赖于被疏散者的分布和道路网络的空间配置以及具体的疏散计划。而一般情况下，*TET* 必定大于 *SET*。不论是同时疏散还是分阶段疏散，其共同目的都是尽量降低 *TET*，而分阶段疏散也同时需要将 t_{wait}^{v} 减到最少，进而减少交通拥堵。

在公式 7－12 中，对于一个给定的疏散组，由于 t_0 已知，t_{pass}^{v} 为固定值，因此优化疏散问题可简化成最小化 t_{travel}^{v}，t_{wait}^{v} 及 t_0^{v} 值。根据这一思想，我们设计了如下的基于道路网络的分阶段疏散算法。

分阶段疏散算法的基本原理可以描述如下：对于每个疏散组 v，首先，采用 Dijkstra 最短路径算法（Dijkstra，1959）计算每个疏散组到 n_{exit} 的最短路径 $\{a_0^v, a_1^v, \cdots, a_{k-1}^v\}$，由此可获得 t_{travel}^{v} 的最小值；其次，令 t_{wait}^{v} 值为 0，采用算法计算最早的 t_0^v 值。令 $\tilde{t}_0^v$ 代表疏散组 v 的暂定的出发时间，$\tilde{t}_i^v$ 为疏散组 v 在 $\tilde{t}_0^v$ 时刻出发，沿路径 $\{a_0^v, a_1^v, \cdots, a_{k-1}^v\}$ 到达 a_i^v 的时刻，$i \in [1, k-1]$，我们利用以下算法确定所有疏散组的优化出发时间 t_0^v，其步骤如下：

1. While 尚有疏散组，其优化出发时间未确定
2. 　　Repeat for $v = 1$ to δ
3. 　　　　If 疏散组 v 的出发时间尚未确定，then
4. 　　　　　　Let $\tilde{t}_0^v = t_0$，$\{a_0^v, a_1^v, \cdots, a_{k-1}^v\}$ 为疏散组 v 的疏散路径
5. 　　　　　　Repeat for $i = 0$ to $k-1$
6. 　　　　　　　　在弧段 a_i^v 上寻找最早可用的非占用时段 $[t_x, t_x + t_{pass}^{v}]$，其中 t_x 代表任意时刻，且 $t_x \geqslant \tilde{t}_i^v$
7. 　　　　　　　　$\tilde{t}_0^v = \tilde{t}_0^v + (t_x - \tilde{t}_i^v)$，$\tilde{t}_{i+1}^v = \tilde{t}_{i+1}^v + (t_x - \tilde{t}_i^v) + l/speed_{eva}$，其中 l 代表弧段 a_i^v 的长度
8. 　　　　　　End repeat
9. 　　　　End if
10. 　　End repeat
11. 比较所有暂定的出发时间，找到其中最小值 $\tilde{t}_0^e$，对应于疏散组 e
12. 则疏散组 e 最后确定的优化出发时间 $t_0^e = \tilde{t}_0^e$，在 $route_e$ 中所涉及的每个弧段中记录由疏散组 e 所占用的时段
13. End while.

此算法包括三个嵌套循环。其原理是首先假定所有出发时间未确定的疏散组的暂定

出发时间均为 t_0，然后探测按此时间出发，疏散路径上是否存在等待现象，即与现有占用时段冲突，如有，则推迟暂定出发时间，如此往复，直至此路径中没有任何时间冲突；当所有疏散组的暂定出发时间均已确定后，我们选择出其中具有最早出发时间的那一组，并将其暂定的出发时间确定为该组的出发时间，并记录在其疏散路径中涉及的各个弧段的占用时段，而其他组的出发时间仍为未确定状态；最后，重复上述过程，直至所有疏散组的出发时间均最后确定下来。针对每个弧段，我们用一个时段数组记录其在时间维上的被占用情况，数组中每一个元素为一个占用时段，例如 $[t_i^v, t_i^v + t_{pass}^v]$。初始状况下，所有弧段的时段数组均为空，而当某一疏散组出发时间确定后，新的占用时段元素将被添加到所涉及弧段的时段数组中。

在某些情况下，如果多个疏散组有相同的暂定出发时间，则可以根据实际需要进一步比较它们的其他属性，如疏散组大小（$size_v$）或行驶时间（t_{travel}^v），来选择其中的一组。例如，如果距离疏散目的地比较远的疏散组需要比近的疏散组先疏散，则应该选择 t_{travel}^v 最大的那一组。

根据以上的解释，算法的总循环时间约为 $\frac{1}{2} \times \delta \times (\delta + 1) \times \bar{k}$，其中 $\bar{k}$ 为所有疏散路径的平均步骤数，算法的时间复杂度为 $O(\delta^2 \bar{k})$。根据此算法，我们可获得如下定理。

定理 1　令 p 和 q 代表依次到达 n_{exit} 的两个疏散组，并且疏散组 p 先于疏散组 q。如果疏散组 q 的出发时间满足 $t_0^q > t_0$，则当疏散组 p 和 q 通过 n_{exit} 时，期间没有时间间隔。

证明：因 $t_0^q > t_0$，则在疏散组 q 的疏散路径上，必定存在某一步骤 i、对应的弧段 a_i^q 以及占用时段 $[t_i^q, t_i^q + t_{pass}^q]$，由于存在与疏散组 x 在第 j 步占用时段 $[t_j^x, t_j^x + t_{pass}^x]$ 的冲突，令疏散组 q 的暂定出发时间被推迟。$t_j^x + t_{pass}^x$ 必须等于 t_i^q，因为，若非此，t_0^q 可提前至 $t_0^q - [t_i^q - (t_j^x + t_{pass}^x)]$。上述讨论意指在使用弧段 a_i^q 时，疏散组 x 与 q 之间没有时间间隔。此后，因疏散组 x 与 q 均以 n_{exit} 为疏散目的地，且均采用唯一的最短路径，所以二者余下的疏散路径必定相同。由于算法原理保证 t_{wait}^x 及 t_{wait}^q 均为 0，因此在之后的疏散过程中两者都不停止，且无间隔地经过 n_{exit}，根据该定理的条件，当通过 n_{exit} 时，在疏散组 q 前的最近一组是疏散组 p，因此，x 即 p。定理证明完毕。

定理 1 表明，根据我们的算法，只要某个疏散组的出发时间比 t_0 晚，当它们通过 n_{exit} 时，此组与其前一组之间没有时间间隔。由于在大规模疏散过程中，大部分疏散组无法在 t_0 时刻同时出发，因此该定理保证了通过 n_{exit} 时的交通流在大多时间下饱和，从而有利于维持高效率的疏散。

二、应 用 案 例

我们利用 Java 程序语言实现了基于道路网络的分阶段疏散算法的编码，并展开了一系列实验。实验环境如下：一台奔腾 4 计算机，3.0GHZ 的 CPU，1GB 的主内存，80GB 的可用硬盘存储空间。图 7－17 为本研究采用的道路网络，此网络有 312 条弧段，以及 247

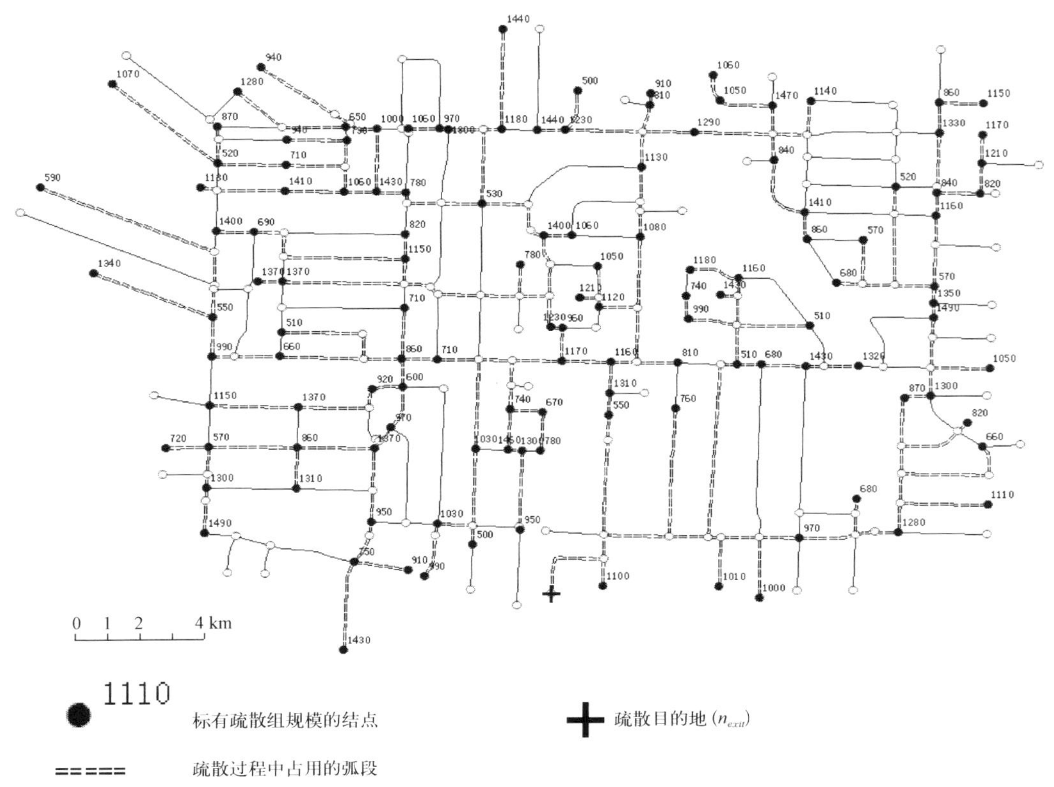

图 7 - 17　在情境 1 情况下 127 个疏散起始结点以及疏散过程中占用的弧段的空间分布

个结点,部分结点被随机选择出来作为疏散起始点,对于每个疏散起始点,疏散者数量也随机确定。我们应用 Dijkstra 算法来计算每组的最短路径。为了评估方法在不同疏散规模下的运行情况,我们设计了五种情境,其主要参数见表 7 - 4。其中,对于情境 1,含有疏散者的结点与包括在疏散路径中的弧段的空间分布也展示于图 7 - 17 中。疏散组规模由其在道路网络上的占用长度表示,因此,其单位为"m"。情境 2 和情境 3 有着同样的疏散组长度,但是比情境 1 的疏散组数量多,而情境 4 和情境 5 有着相同的疏散组数量,但是平均疏散组大小比情境 1 大。从情境 1 到情境 5,总疏散规模与弧段总长度之比不断增加,其中弧段总长度为 44.829 万米。

表 7 - 4　五种情境的主要参数

	情境 1	情境 2	情境 3	情境 4	情境 5
平均疏散组规模（m）	1 000	1 000	1 000	1 500	3 000
疏散组数量(个)	127	147	167	127	127
总疏散规模(m)	127 150	147 150	167 150	190 700	381 450
总疏散规模与弧段总长度比	0.28	0.33	0.37	0.43	0.85

为比较计算结果,我们还同时编写了一个程序用来模拟同时疏散过程。程序假设所

有疏散组在 t_0 时刻开始同时出发，并且采取到 n_{exit} 的最短路径。只要前方无冲突，则持续前行，否则原地等待。由于只有一个疏散目的地，因此很容易证明，当疏散组遇冲突，并放弃等待而是选择其他非最短路径继续前往疏散目的地时，总的疏散时间不会减少。我们假设当存在路段竞争时没有时间和交通资源浪费，即当两个或两个以上的疏散组正在同时进入同一弧段时，其中一个疏散组立即前行而其他疏散组等待。此外，我们假设所有疏散组以相同的速度 $speed_{eva}$ 前进。上述假设实际上描述了一个理想的同时疏散过程，而在现实世界中，并非所有的疏散者都能事先知道到疏散目的地的最短路径，并且时间总是容易在路段竞争时被大量消耗。

假设 $speed_{eva}$ 为 10 m/s，最短疏散路径长度为 3 480 m，在每种情境下，根据公式（7－12）和公式（7－13），计算其 *SET* 值与其他的两种 *TET* 值，即 TET_{simu}、TET_{stag}，其中 TET_{simu} 表示完成同时疏散所用的时间，而 TET_{stag} 表示基于本节提出的方法完成分阶段疏散所用的时间。*SET* 及 *TET* 的结果值见表 7－5。

表 7－5　最短疏散时间与其他两种疏散方式的时间在五种情境下的比较

	情境 1	情境 2	情境 3	情境 4	情境 5
完成疏散最短时间（s）	13 063	15 063	17 063	19 418	38 493
完成同时疏散所用时间（s）	13 333	15 333	17 333	19 619	38 529
完成分阶段疏散所用时间（s）	13 598	15 516	17 491	19 791	38 622

从表 7－5 中可看出，*SET* 与 *TET* 的差异一般较小，并且随着疏散规模的增加而减小。尽管在各种情境下，TET_{simu} 的值都会比 TET_{stag} 小，但这并不能说明，在疏散的总时间上，同时疏散必定比分阶段疏散更优化，因为上述同时疏散的结果是在理想状况下模拟获得的，很难在现实中重现，而分阶段疏散是一种有组织的过程，因此更具有现实可行性。

除了缩短总疏散时间，通过减少途中等待时间来尽量避免由疏散者所造成的交通拥堵是另一个优化目标。为此，我们比较了在情境 1 下，同时疏散与分阶段疏散的动态过程，图 7－18 及图 7－19 分别给出了两种疏散过程在给定时刻的一系列快照，其中任意两张连续快照的时间间隔为 200 s，快照的时间跨度从 t_0 +2 000 s 到 t_0 +3 200 s，任意一个不同颜色段表示一个疏散小组，其长度代表该组规模。

通过比较这些快照，我们可以看到以下现象。在图 7－18 中，除了已经到达安全区 n_{exit} 的疏散组，大部分的疏散组都已经加载到道路网络上，在任意两个快照间，只有少数疏散组能继续撤离，而大部分疏散组需原地等待。另一方面，在图 7－19 中，一旦疏散组在其既定的开始时间被加载到道路网络上，就持续撤离直到到达目的地。根据我们的实验输出，尽管同时疏散时在道路上的平均等待时间（即 t^v_{wait} 的平均值）与分阶段疏散过程中在起始结点（如家中）的平均等待时间（即 $t^v_0 - t_0$ 的平均值）很相似，但显然，在拥堵可能进一步延长总疏散时间的情况下，在家中等待至既定出发时间出发比在拥挤的道路上盲目等待更为优化。

由上面的分析可知，针对任意一个疏散组，根据我们的算法可获知既定最短撤离路径

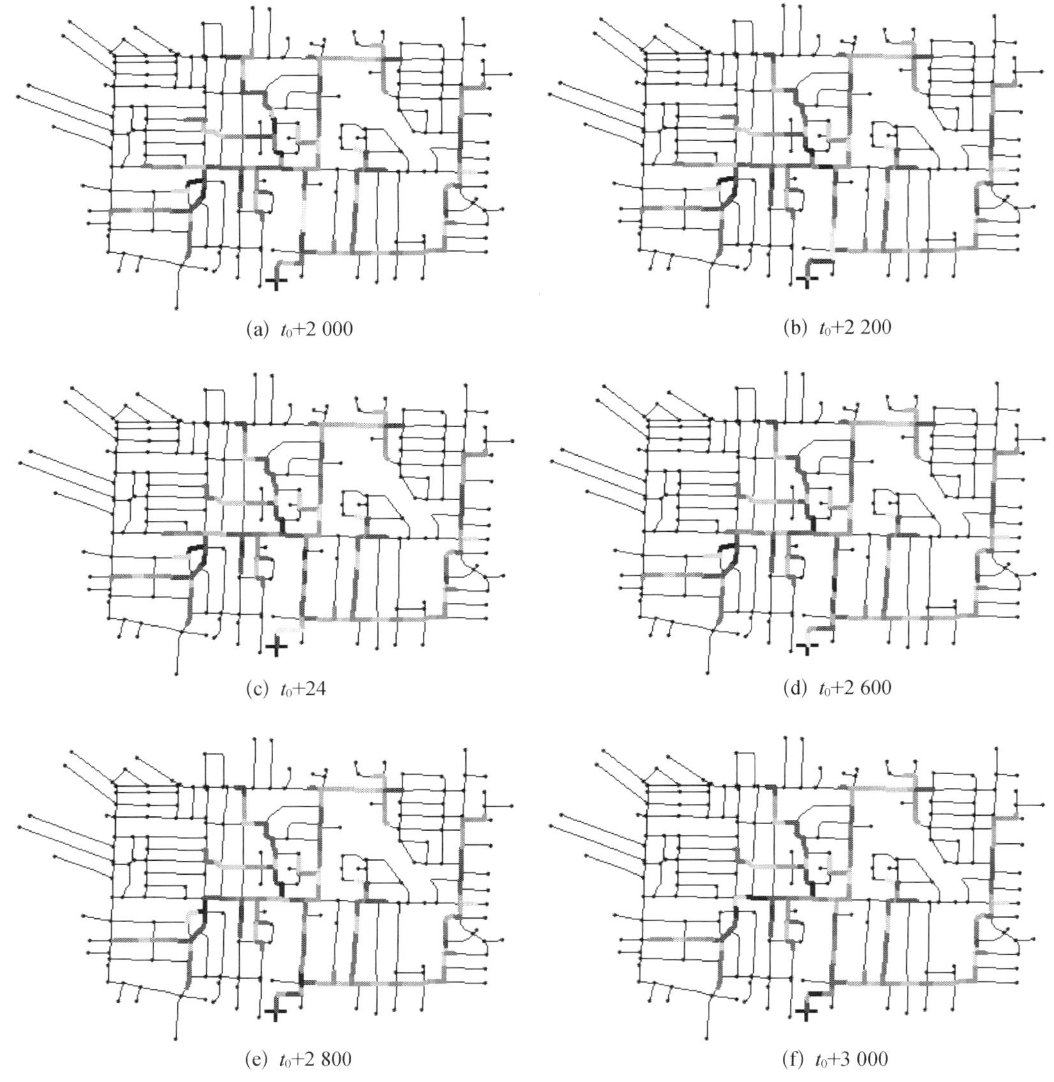

(a) t_0+2 000　(b) t_0+2 200

(c) t_0+24　(d) t_0+2 600

(e) t_0+2 800　(f) t_0+3 000

图 7－18　在情境 1 下同时疏散过程的一系列快照

及既定出发时间，因此可以确定该组的详细疏散计划。假设 t_0 为 8:00，图 7－20 展示了在情境 1 下某疏散组带有时间标签的疏散路径，其中所涉及的弧段均标有弧段 ID 号以及进入这些弧段的时刻。

总结来看，可以采取如下步骤制定疏散计划。第一，根据疏散者位置划分疏散组；第二，计算每个疏散组到达疏散目的地的最短路径；第三，确定疏散路线车道的数量；第四，估计每个疏散组的规模（即疏散组的长度）及其平均行驶速度 $speed_{eva}$；第五，采用我们的算法确定各个疏散组的出发时间。最后，即可获得各个疏散组的疏散计划。

尽管在方法中我们假设所有的疏散者具有相同的移动速度，但它同样可以为具有不

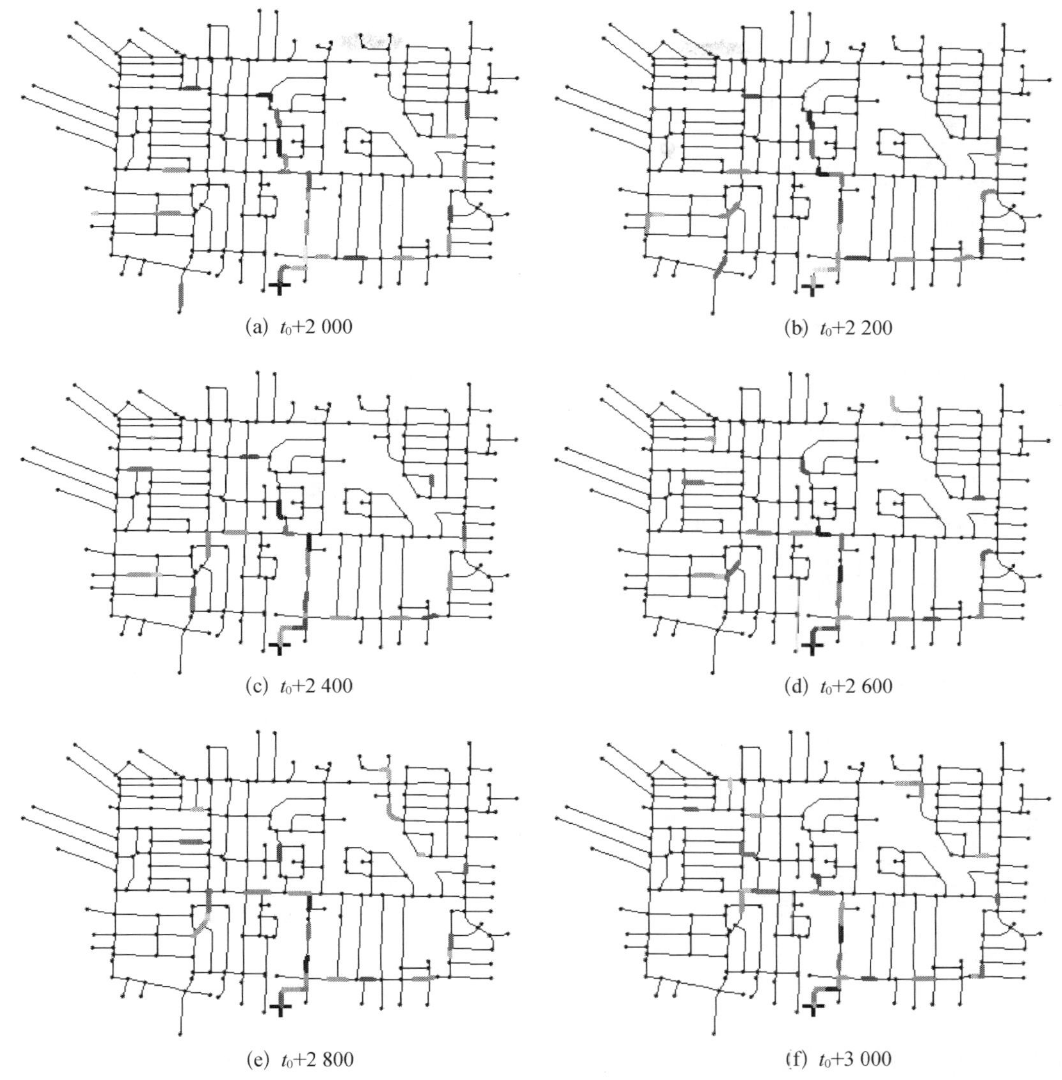

图 7－19　在情境 1 下分阶段疏散过程的一系列快照

同速度疏散者的混合疏散过程服务，这时，我们可以将一个疏散过程在时间维上分成几个阶段进行，每个阶段均只考虑一种类型的疏散者，分别制定疏散计划。

在我们的方法中，疏散者仅采用最短路径作为疏散路径，因此，网络中可能有大量路段闲置，但由于本节中我们只考虑单一疏散目的地的情况，而且在此目的地处交通流大部分时间都处于饱和状态，因此，从系统最优的角度出发，即使疏散者不采用最短路径，也不会减少整个疏散时间。

当有多个疏散目的地时，一个可行的做法就是将道路网络分成几部分，每一部分代表一个疏散目的地的服务区，然后，将我们的方法应用于各个部分。然而，如何划分网络及如何平衡各部分的交通流负荷仍需要进一步研究。

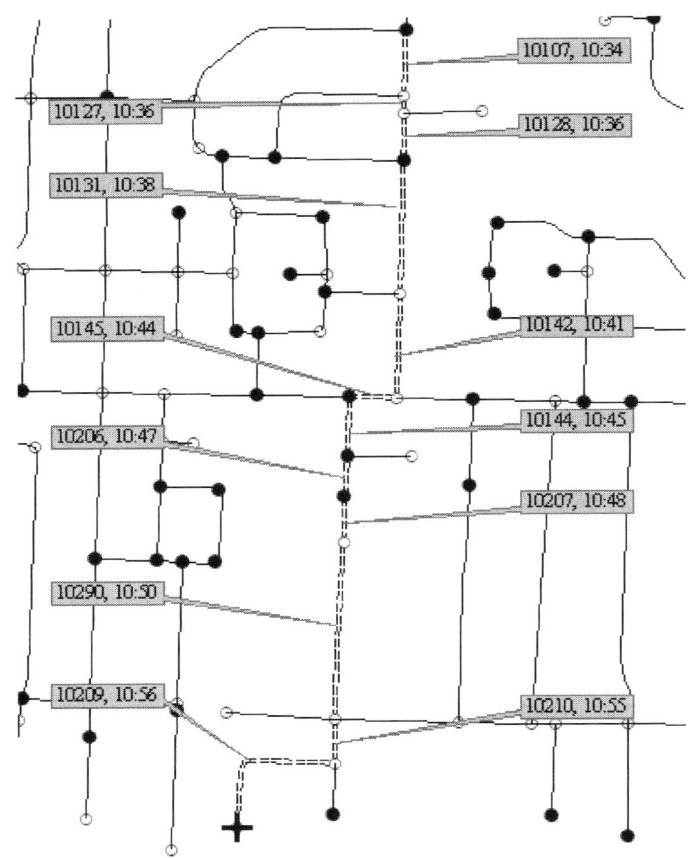

图 7－20　在情境 1 下某疏散组的疏散路径，其中，所涉及弧段被高亮显示并且标记有 ID 号以及进入该弧段的时刻，t_0 设为“8:00”

参考文献：

李有梅，陈晔. 2005. 一种新的求解约束 P－中位问题的启发式算法. 计算机工程，31(19)：162－164.

潘安平. 2009. 基于遗传算法的台风避难所选址模型研究. 网络财富，216－217.

周晓猛，刘茂，王阳. 2006. 紧急避难所优化布局理论研究. 安全与环境学报，6：118－121.

Ahmadi S, Osman I H. 2005. Greedy random adaptive memory programming search for the capacitated clustering problem. European Journal of Operational Research, 162(1): 30－44.

Applebaum W. 1966. Methods for determining store trade areas, market penetration and potential sales. Journal of Marketing Research, 3: 127－141.

Aurenhammer F, Edelsbrunner H. 1984. An optimal algorithm for constructing the weighted Voronoi diagram in the plane. Pattern Recognition, 17: 251－257.

Beckmann M. 1971. Market share, distances, and potential. Regional Science and Urban Economics, 1: 1－18.

Boyle P J, Dunn C E. 1991. Redefinition of enumeration district centroids: A test of their accuracy using Thiessen polygons. Environmental Planning A, 23: 1111－1119.

Bozkaya B, Erkut E, Laporte G. 2003. A Tabu search heuristic and adaptive memory procedure for political districting. European Journal of Operational Research, 144(1): 12-26.

Caliper. 2002. TransCAD Demo User's Guide (Caliper Corporation, Newton, Mass).

Chalmet L, Francis R, Saunders P. 1982. Network model for building evacuation. Management Science, 28 (1): 86-105.

Chen X, Zhan B. 2004. Agent-based modeling and simulation of urban evacuation: Relative effectiveness of simultaneous and staged evacuation strategies. The TRB 83rd Annual Meeting. Washington D C: [s. n.], 2004.

Chien S, Korikanthimath V. 2007. Analysis and modeling of simultaneous and staged emergency evacuations. Journal of Transportation Engineering, 133(3): 190-197.

Chiu Y. 2004. Traffic scheduling simulation and assignment for area-wide evacuation. The 2004 IEEE Intelligent Transportation Systems Conference. Washington D C: [s. n.], 537-542.

Christaller W. 1966. Central places in southern Germany, translated from Die zentralen Orte in Süddeutschland by Carlisle W. Baskin (Prentice Hall, Englewood Cliffs, NJ).

Correa E S, Steiner M T A, Freitas A A, et al. 2004. A genetic algorithm for solving a capacitated p-median problem. Numerical Algorithms, 35(2-4): 373-388.

Cotta C. 2006. Scatter search with path relinking for phylogenetic inference. European Journal of Operational Research, 169(2): 520-532.

Cova T, Johnson J. 2002. Micro simulation of neighborhood evacuations in the Urban-wild land interface. Environ. Plan. B: Plan. Des, 34(12): 2211-2229.

Cova T, Johnson J. 2003. A network flow model for lane-based evacuation routing. Transportation Research Part A, 37(7): 579-604.

Current J, O'Kelly M E. 1992. Locating emergency warning sirens. Decision Sciences, 23: 221-234.

Dijkstra E. 1959. A note on two problems in Connexion with graphs. Numerische Mathematik, 1: 269-271.

ESRI. 1996. ArcView Network Analyst (ESRI Press, Redlands, CA).

Farhan B, Murray A T. 2005. A GIS-based approach for delineating market areas for park-and-ride facilities. Transactions in GIS, 9: 91-108.

Fleszar K, Hindi K S. 2008. An effective VNS for the capacitated P-median problem. European Journal of Operational Research, 191(3): 612-622.

Franc P M, Sosa N M, Pureza V. 1999. An adaptive Tabu search algorithm for the capacitated clustering problem. International transactions in operational research, 6(6): 665-678.

Francis R, Chalmet L. 1984. A negative exponential solution to an evacuation problem. National Bureau of Standards, Center for Fire Research, Research Report, 84-86.

Gambini R, Huff D L. 1967. Geometric properties of market areas. Regional Science Association, 20: 85-92.

Garey M R, Johnson D S. 1979. Computers and intractability: A guide to the theory of NP-completeness. San Francisco: Freeman.

Ghosh A, McLafferty S. 1987. Location strategies for retail and service firms (D. C. Heath, Lexington, MA).

Gleason J M. 1975. A set covering approach to bus stop location. Omega, 3: 605-608.

Haggett P, Cliff A D. 1977. Locational analysis in Human Geography (2nd edition) (Edward Arnold, London).

Hamacher H, Tjandra S. 2002. Mathematical modeling of evacuation problems: A state of the art. Pedestrian and evacuation dynamics. New York: Springer, SCHRECKENBERG M, SHARMA S, 227 – 266.

Han L, Yuan F. 2005. Evacuation modeling and operation using dynamic traffic assignment and most desirable destination approaches. The TRB 84th Annual Meeting. Washington D C: [s. n.].

Hoppe B, Tardos E. 1994. Polynomial time algorithms for some evacuation problems. The 5th Annual ACM-SIAM Symposium on Discrete Algorithms. Arlington, Virginia: [s. n.], 433 – 441.

Huang B, Liu N. 2004. Bilevel programming approach to optimizing a logistic distribution network with balancing requirements. Transportation Research Record: Journal of the Transportation Research Board, 1894: 188 – 197.

Huff D L. 1963. A probabilistic analysis of shopping center trade areas. Land Economics, 39: 81 – 90.

Hyson C D, Hyson W P. 1950. The economic law of market areas. Quarterly Journal of Economics, 64: 319 – 327.

Kisko T, Francis R. 1985. Evacnet: A computer program to determine optimal building evacuation plans. Fire Safety Journal, 9(2): 211 – 222.

Koskosidis Y A, Powell W B. 1992. Clustering algorithms for consolidation of customer orders into vehicle shipments. Transportation Research, 1992, 26(5): 365 – 379.

Li X, Claramunt C, Kung H, et al. 2008. A decentralized and continuity-based algorithm for delineating capacitated shelter's service areas. Environment and panning B: Planning and Design, 35(4): 593 – 608.

Liu Y, Lai X, Chang G. 2006. Cell-based network optimization model for staged evacuation planning under emergencies. Transportation Research Record, 1964: 127 – 135.

Lorena L A N, Senne E L F. 2003. Local search heuristics for capacitated P-median problems. Networks and Spatial Economics, 3(4): 409 – 419.

Lösch A. 1954. Economics of location (Yale University, New Haven, CT).

Lu Q, George B. 2005. Capacity constrained routing algorithms for evacuation planning: A summary of results. The 9th International Symposium on Spatial and Temporal Databases. Angra dos Reis, Brazil: [s. n.], 291 – 307.

Marti R, Laguna M, Glover F. 2006. Principles of scatter search. European Journal of Operational Research, 169(2): 359 – 372.

Minciardi R, Sacile R. 2003. Optimal planning of a weather radar network. Journal of Atmospheric and Oceanic Technology, 20: 1251 – 1263.

Mu L. 2004. Polygon characterization with the multiplicatively weighted Voronoi diagram. The Professional Geographer, 56: 223 – 239.

Mulvey J M, Beck M P. 1984. Solving capacitated clustering problems. European Journal of Operational Research, 18(3): 339 – 348.

Murray A T. 2005. Geography in coverage modeling: exploiting spatial structure to address complementary partial service of areas. Annals of the Association of American Geographers, 95: 761 – 772.

Murray A T, O'Kelly M E. 2002. Assessing representation error in point-based coverage modeling. Journal of Geographical Systems, 4: 171 – 191.

Murray-Tuite P, Mahmassani H. 2004. Transportation network evacuation planning with household activity interactions. Transportation Research Record, 1894: 150 – 159.

Okabe A, Boots B. 1992. Spatial Tessellations, Concepts and Applications of Voronoi Diagrams (John Wiley and Sons, New York, NY).

Okabe A, Boots B. 2000. Spatial Tessellations, Concepts and Applications of Voronoi Diagrams (John Wiley and Sons, New York, NY).

Olsen L M, Lord J D. 1979. Market area characteristics and branch performance. Journal of Bank Research, 10: 102 - 110.

Osman I H, Christofides N. 1994. Capacitated custering problems by Hybrid Simulated Annealing and Tabu search. International Transactions in Operations Research, 1(3): 317 - 336.

Plane D R, Hendrick T E. 1977. Mathematical programming and the location of fire companies for the Denver fire department. Operations Research, 25: 563 - 578.

Reilly W J. 1931. The law of retail Gravitation (Knickerbocker, New York).

Sheffi Y. 1985. Urban transportation networks: Equilibrium analysis with mathematical programming methods. Englewood Cliffs, NJ: Prentice Hall.

Sinuany-Stern Z, Stern E E. 1993. Simulating the evacuation of small city: The effects of traffic factors. Socio-Econ. Plan. Sci, 27(2): 97 - 108.

Stephan S, Rolf W. 2006. A scatter search heuristic for the capacitated clustering problem. European Journal of Operational Research, 169(2): 533 - 547.

Tanemura M, Hasegawa M. 1980. Geometrical models of territory I. Models for synchronous and asynchronous settlement of territories. Journal of Theoretical Biology, 82: 477 - 496.

Toregas C, Swain R. 1971. The location of emergency service facilities. Operations Research, 19: 1363 - 1373.

Upchurch C, Kuby M. 2004. Using GIS to generate mutually exclusive service areas linking travel on and off a network. Journal of Transport Geography, 12: 23 - 33.

Vincent P J, Daly R. 1990. Thiessen polygon types and their use in GIS. Mapping Awareness, 4: 40 - 42.

Yamada T. 1996. A network flow approach to a city emergency evacuation planning. International Journal of Information Science, 27(10): 931 - 936.

第八章　城市防灾应急避难体系构建方法

应急避难场所(简称避难所)是指专门为防御各种灾害而建的设施,或可在突发事件中临时使用的非专用建筑,如学校、体育馆、公共绿地等。在我国自然灾害监测预警技术相对落后的背景下,人口和建筑密集、经济相对发达城市地区面临着各类极端自然灾害的威胁,如何在灾前、灾中以及灾后快速有效地组织疏散、安置受灾人群,已成为城市防灾减灾工作的重点。政府和相关部门有责任建设、征用或改造一定数量的避难所,并确保这些避难所的总容量能够安置可能受影响的居民。预先构建好城市防灾应急避难体系,形成一套切实可行的应急避难方案,明确指定居民或团体(如一个街区)应疏散到哪个避难所,不但对城市避难规划编制与实施具有重要帮助,而且对灾难事件中保护居民安全也十分关键。依据第七章建立的应急响应方法,本章以上海城市开展实证研究,从城市防洪、防震的避难需求角度,探讨突发洪灾和地震灾害危险性情景下的应急避难系统构建方法。

第一节　城市防洪应急避难体系

应急避难是一项有效的非工程措施,对于防灾减灾具有重要的现实意义(Perry et al.,1981;Urbina,2003)。在海平面上升和快速城市化共同作用下,极端台风风暴潮事件易造成沿海城市出现漫堤甚至溃堤危险,由此引发洪水灾害。人类对此类气候现象不可控制,回避风险才是关键。基于不同灾害情景的洪灾风险区划图和人群时空间分布格局,通过仿真模拟方法演示模拟疏散过程,制定最优应急避难方案,包括避难路径和避难场所的选择,成为城市防范洪灾风险的重要途径(李爽,2007)。

防洪应急避难是在复合灾害危险性情景模拟与风险区划的基础上,根据洪水演进过程提出对处于不用风险等级的人群进行分阶段疏散方案。依据"点-线-面"相结合的洪灾避难分析思想,将受灾区域分解成若干单元,并抽象成疏散点,同时将研究区内的道路网络抽象成线,避难服务范围抽象成面,三者共同构成防洪避难网路(李发文,2005)。在一定疏散方式的前提下,根据通行成本计算最优的避难路径。在避难空间的选择上,根据城市开放空间的防洪功能进行适宜性评价,并根据其容量明确其服务功能,从而有效控制进入避难场所的人数,避免拥挤踩踏等次生灾害事件的发生(黄诗锋等,1998)。

当前,在应急避难研究领域,点线结合论是应用最为成熟的理论之一。该理论应用最为普遍是在防震避难规划方面,在防洪应急避难方面尚处于初步尝试阶段。在前人研究基础上(李超杰,2005;李发文,2007),我们提出"点-线-面"结合型防洪避难网络模型,其内涵指在发生漫堤或者溃堤决口期间,将洪水淹没区内的道路抽象为"线集",将洪水淹没范围内的淹没单元和避难场所抽象为"点集";根据避难的基本流程,把淹没单元(居民点)看作出发点,即输出端,各避难场所看作吸引点,即输入端,道路看作是连接输出与输入的纽带，即传输带；由此，就构成了互为流通的防洪应急避难网络系统，根据各要素的分布特点，适时选择最佳疏散路径和疏散策略（刘硕等，2008；刘永志等，2007）。

基于灾害风险区划成果，提取疏散单元（居民点）和避难场所点，因为该点聚集一定数量的人口和救灾物资，所以可把这些点看成有一定容量的点；疏散道路上分布着疏散人群和车辆，同样也看成有一定容量的线。对于整个避难系统而言，是由固定容量的起点（受灾点）、路径（道路）和终点（避难场所）三部分组合而成网路系统（万庆等，1995；李发文，2005）。在不同的疏散阶段，网络流都处于不断变化的运动状态（图 8－1）。根据受灾程度和受灾人口数，以及道路网络通达性综合确定受灾点疏散的优先度。受灾单元的划分主要考虑与道路的连接性，尽量选择道路网络较为密集的区域作为灾前人群临时聚集点；避难点尽量选择设施相对完善和空间充足的场所，以保障受灾人群的避难生活质量，根据防洪避难的实际需求，本研究选择学校和大型体育场所作为避难点；考虑到步行疏散存在较大的分散性和危险性，采用公共交通疏散方式更有利于提高疏散效率和降低疏散过程的人为风险（黄诗锋等，1998；侯燕等，2010）。

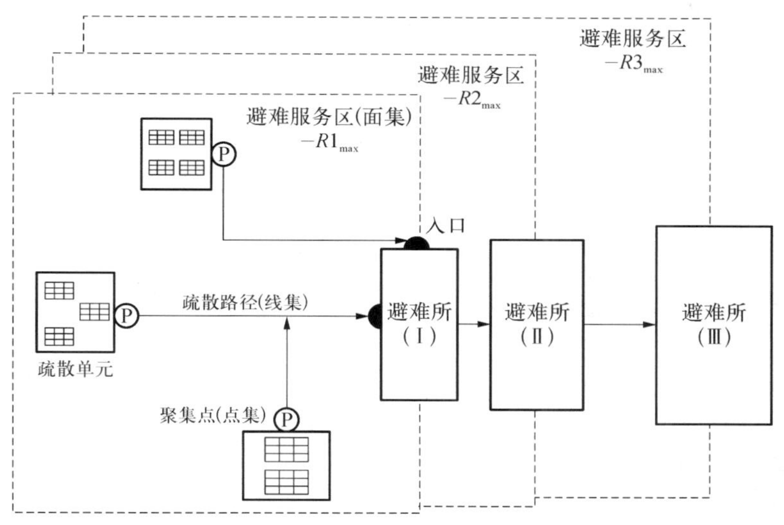

图 8－1　点-线-面结合的防洪避难网络概念图

一、城市防洪应急避难系统构建

苏幼坡（2007）将避难方式归纳为逃荒、灾前避难、灾后避难、自主避难、广域避难和引导避难等。其中，逃荒是一种最危险的避难方式。随着社会和科学技术的不断进步，城市经济的蓬勃发展，近代自然灾害，特别是近年来的严重灾害，广大灾民像旧社会的那种逃荒的避难方式已经十分罕见，灾时重灾区会得到当地政府、志愿者或国际援助，从而可以在灾区就近实施灾前避难、灾后避难、远程避难、广域避难。而灾前和灾后避难主要倚赖于灾害的预报难易程度，一般台风、飓风、洪水被定义为可预报灾害，实行灾前避难；而地震、火灾、意外事故、恐怖事件等定义为难预报灾害，选择灾中或者灾后避难。

根据事件严重程度以及影响范围，将居民区内居民的疏散方式分为徒步疏散和车辆疏散，疏散方式的选择主要是根据突发事件影响区域是否扩散，以及居民所处位置与避难所之间的距离共同决定（袁建平等，2005；Gorge et al.，2006）。

（1）徒步疏散：在接到疏散命令时，应急疏散人员只需通过步行逃离危险区域到安全区域即可，徒步疏散适用于时间充足的短距离疏散。通常小范围区内道路通行能力较小，调动车辆进行疏散反而降低疏散效率，因此通常影响范围较小区域内的人员疏散都采取徒步疏散方式。

（2）公共交通疏散：当突发事件不断升级，导致事件影响范围不断扩大时，单靠居民步行逃离危险区域是不现实的，这时就需要有救援车辆的参与，协助危险区域内的人员逃生到安全区域，车辆疏散也包括发生突发事件时在危险区域内正常行驶的各种车辆。

1．避难路径优化

避难路径选择是应急避难系统中最基本的功能。仅从网络模型的角度看，最佳路径求解就是在既定网络中两结点间寻找一条路径成本最小的路径。然而，面对不同的紧急情况，对最佳路径的需求也不同，比如遍历总路径的距离最短、时间最短，或者综合上述两种要求（Li et al.，2011）。袁媛等（2008）认为，路径最短属于一种静态寻优，和交通网结构密切相关，与实时交通状况无关。路径最短一直是工程规划、地理信息系统、军事等领域应用十分广泛的问题。目前，解决最短路径问题的方法已经有几十种，如：Dijkstra 方法、蚁群算法、动态规划方法、神经网络算法、遗传算法等，而对这些算法进行的各种改进算法更是为数众多。时间最短，属于一种动态寻优，与实时交通状况有着密切的关系。而其他寻优是在距离最短的前提下添加其他的约束条件。目前，动态最佳路径分析在防洪应急避难领域的研究较少。该模型是通过模拟时间进程，动态地记录各路段上的交通负荷。当交通负荷发生变化时，调用路权计算模型计算新的路权，对路段的阻力设置进行更新，从而达到一种动态分析的能力。

对于防洪避难而言，如何选择一个更为有效的避难路径，需要考虑以下几个关键性要素：洪水淹没初始时刻和历时、淹没方向、避难场所的选择情况、疏散点到避难场所的空间距离、道路网等级、行人和车辆行驶速度、受灾区人口数量、避难迁移时间、避难场所人口容量等情况（李超杰，2007）。

（1）洪水淹没初始时刻、淹没方向和淹没历时是确定避难路径选择的前提条件，只有知道洪水淹没时间才能判断路径选择的正确性；只有知道了洪水的演进方向才能确定疏散路径的方向，才能保证疏散工作的正确实施。

（2）避难场所的选择是避难路径选择的基本要求。只有确定了避难场所，才能根据避难场所确定避难路径和灾民的容量，有效地组织灾民进行转移。

（3）疏散点到避难场所的空间距离是进行避难路径选择的初步工作，能大概判断路径选择的空间范围，为后面以避难迁移时间为主的路径选择提供一个初选方案集。

（4）灾区道路网的等级状况是决定灾民疏散顺利进行的关键。公路的等级一般由高速公路、国道、省道、县道和支路等组成。将等级公路与车辆行驶的速度有机地结合起来作为避难路径选择的关键因素之一。

(5) 避难迁移时间是救灾工作的关键,它与洪水淹没时间和淹没方向密切联系。当迁移时间小于淹没时间且迁移方向与洪水淹没方向一致时,认为转移方案可以实施;反之,应根据路径选择原则重新选择避难路径。

(6) 受淹单元居民人口的数量和避难场所可容纳人口总量,在进行救灾工作过程中要充分考虑到人口数量因素,灾民数量和避难场所容量之间存在必然的联系,这在避难路径的选取中起到了决定性作用。

据 ArcGIS 9.3 网络分析(network analysis)和空间分析(spatial analysis)功能,以时间最短为目标,以空间距离最短为辅的原则,计算从受灾单元到避难场所的最佳避难路径。

2. 避难空间服务区划

避难场所是指可容纳受灾居民且含有避难基本生活设施的安全场所,其场所的选择要综合考虑场所的安全性、可达性和有效性。不同灾种对避难场所的具体要求也不尽相同。就防洪避难而言,应注意以下原则:

(1) 场地的安全性:避难场所的选择应该远离受淹区域,地势相对较高,场所抗洪能力强,保证不受洪水的袭击,尽量减少避难次数。

(2) 场地的可达性:尽量靠近交通干道,保证快捷避难及避难转移,且处于一定的服务半径内,确保与医疗、公安系统之间的紧密联系。

(3) 场地的有效性:避难场所应按人均避难生活所需面积提供一定容量的空间,且配置有水电等基本生活设施,根据场所规模界定其服务等级,如临时避难或固定避难。

基于上述原则,从城市现有的室内开放空间如体育场馆、学校等遴选出适宜避难场所。对于较大范围的避难,现有的场所可能无法满足需要。针对上述情况,当前城市规划建设过程中应考虑公共开放空间的平时和防灾双重功能,既缓和了城市土地利用紧张局面,也丰富了避难空间资源。假设所有的避难所位置都已确定,总容量能够容纳所有居民,为了确定避难所的服务范围,必须考虑的因素包括每个避难所的容量、居民的空间分布,以及居民到达指定避难所的旅行成本。基本原则是,居民应该被指定到尽可能近的避难所,如果最近的避难所容纳不了,则指定他们到其他避难所。这就会导致一个避难所的服务范围可能在空间上被分割为几个独立的区域。即一些居民必须穿过其他避难所的服务范围,才能到达指定的避难所。这种情况将直接增加大规模疏散过程中人员有效迁移的难度:当到达一个非指定的避难所后,人们往往不愿继续迁移,而且会造成大量相邻避难所服务范围内的交通流冲突。因此,除了减少总旅行成本和避难所的容量限制,服务范围的空间连续性也是必须考虑的因素。维持空间连续性,意味着每个避难所的服务范围形成一个同质区域,用单个多边形即可包括,而且这些多边形覆盖了整个居民区,在空间上具有排他性。

目前,已经存在一些方法,用来划定服务范围、影响范围、控制范围、缓冲区、各种设施腹地等。但几乎没有一种方法全面考虑了上述约束条件及目标。有些方法假设设施的容量无限大,而且居民被分配到最近的设施,然而,如果这些设施没有优化选址,则很可能导致避难所过于拥挤。另外一些方法假设需求点在空间上均匀分布,而且服务点容量越大,其服务范围越大,但这种假设是不合理的,因为居民通常呈不均匀空间分布。还有一些方法把总旅行成本最小化作为主要制约因素,而服务范围的空间连续性则退居其次。综上,应从避难场地的适宜性、可达性方面建立多目标多因素条件下避难服务区划算法。为此，我们以避难所为研究对象，以遵守就近原则、排他原则、全覆盖原则和空间连续性原则为目标，考虑避难所的服务容量限制、需求点的不均匀空间分布及需求点与设施点之间的可达性等诸多因素，提出比手工或现有方法更加优化的避难空间服务区划方案（图 8－2）。

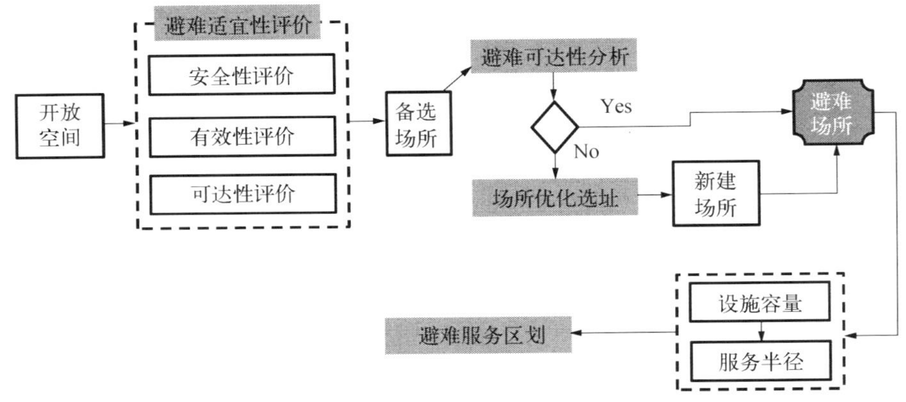

图 8－2　避难空间服务区划方案

3. 避难过程模拟

从灾害发生过程的动态角度，分析某一给定灾害危险性情景下人群的时空活动特征，并估算受灾避难人口数量及空间分布。借助网络分析方法，结合防洪避难的特定需求构建应急疏散模型，利用 GIS 平台研发专门的模拟工具。通过 GIS 强大的空间分析功能和可视化功能实现应急预案编制的智能化、可视化和表现形式的多样化（图 8－3）。

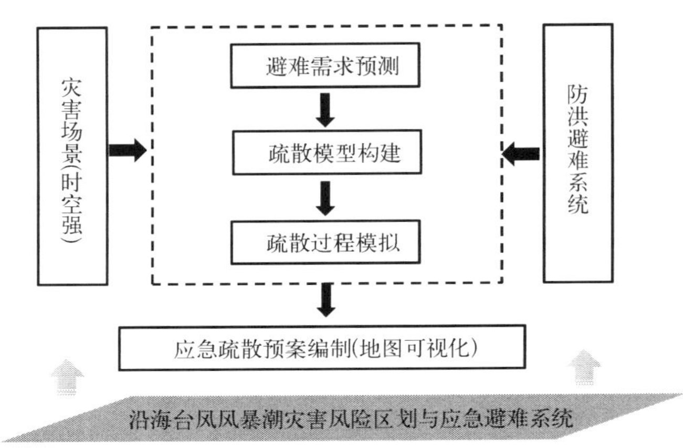

图 8－3　应急疏散模拟实现思路

4. 应急预案编制

城市灾害应急预案体系应包括灾害应急指挥系统（灾害应急的中枢系统）、灾害情报体系（监测预警系统和灾害情报的收集传递系统）、救灾抢险体系（专业化的救抢险队伍）、急救医疗体系（灾害时指定的应急医疗机构，灾害定点医院网络体系）、应急避难体系（避难设施、避难所运营与管理、救灾物资的储备、救灾物资的调拨和分配）、交通管理体系（道路受害状况进行预测、铺设临时道路、架设应急桥梁；设定隔离危险区、实施交通管制）6个方面。其中，应急疏散预案贯穿于整个应急预案体系，具有最直接的指导意义。它主要用于特定灾害情景下人群的紧急转移，具有针对性和时效性。由于编制预案是在事件发生之前，假设的场景毕竟不能完全代替实际情况，因此应急预案要具有一定的代表性和可调性。而最理想的办法是对所有已经发生过的和可能发生的事件进行深入研究，建立不同的环境要素组合而成的所有可能发生的突发事件场景，并逐一制订预案。考虑到人力和财力的限制，目前较为可行的方法是在众多的可能场景中选择出最具代表性的来深入研究，并制订相应的预案，以保证这些预案具有最大的柔性，在实际应用中可以用最快的速度和最小的代价进行扩展或变换。

就台风风暴潮灾害而言，必须根据洪水演进模式和人员转移耗费时间来推导预警和疏散前置时间以启动通告和转移计划，并以地图可视化的方法来展示不同场景下的动态疏散过程，由此可以适时掌握疏散信息，根据可能出现的意外情况来变更或修正疏散策略，追求应急疏散避难效益的最大化。

二、上海金山区防洪应急避难系统研究

1. 研究区选择

选择上海金山区作为典型研究区，主要基于以下因素考虑：首先，杭州湾北岸在顺岸往复流作用下，潮滩沿着海岸呈带状分布。滩地宽度不尽一致，在突出海岸的高能地区，滩地狭窄，物质粗化，多呈侵蚀状态，如金山嘴、芦潮港岸段。在凹入海岸的低能地区，滩地较宽，物质细化，多呈淤积状态，如漕泾-柘林岸段（刘苍字等，2000）。金山嘴-上海石化总厂岸段，目前处于冲淤平衡状态，但从近年的冲淤变化分析结果得知，本研究区较其他区域具有显著的冲刷趋势，伴随全球海平面逐步上升，该地区的沿海堤坝在防洪方面存在一定的隐患；其次，上海石化等一些重大关键设施布局于此，一旦遇到重大气象灾害时，将引发火灾、化学污染物泄露等严重的次生或再生灾害，潜在的经济损失和人员伤亡巨大；此外，经过对该区域海塘防范台风风暴潮的能力评估，该区域堤坝防范极端台风风暴潮能力有限。如果风暴潮恰好与天文潮高潮相叠（尤其是与天文大潮期间的高潮相叠），加之风暴潮往往夹狂风恶浪而至，溯江河洪水而上，则常常使该地区的滨海区域潮水暴涨，甚者海潮冲毁海堤海塘，吞噬码头、工厂、城镇和村庄，使物资不得转移，人畜不得逃生，从而酿成巨大灾难。此外，孟菲（2008）等研究亦表明，金山区台风成灾概率大于95%，应加以重点防范。综上所述，加强对本地区台风风暴潮的极端灾害情景模拟和应急响应具有重要的现实意义。

金山区地处杭州湾畔，位于沪、杭、甬及舟山群岛经济区域中心，是上海市的西南门户（图8－4）。丰富的土地资源，23.3 km的海岸线和建深水港的天然条件，构成了得天独厚

的地理优势、环境优势和经济辐射优势。全区陆地总面积586.05 km^2，人口64.56万，辖9个镇及1个街道1个工业区。中国著名的特大型企业——中国石化上海石油化工股份有限公司和上海化学工业区一部分坐落于境内。

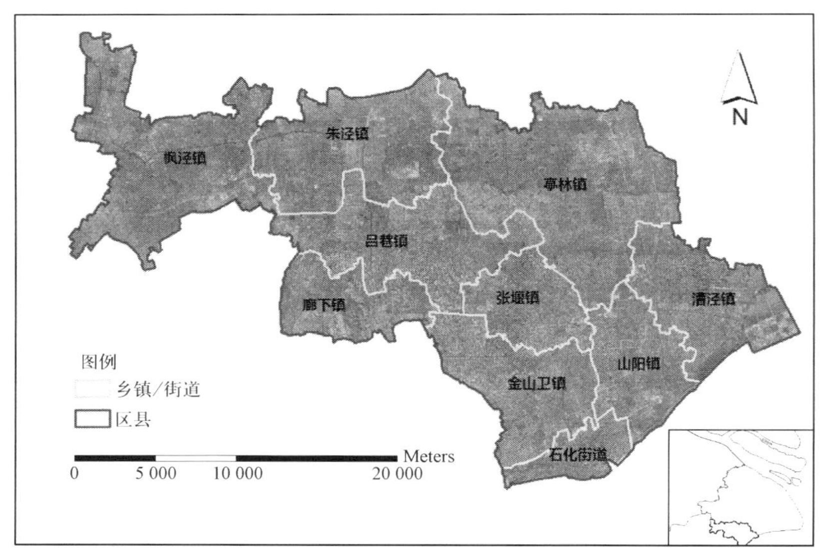

图8-4　研究区地理位置

2. 应急避难场所概况

基于2006年金山区人口统计数据和乡镇行政单元边界矢量图层，在ArcGIS 9.3环境下，采用面积权重内插法获得金山区网格人口，网格单元为200 m×200 m(图8-5)。

图8-5　金山区人口空间分布

根据前文对防洪应急避难场所的选择标准和要求，我们结合该区域实际情况，选择分布广泛、容纳人数多、附属设施完备的大中小学校作为备选避难场所，并从中优选出满足整个地区人口避难需求的最佳场所。根据金山区教育网统计，该研究区共有大中小学校 78 所，结合 Google earth 和金山区学校网站获取以下 43 所学校基本信息（图 8－6）。

图 8－6　金山区备选避难场所（学校）空间分布

3．金山区防洪应急避难系统

依据城市避难体系的基本配置原则，金山区应设置 10 个固定避难场所和若干紧急避难场所。因数据获取原因，本研究分别采取了不考虑容量（方案 1）和考虑容量（及空间连续性）（方案 2）两种方案进行避难场所选址及服务区划分析，避难服务分析主要参数（表 8－1）。

表 8－1　基于网格的避难服务分析主要参数

参数列表	
空间单元	Cell
总人数（人）	525 380
单元面积（km^2）	0.25
单元个数	2 640
单元内最多人数（人）	897
备选避难场所（个）	42
规划避难容量（人）	12 509
最大避难容量（人）	14 385

比较上述 2 种方案结果可知，方案 1：在不考虑容量限制和避难服务空间连续性的前提下，疏散整个研究区所有居民所花费的总旅行距离为 13 041.47 km，平均旅行距离为 4.94 km，每个避难所最大容量为 13 737.90 人次；方案 2：考虑容量限制且避难服务在空

间上具有连续性，疏散整个研究区至备选避难场所需要的总旅行距离为 18 509.38 km，平均旅行距离为 7.01 km，每个避难所最大容量为 13 737.9 人次。由此判断，方案 1 要求避难场所在空间上允许跨地区服务，即出现“飞地”服务现象，对于避难需求单元来说，旅行成本将有所降低。而方案 2 则以保证避难场所不出现超载和避难服务空间连续为目标，其总旅行成本和平均旅行成本较方案 1 有明显增加（图 8－7）。

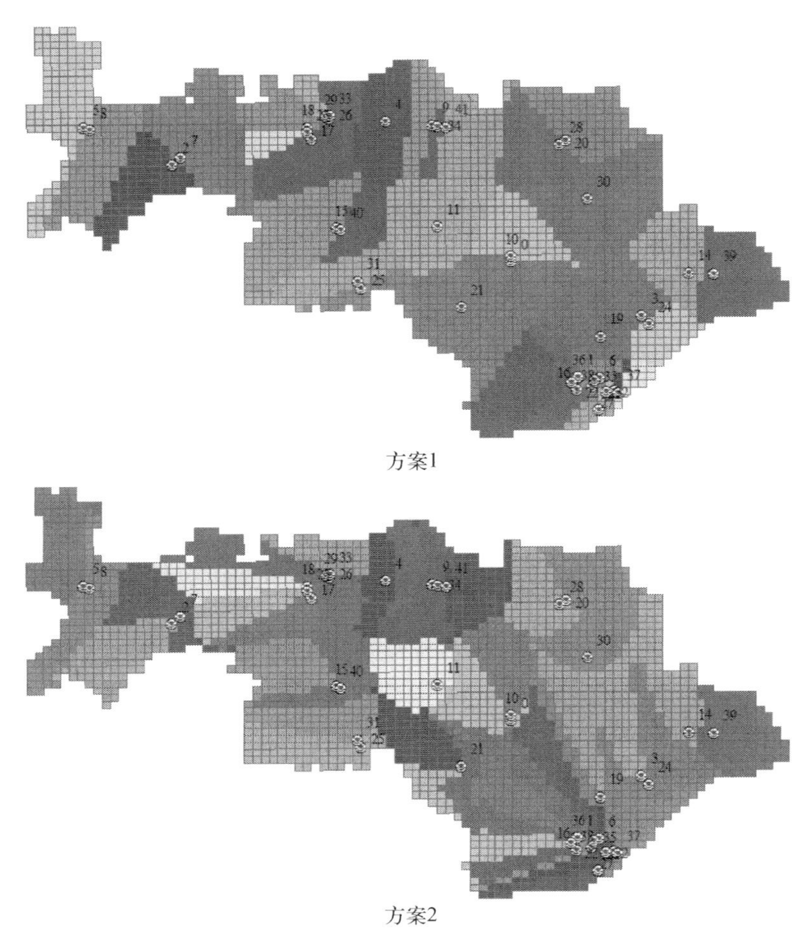

方案1

方案2

图 8－7　基于多目标多因素空间覆盖算法的避难服务区划

由上述 2 种区划结果可知，备选的避难场所均存在空间服务重叠和不连续现象，其结果对于应急避难场所的管理造成一定影响。因此，在上述结果基础上，依据防灾单元的避难场所配置原则进行了优化，计算出总旅行距离为 18 479.49 km，平均旅行距离为 6.99 km，每个避难所最大容量为 54 828.8 人次（图 8－8、图 8－9）。

在避难服务区划结果基础上，构建了研究区的疏散道路网络，并假设待疏散人群聚集在邻近道路网络节点上，由此，避难场所、需求点（聚集点）、疏散网络、服务区 4 个要素就构成了完整的避难系统（图 8－10）。

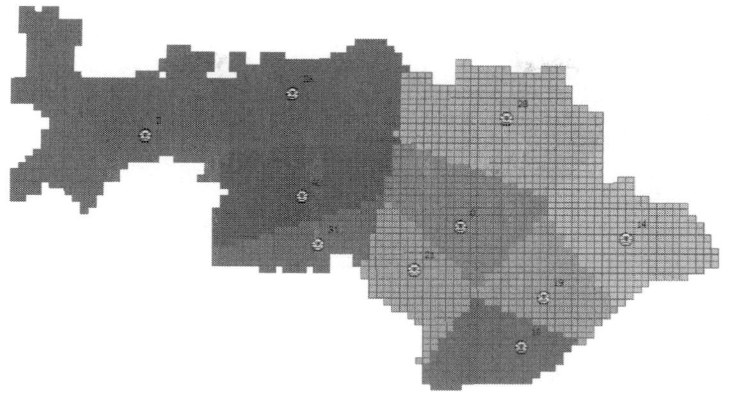

图 8-8　金山区固定避难场所服务区划结果

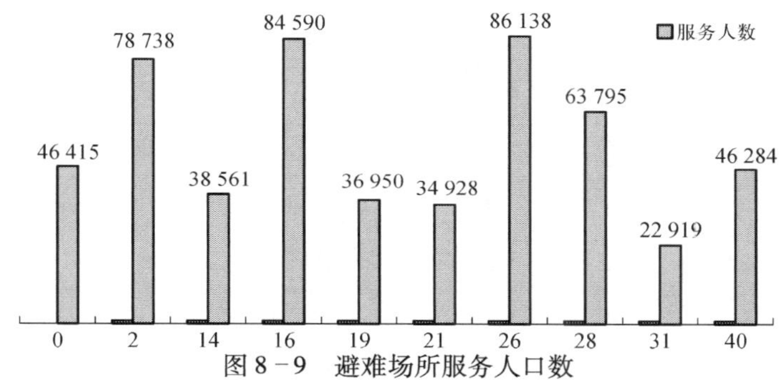

图 8-9　避难场所服务人口数

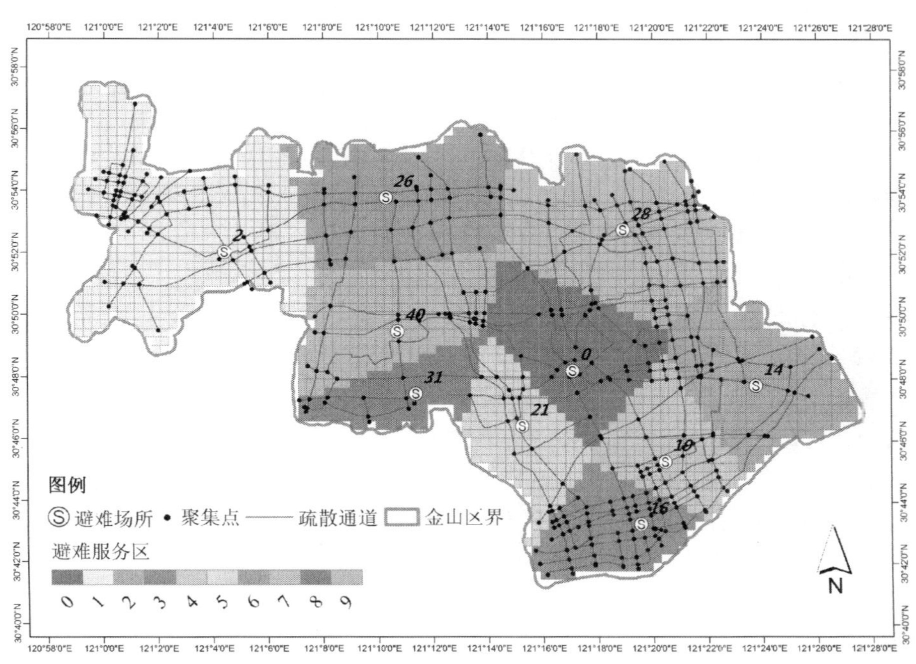

图 8-10　金山防洪应急避难系统

4. 金山区防洪应急避难模拟

1）应急疏散场景选择

对上海地区发生 1 000 年一遇台风风暴潮事件，并且在金山区岸段发生严重溃堤的危险性情景进行模拟，受淹范围及最大淹没深度结果如图 8－11 所示。

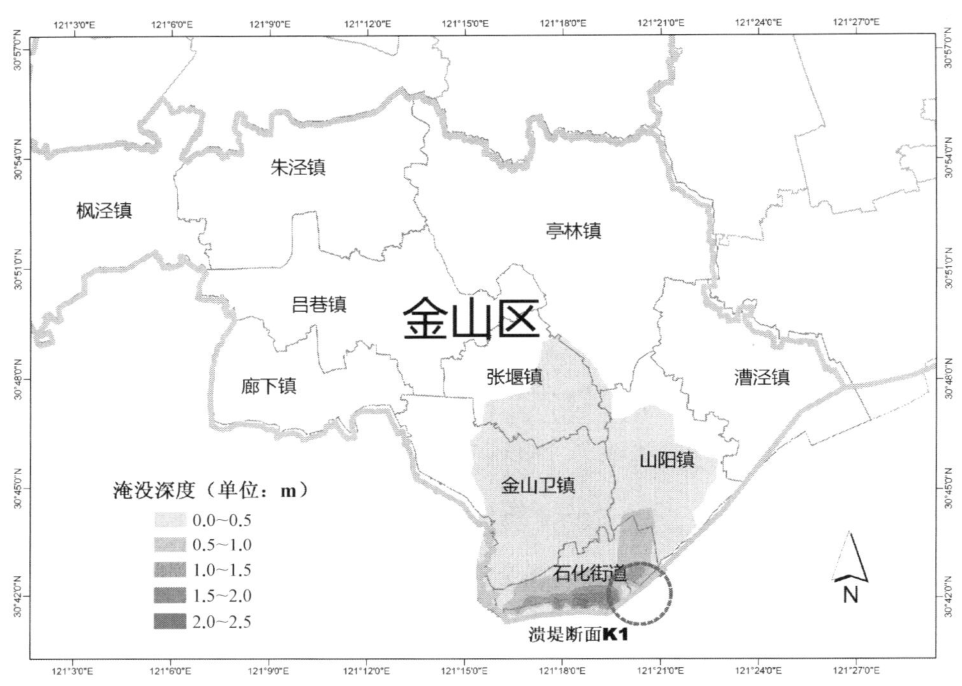

图 8－11　金山区溃堤情景下淹没深度(某一时刻对应情景)

结合上述受淹面积和人口分布结果显示，受灾范围主要为金山卫镇、山阳镇、石化街道，其中石化街道受淹程度最为严重，淹没深度为 0.5～2.5 m，其他区域低于 0.5 m。总计受淹人口总计为 150 994 人(图 8－12)。

2）应急疏散动态模拟

在本灾害场景下，受灾区域内交通网络共有 130 个网络节点，204 条弧段(Total cost ＝226 547 m)；受灾范围内共设置 130 个疏散组(平均每组为 1 161 人)，其中，淹没深度超过 0.5 m 的疏散组为 34 个；ID ＝ 0,14,21,28 为指定避难场所，疏散出口 FID ＝ 29，疏散组行驶速度设定为 60 m/min，其中疏散组人员一次性加载到道路网络上(图 8－13)。

根据多起止点时间扩展网络最短路径算法，将相邻受灾区的路径长度设置为无穷大，计算各疏散组到避难所的最短路径。以疏散组 40 为例，疏散组 40：40→31→24→33→27，经过的路线长度为 3.912 km，经过的弧段为：a4，a68，a115，a117(图 8－14)。疏散组占用弧段及进出各弧段时间初始化，以 1 min 为时间间隔，通过程序建立疏散组初始疏散时刻 t_0(图 8－15)。由程序运行结果可知，各疏散组平均等待时间为 15.38 min，总疏散时间为 46.02 min(图 8－16)。

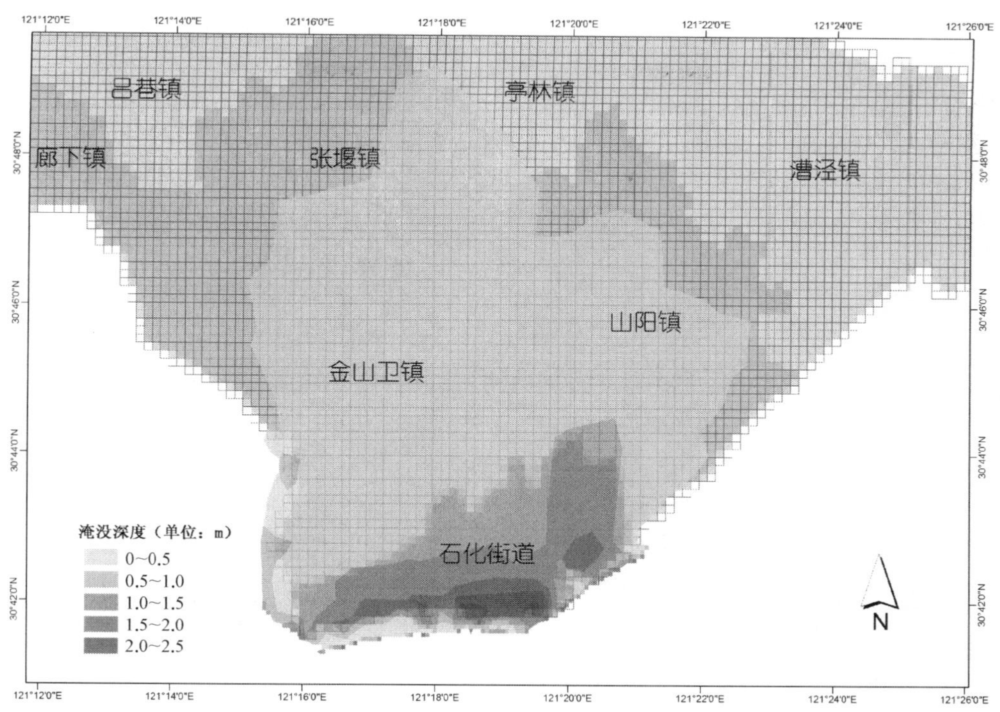

图8－12　极端情景下受灾人口数量估算

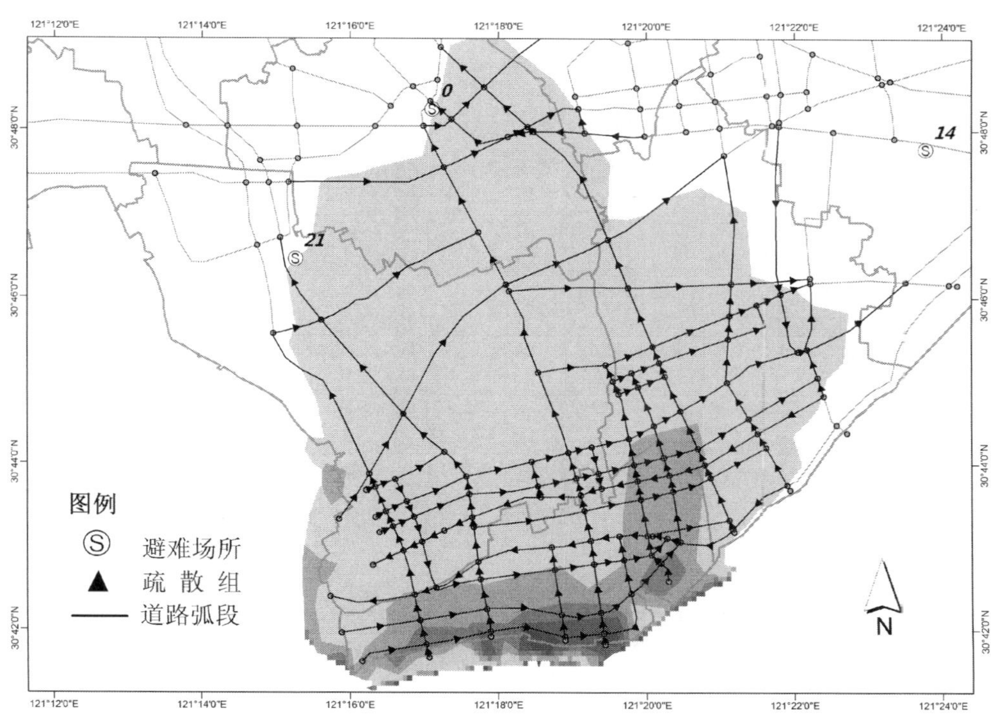

图8－13　应急疏散网络图

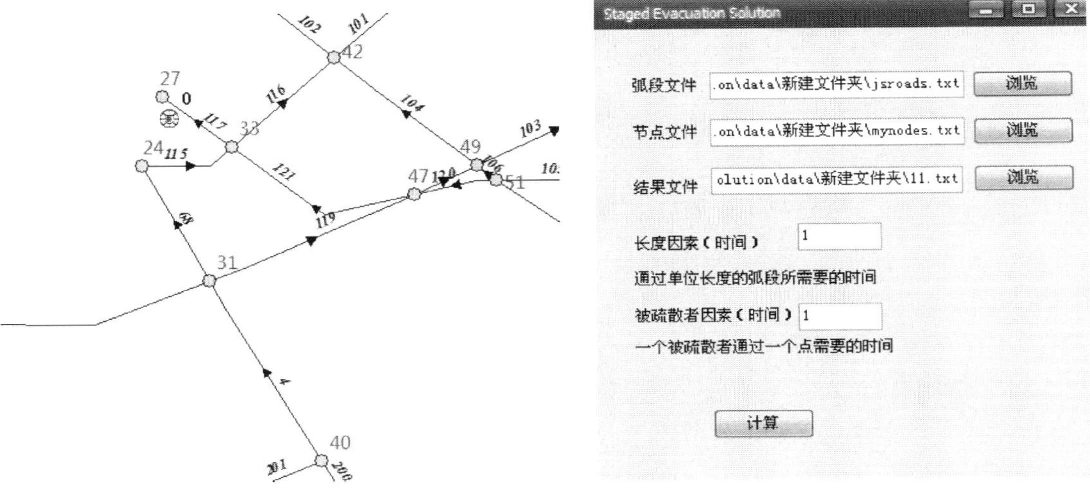

图 8－14　疏散组 40 的疏散路径　　　图 8－15　疏散模拟程序界面

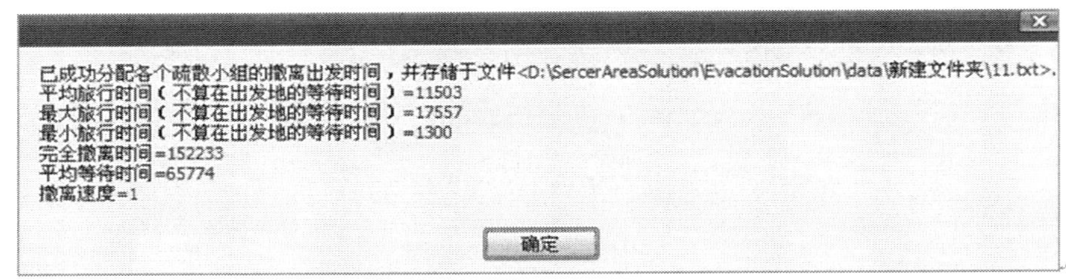

图 8－16　疏散模拟结果

整个疏散过程可通过程序的可视化窗口进行动态演示（图 8－17），图中不同颜色表示疏散组人数，在收到预警指令后，疏散组人数在逐渐减少。

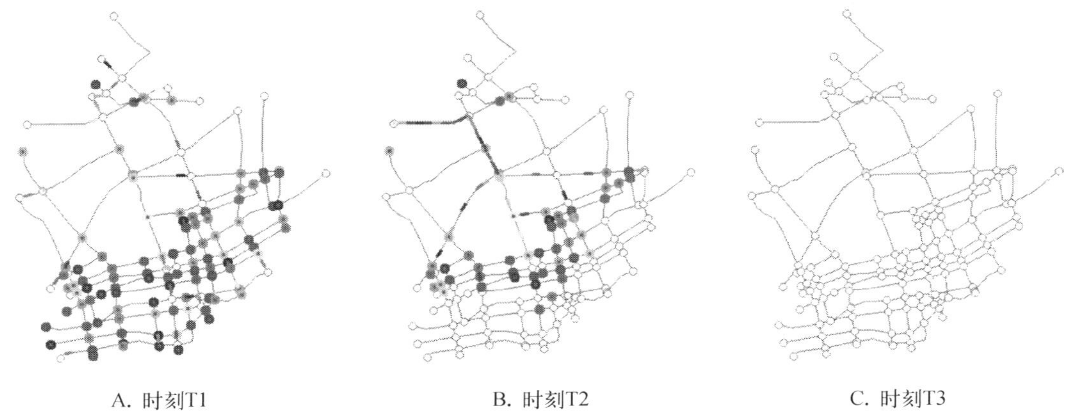

图 8－17　不同时刻人群疏散结果（A&B&C）

3）应急疏散预案编制

根据上述动态分析结果，若采用各疏散组同时出发的方案，虽然能使疏散人员以最快的速度疏散灾害区，但道路交通拥挤的可能性也会随之增大。因此，本研究选择采取分阶段疏散方案可最大效率地转移受灾人群，极大地降低人员直接或间接伤亡的风险。参考国家海洋局(2005)制定的《风暴潮、海啸、海冰应急预案》中风暴潮预警等级，并结合溃堤后受淹深度，将应急疏散预案设置为 5 个预警等级，预警级别由高到低，即Ⅰ(红色)、Ⅱ(橙色)、Ⅲ(黄色)、Ⅳ(绿色)、Ⅴ(蓝色)，由预警级别决定疏散的先后次序(图 8 - 18)，各疏散组的出发时刻如表 8 - 2 所示，具体应急疏散预案见表 8 - 3。

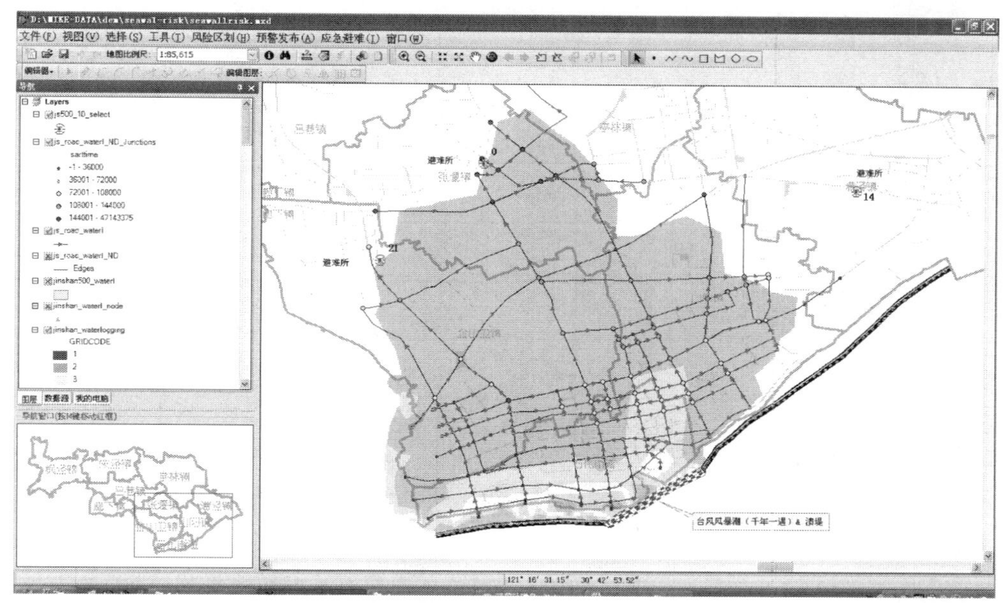

图 8 - 18 基于多级预警信号的应急疏散预案

表 8 - 2 疏散组起始时刻

字段说明：(1) FID 表示疏散组；			(2) T0 表示疏散起始时刻(第_秒)		
FID	T0	FID	T0	FID	T0
0	105 626	14	56 788	28	13 712
1	90 716	15	49 462	29	-1
2	0	16	0	30	31 299
3	119 483	17	32 627	31	0
4	3 087	18	106 834	32	85 865
5	50 702	19	45 919	33	148 781
6	1 469	20	17 688	34	3 466 560
7	0	21	33 936	35	136 470
8	64 144	22	11 300	36	58 029
9	77 441	23	26 389	37	44 744
10	20 284	24	144 633	38	38 713

续表

字段说明：(1) FID 表示疏散组；			(2) T0 表示疏散起始时刻(第_秒)		
FID	T0	FID	T0	FID	T0
11	70 159	25	6 112	39	25 169
12	51 880	26	0	40	135 030
13	37 535	27	145 849	41	18 974
42	0	72	16 517	102	54 371
43	12 497	73	0	103	114 582
44	7 348	74	120 856	104	104 377
45	4 914	75	0	105	97 018
46	131 416	76	116 995	106	93 221
47	47 143 375	77	113 207	107	–1
48	130 099	78	42 358	108	100 613
49	147 333	79	0	109	110 682
50	0	80	132 630	110	68 977
51	0	81	99 410	111	115 758
52	74 960	82	21 460	112	122 271
53	123 522	83	0	113	62 954
54	67 741	84	88 370	114	60 555
55	35 147	85	78 711	115	83 431
56	27 680	86	118 278	116	108 162
57	15 059	87	71 331	117	73 754
58	9 918	88	137 794	118	61 774
59	8 689	89	53 100	119	111 980
60	101 881	90	39 898	120	43 531
61	92 001	91	30 121	121	109 369
62	141 490	92	127 750	122	41 094
63	84 645	93	0	123	87 098
64	76 158	94	126 200	124	82 247
65	140 247	95	36 328	125	103 160
66	59 235	96	95 764	126	98 233
67	94 393	97	124 706	127	65 322
68	47 096	98	48 278	128	55 602
69	81 063	99	28 905	129	22 737
70	23 950	100	89 550		
71	72 590	101	79 889		

注：表中“0”值表示该疏散组无需等待，“ –1”值表示疏散安全出口。

表 8－3　应急疏散预案编制

预案名称：沿海台风风暴潮灾害应急疏散预案
编制单位：华东师范大学沿海城市灾害风险研究组
编制时间：2012.12.10

一、灾害场景构建	
1.1　影响区域	上海金山地区
1.2　灾害类型	台风风暴潮灾害
1.3　灾害强度	12 级台风 & 千年一遇潮位 & 金山区溃堤断面 K1
1.4　发生时段	2010～2030 年

备注：

二、避难需求分析	
2.1　受灾范围	石化街道，山阳镇，金山卫镇
2.2　受灾人数	150 994 人，分为 130 个疏散组，平均每组为 1 161 人
2.3　避难场所	ID ＝ 0（张堰中学），14（亭林中学），21（钱圩中学），28（曹泾小学）

备注：

<table>
<tr><td>三、应急响应区划</td><td colspan="5"></td></tr>
<tr><td rowspan="5">3.1　应急区划</td><td colspan="5">Ⅰ级疏散：FID ＝ 58，59，72，73</td></tr>
<tr><td colspan="5">Ⅱ级疏散：FID ＝ 44，45</td></tr>
<tr><td colspan="5">Ⅲ级疏散：FID ＝ 25，26，57，70，90，95，99</td></tr>
<tr><td colspan="5">Ⅳ级疏散：
FID＝7，22，41，43，56，78，79，84，85，87，89，90，91，96，98，100，101，102，104</td></tr>
<tr><td colspan="5">Ⅴ级疏散：FID ＝ 0－6，8－21，23－24，27－40，42，46－55，60－69，71，74－76，80－83，86，88，92－94，97，103，105－129</td></tr>
<tr><td rowspan="2">3.2　预警信号</td><td>Ⅰ红色</td><td>Ⅱ橙色</td><td>Ⅲ黄色</td><td>Ⅳ绿色</td><td>Ⅴ蓝色</td></tr>
<tr><td>超高风险</td><td>高风险</td><td>较高风险</td><td>中风险</td><td>低风险</td></tr>
</table>

备注：各疏散组初始时刻见表 8－2

四、疏散评估	
4.1　疏散策略	分阶段疏散，Ⅰ > Ⅱ > Ⅱ > Ⅱ > Ⅴ
4.2　疏散速率	60 m/min，步行疏散
4.3　疏散时间	完全疏散 46.02 min，平均等待时间 15.38 min
4.4　交通状况	无阻畅通

备注：

五、技术平台

5.1　沿海台风风暴潮灾害风险区划与应急避难系统 V1.0

第二节 城市防震应急避难系统

随着城市化进程的加快,城市人口规模不断加大,各类建筑布局密集,地震类突发灾害事件往往给城市社会经济和人类自身带来了巨大的直接和间接灾害(表8－4)。例如,1923年日本关东大地震、1976年中国唐山大地震、1994年美国北岭地震、1995年日本阪神大地震、2003年伊朗巴姆大地震、2008年汶川地震、2012年雅安地震等。通过对汶川地震灾民避难状况的调查分析,可以发现我国灾害应急避难规划建设仍存在一系列的问题,具体如下:

表8－4 地震引发的城市灾害种类

地震灾害	直接灾害	地表变动	地裂 地陷 崖崩等
		设施倒塌与破坏	公共设施和公共设备破坏 建筑物的倒塌 落下物的发生
		火灾	一般易燃、易爆物质的爆炸与燃烧 高温高压生产工厂爆炸与燃烧 化学场内因化学物质反应引起火灾 电器设备破坏
		水灾	海啸 决堤
	间接灾害	环境破坏	有毒气体泄露 高压气体外泄 有毒细菌外泄 辐射物的外泄
		惊慌混乱	人群行动惊慌混乱导致事故发生 交通混乱导致事故发生

(1)部分市民处于无序、惊慌、分散的避难状态,导致交通壅塞严重,集中救援工作难以开展。

(2)因救灾物资紧缺,避难早期存在一些抢食物和水的过激行为,避难的居住条件也是十分恶劣,易受外部不利因素的干扰如次生灾害、阴雨天气等,市民的避难生活缺少安全保障。

(3)高层建筑内部缺少避难层,市民逃生避难面临较大威胁。

(4)因为灾民没有集中在专用避难场所进行管理,导致生活垃圾四处可见,环境污染问题十分严重。

(5)企事业单位以及其他公共场所均缺少应急避难设施的配置,如手电筒、哨子等,为灾后救援增加难度。

(6)个别公园(成都浣花公园)在这次灾害过程中确实发挥了避难作用,但其容量有限,维持人们避难生活时间短,难以满足全体市民长中期的避难需求,此外,公园缺少其他应急设施的配置，避难安全问题得不到有效解决。

综上，多次历史经验表明，城市必须充分利用绿地公园等潜在防灾资源，并从防震应急避难的场地适宜性、避难路径最优、避难服务效益最大化角度，构建防灾公园体系即防震应急避难系统，发挥灾时人群紧急疏散和灾后临时生活安置等发挥重要作用。

一、城市防灾公园体系

1. 防灾公园构成

防灾公园属城市应急避难所的一种主要类型，在抵御地震灾害发生后引发的二次灾害和避灾、救灾过程中，有着极其重要的作用，是重要的避难空间与物资空间，城市应当合理配置各种类型的防灾公园。通常主要依据避难人员停留时间与需求作规划，配置具有二级避灾据点机能的防灾公园作为中心防灾公园或固定防灾公园，合理布局并规划建设一级避灾据点机能的紧急防灾公园。由避难通道紧密联系的中心防灾公园、固定防灾公园和紧急防灾公园形成防灾公园体系。充分发挥各类公园的综合防灾功能，是安全避难的重要保证。

1）中心防灾公园

中心防灾公园是容量较大的城市和区级公园绿地，为多个居住区的受灾市民服务，可用作抗震救灾指挥中心、医疗抢救中心、抢险救灾部队的营地、外援人员休息地等。此类公园规划的目的，主要是提供大面积的开放空间，作为安全生活的场所，提供灾后城市复建完成前进行避难生活所需的设施，也是当地避难人员获得情报信息的场所。因此，必须拥有较完善的设施及可供庇护的场所（李繁彦，2001）。如需要有较完善的生命线工程要求的配套设施，如公用电话、消防器材、厕所等。另外，还要预留安排救灾指挥房、卫生急救站及食品等物资储备库的用地、直升机停机坪等。

2）固定防灾公园

固定防灾公园用作灾害时人们较长时间避难和进行集中救援的重要场所。主要以暂时收容无法直接进入中心防灾公园的避难人员为主，以等待救援的方式，经由引导进入层级较高的中心防灾公园，配备自来水管、地下电线等基本设施。此类防灾公园是整个防灾公园体系规划中最重要的环节，对于受灾市民防灾避难以及避免和减少伤亡十分重要。

3）紧急防灾公园

紧急防灾公园是灾害发生 3 min 内人员寻求紧急躲避的场所。针对这种个人自发性避难行为，指定区域内现有的开放空间为主要对象，设置在居民区、商业区等人员聚集区附近。通过对阪神大地震公园破坏情况的研究，D 级无破坏类别中，街区公园的比例最高，占 73.1% 且最接近居民，是最适合紧急避难的公园（清水正之，1999）。

2. 防灾公园特征

1）充分发挥各级防灾公园的作用

防灾公园体系中，中心防灾公园是整个安全避难过程中的中心和避难路线的终点，固定防灾公园是固定避难场所的一种，是避难行为的中转站，紧急防灾公园的主要用途是供避难者临时避难或作安全避难通道,这样的功能划分有利于有组织、有秩序的避难疏散和集中性救援。各类防灾公园在灾后不同避难时序发挥不同作用。灾害发生后,住宅中的居民或正在上班的职员可在紧急防灾公园躲避灾害以及建筑物、住宅倒塌及其落物造成的危害,进行紧急避难;随后,以家庭、单位为单元的集体通过避难道路转移到避难的集合地和避难中转地——固定防灾公园,最后到达中心防灾公园,进行较长时间避难,这里避难者可以得到基本生活保障和安全保障;避难道路为居民避难提供安全通道。防灾公园的规模越大,容纳的避难者人数就越多。人均有效避难面积越大,越有利于救灾物资集中性储备。救灾设施与设备的集中性配置也有利于对避难者的集中性救援和保障避难者的安全生活。综合利用各类防灾公园的功能,可以形成综合安全防灾体系或综合防灾安全链,最大限度地发挥防灾公园的防灾功能(马亚杰等,2005)。

2)分级配置、按需配置抗灾救灾设施、设备与物资

防灾隔离带不设抗灾救灾设施,只作避难者暂时停留的场所;紧急防灾公园消防设施,还可供应居民急需的部分物品与饮用水;固定防灾公园则需配置消防设施、广播通信设施、储备仓库和抗震贮水槽等灾后救援设施与物资,为较长时间避难提供基本生活条件和安全保障;而中心防灾公园要配置应急指挥中心、居民活动中心、直升机停机坪等弹性空间。

3)符合避难疏散的基本规律

严重灾害发生后,扒救埋压在废墟中的灾民和避难疏散是两项极其紧急的任务,如果是临灾预报则只组织避难疏散。无论哪种情况,居民通常都是在住宅附近的绿地或空地上集合,家人团聚或居民聚齐后,经由预先确定的安全避难道路到固定或中心防灾公园避难。依序由紧急防灾公园、固定防灾公园或中心防灾公园的转移过程符合避难疏散的基本规律,有较高的科学性、可行性和安全性。

4)满足避难疏散的安全要求

居民避难疏散过程是从离居民点最近的紧急防灾公园向较远的固定防灾公园转移,逃生方向和避难道路是预先确定的,又经过防灾减灾教育与演习,可以消除避难居民避难疏散的恐慌心理和不安全感。

3. 防灾公园布局原则

1)综合防灾、统筹规划原则

除了防灾公园以外,广场、体育场、操场、停车场、学校、人防工程、寺庙、空地等都可以选作避难场所。配置防灾公园应当考虑对城市多种灾害的综合防灾,配合其他各类避难场所统筹规划。太平洋地震带,长年湿热多雨,地震、台风频发,自然环境条件极为敏感。1996 年台湾总结公园绿地功能,指出功能性绿地系统包括生态绿地系统、防灾绿地系统;景观绿地系统和游憩绿地系统。防灾绿地系统主要包括防灾路径、防灾空间、防火绿道和缓冲绿地等。并指出城市公园广大的绿地空间具有阻隔噪声、防尘等促进环境卫生的功能,并且可作为防空、避灾的紧急避难场所。台湾“9·21”大地震唤起了台湾各界对防灾相关领域的重视。强化城市防灾体系的建构随着灾后重建展开,根据城市遭受地震灾害所可能产生的避难行为与救灾作用,制定了都市防灾规划。在都市计划防灾空间六大系统中,公园是重要的避难空间和物资空间。

2）均衡布局原则

即就近避难原则，为了使市民在发生灾害时能够迅速到达防灾公园，防灾公园应比较均匀地分布在城区。过去规划中是以居民的活动半径(250 m 或 1 000 m)布置公园，但从阪神大地震震灾调查中得知，只要公园在可通行范围之内，距离与避难行为几乎没有相关关系。从这个意义上说，公园设置标准必须还要考虑与人口密度相对应的合理分布。

3）通达性原则

为使灾害发生时避难人员顺利抵达并进入防灾公园进行避难活动，防灾公园的布局要灵活，要利于疏散，居民到达或进入防灾公园的路线要通畅。

4）可操作性原则

防灾公园的布局要与户外开敞空间相结合、与人防工程相结合，利用作为防灾公园的场地以及连接上述场地的道路现状，划定防灾公园用地和与之配套的应急疏散通道。

5）平灾结合原则

将有一定规模的已定防灾公园建成具备两种功能的综合体：一是平时履行休闲、娱乐和健身等功能；二是配备救灾所需设施和设备，在发生地震、火灾等突发公共危机事件时能够发挥避难场所的作用。

6）步行原则

居民到防灾公园避难一般步行而至。因为严重灾害发生后，防灾公园用地比较紧张，内部一般不设停车场，较多的私人汽车进入其中将给公园管理带来困难。而且，地震灾害发生后，城市道路不同程度地遭受破坏，且道路上人多、车多，避难路线甚至城市道路一般都很拥堵，乘坐私人汽车避难有可能消耗更多的时间，冒更大的风险。

4. 防灾公园服务域

1）服务半径

根据阪神·淡路大地震的经验教训，避难距离以步行 15 min 的路途为极限。防灾公园服务范围的确定要考虑灾害发生规律、避难疏散的时序与救援活动，宜以周围或邻近的居民委员会和单位划界，这样便于防灾公园的管理与有组织疏散。还应考虑河流、铁路等的分割以及避难疏散道路的安全状况。

(1) 中心防灾公园：应满足步行 0.5 ~ 1 h 之内到达的要求，服务半径 2 ~ 3 km 以内。

(2) 固定防灾公园：根据“9·21”集集大地震的调查表明，整体而言，大多数的避难据点均在灾区居民步行可及范围内，约为 500 ~ 600 m。由此可以发现多数人的避难行为仍以 500 m 为避难据点距离上的边界范围，所以在规划固定防灾公园服务半径时可作为重要参考依据。要求以步行 5 ~ 10 min 内到达为宜，服务半径 500 m。

(3) 紧急防灾公园：发生灾害后的第一阶段中人的自发避难是在较短的时间内进行的，能够步行到自己熟悉的社区周边的安全场所，然后再进行有组织地疏散转移等。因此在社区周边步行 3 min 的距离内应该均匀设置紧急防灾公园，服务半径为 300 ~ 500 m。

2）服务规模

防灾公园的规模与火流的性状有关，一般把大火按性状划分为 3 个阶段四周被火包围、两边被火包围、一边被火包围。根据日本关东、阪神大地震的经验，针对大火性状，各级防灾公园的规模如下（卢秀梅，2005）：

（1）中心防灾公园：场地面积一般应达到 50 hm^2 左右或大于 50 hm^2，即使公园四周发生严重大火，位于公园中心避难区的避难人群依然安全。

（2）固定防灾公园：场地面积一般在 10 ~ 50 hm^2 之间，若总面积为 25 hm^2，公园两边发生严重火灾，避难者受到火灾威胁时，向无火灾的两边转移，仍有安全保障；若总面积为 10 hm^2，公园一边发生严重火灾，避难者也有安全保障。

（3）紧急防灾公园：场地面积一般不小于 1 hm^2，考虑至少容纳 500 人。

各级防灾公园用地可以各自连成一片，也可以由毗邻的多片用地构成。从防止次生灾害的角度考虑，作为固定避难疏散场所的防灾公园，宜选择短边 300 m 以上，面积 10 hm^2 以上的区域。如果公园的面积不够 10 hm^2，和周边的公共设施及其他设施共用一体也可以。但公园的总有效面积必须满足避难疏散的需求。

5. 避难空间规划

防灾公园的避难空间规划是指从防灾减灾的角度合理利用公园的土地，以配置防火林带、应急避难疏散区、地下人防空间以及确保避难路线为中心，实现各个空间的防灾功能互补，有效利用公园内的各种空间资源。为确保居民安全避难，还必须充分考虑居民从社区到防灾公园的避难道路以及与其他道路和设施的关系。

1）防救灾通道规划

寻求避难场所是灾害发生后人的第一反应，道路空间为这种行为提供了首要保证，在应急时城市干道和防灾公园内的主环路可作为疏散人群和应急物资供应的通道。因此，防灾公园的道路分为两种：一种是从居民住宅到紧急防灾公园再到固定防灾公园的避难疏散道路；另一种是固定防灾公园或中心防灾公园内部的避难疏散道路与消防通道。合理的路网设计将直接关系到灾害发生后的逃生路线是否通畅，因此兼作避难疏散通道的道路宽度、密度等指标应满足避难区域内的人群在避难时，能绕过最少障碍，以最快速度到达此区域内的防灾公园。

2）周边避难道路

周边避难道路是从居民住宅到紧急防灾公园再到固定防灾公园的避难疏散道路，道路系统在对应灾害发生的时序上，是第一个开始运作的防灾空间系统，灾民自发性避难行动也是依靠道路完成的。另外，道路系统与其他防灾空间系统息息相关，各空间系统功能的发挥都需要借助道路的正常运作。道路系统能否在灾后发挥必要的防灾功能，直接影响避难与救灾的成效，也直接影响灾害伤亡的可能程度。

3）出入口设置

依出入口所连接周边避难道路的属性，将公园出入口分为输送、救援出入口，消防出入口，服务性出入口以及紧急避难出入口 4 个层级。

（1）输送、救援出入口：连接输送、救援通道，作为受灾地区救援人员及车辆运送物资、器材到公园内的出入口；

（2）消防出入口：连接消防通道，作为消防车辆进出公园投入灭火行动的出入口；

（3）服务性出入口：作为垃圾车进出公园之出入口；

(4) 紧急避难出入口：连接紧急避难道路，作为避难人员紧急进出公园的无障碍出入口。

6. 应急避难疏散区规划

1) 空间选择

公园内避难空间的选取及设置，就其人员避难需求及安全性来说，以公园中建筑物以外的户外或半户外开放空间较为适宜，因为公园中的建筑物在地震发生时，其建筑本身的耐震强度难以抵挡地震的威胁，而灾后建筑结构损坏度更无法立即评估是否适宜继续作为避难收容场所使用。因此大部分人员在遇到震灾时都会选择逃离建筑物而到户外开放空间来避难以及灾后短期生活。元大都城垣遗址公园北侧地势平坦，交通便利，有充足的广场，适合作为周边居民应急避难的主要疏散区，便于快速、便捷地搭建应急避难帐篷。

2) 避难面积和安全后退距离

应急避难疏散区是确保避难者安全所、救援活动和应急避难生活的场所。应急避难疏散区的有效面积要根据避难对象的人均避难面积(1 ~2 m^2，尽量在 2 m^2 以上)来设定，同时也要考虑公园的规模。疏散区的安全后退距离有必要根据本地常年的风向和风速、周边环境的火灾危险度等因素弹性而慎重地探讨。其中设置的动力管线和救援的动力管线不能交错。

二、上海中心城区防灾公园体系

1. 研究区选择

上海城市灾害表现出灾种多样性、复杂性、人为性以及放大性等特点。在地震、洪灾、消防、道路交通、环境污染等方面还存在很多潜在致灾隐患和挑战。就地震而言，上海远离东面的环太平洋地震带，西边距陆上最近的地震带也有 400 多公里，邻近的苏浙皖赣都没有 7 级以上大震记录。但是，上海及其邻近地区处于我国中强度地震活动波及影响范围内，周边地区发生的中强地震都会对上海有一定影响，不可掉以轻心。刘昌森和吕美丽(1998)研究得出，上海地区隐伏多条活动断层，地面地震具有放大效应，地动位移振幅一般放大 5 ~6 倍，宏观地震烈度平均增强 1 度，地面加速度峰值比基岩部分放大 3 ~3.5 倍。同时，城市化进程的加快也会非线性放大地震灾害，据有关统计，20 世纪前 50 年里，每次大地震对发达国家和发展中国家造成的平均死亡人数均多于 1.2 万。而到了 20 世纪后 50 年，发达国家在每次大地震中的平均死亡人数已减少至 2 000 人，可发展中国家依然原地踏步。上海地区地震烈度复核研究结果表明，1990 年后上海按Ⅶ度设防，同时被列为未来 10 年全国地震重点监视防御区(肖功建，2001；刘昌森等，1998)。

人们通常认为安全的地方，其实也会发生强震，这是唐山大地震留给后人的重要教训。进入新世纪以来，印度古吉拉特邦历史上没有强震记载，但 2001 年 1 月 26 日发生了 7.9 级强震，死亡人数逾 2 万。伊朗巴姆古城也是没有强震记载的地方，2003 年 12 月 26 日发生的 6.3 级地震造成近 3 万人死亡，整个古城七成的住宅被夷为平地。对于上海中心城区这一人口和建筑异常密集地区，一旦发生地震及其次生灾害时，如何快速、安全、有效地疏散市民到安全场所避难将成为城市安全发展的重大挑战，因此研究其防震避难场所无疑具有重要的现实意义。

2. 避难需求分析

选择上海地区人口密度较高的 9 个中心城区（杨浦、闸北、虹口、普陀、长宁、静安、卢湾、徐汇和黄浦）为研究区域，据 2006 年人口统计结果显示，中心城区人口密度（约 25 942 人/ km^2）远远超过其他郊县和全市平均值（2 116 人/km^2）。其中，黄浦、卢湾、虹口区超过 30 000 人/km^2。

在同等强度灾害的情况下，人口密集区域面临着应急避难需求高、可用避难空间少等困境，很大程度上增加人员伤亡概率和经济损失强度。基于上述考虑，本研究选择上海市的杨浦（*YP*）、闸北（*ZB*）、虹口（*HK*）、普陀（*PT*）、长宁（*CN*）、静安（*JA*）、卢湾（*LW*）、徐汇（*XH*）和黄浦（*HP*）9 个中心城区为实证对象。

3. 避难供需分析

根据区行政单元将上海中心城区划分 9 个区级防灾单元，并以城市主次干道为界，设置次级防灾单元（图 8－19）。本研究主要讨论在地震灾害及其次生灾害发生前提下，选择城市绿地绿地公园作为避难所的备选场地，分析研究区内应急避难服务的供需平衡状况。

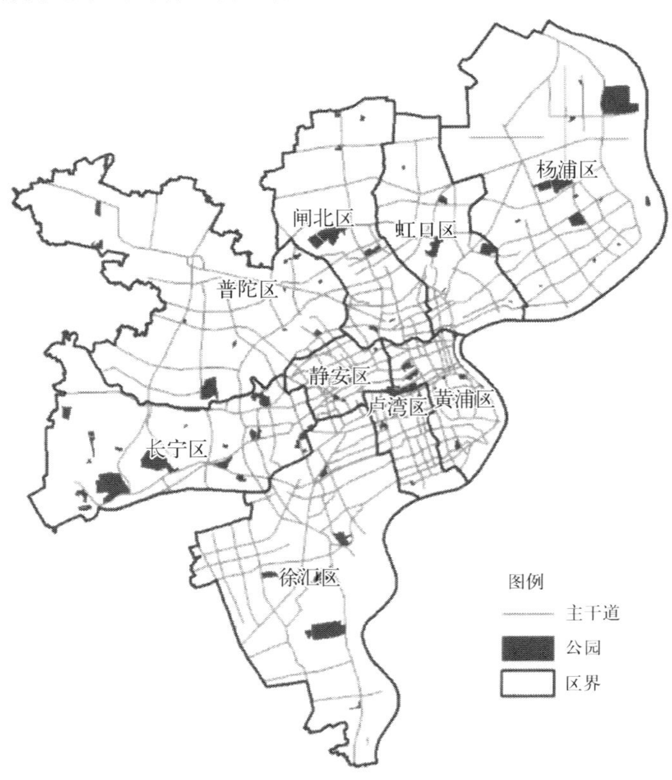

图 8－19　上海中心城区绿地公园空间分布图

按照避难所的规划指标要求，对研究区内现有绿地公园进行等级划分。由表8－5可知，研究区内绿地公园总数106个，满足最低避难要求的绿地公园数为88个，达标率为83%，其中达到中心、固定、紧急避难场所建设要求的绿地公园分别为4%、15%、64%，现有绿地公园的规模集中于[1 hm^2，10 hm^2]；在9个中心区内，闸北区、普陀区、静安区、长宁区附属绿地公园基本都达到紧急避难所建设的要求，其中徐汇区、黄浦区达标率仅为60%左右，相对较低。此外，拥有中心避难等级绿地公园只有杨浦、长宁和徐汇区，静安、卢湾、黄浦三区严重缺少固定及以上避难等级的绿地公园。由此可见，研究区内的绿地公园空间分布极不均衡，从防灾避难角度来看，现有的绿地公园分布格局较不合理（图8－20）。

表8－5　上海中心城区绿地公园避难服务等级

区　名	避难服务等级				绿地公园个数
	中心	固定	紧急	合计	
杨浦区	1	3	7	11	15
闸北区	0	3	5	8	8
虹口区	0	2	3	5	6
普陀区	0	3	10	13	13
长宁区	2	3	17	22	23
静安区	0	0	5	5	4
卢湾区	0	0	7	7	8
徐汇区	1	2	5	8	13
黄浦区	0	0	9	9	16

注："S"代表绿地公园面积，中心 $S \geqslant 50$ hm^2，固定指 10 $hm^2 \leqslant S \leqslant 50$ hm^2，紧急指 1 $hm^2 \leqslant S \leqslant 10$ hm^2。

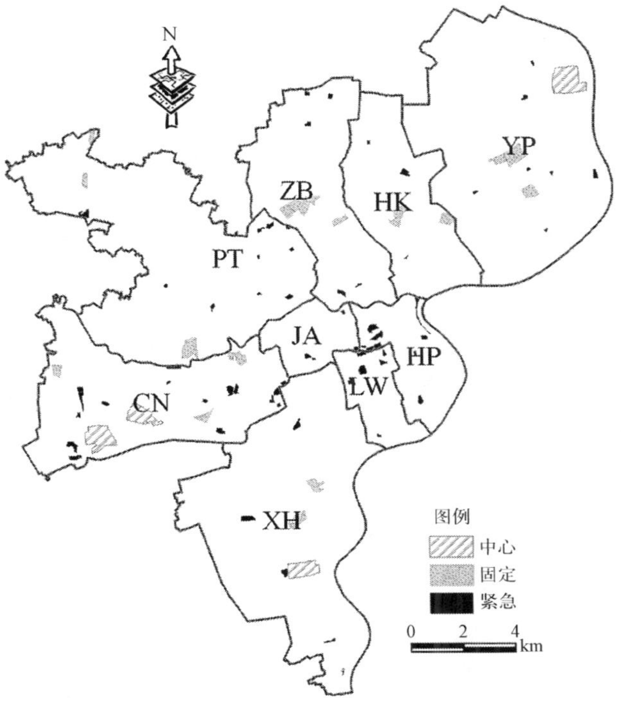

图8－20　上海中心城区不同避难等级的绿地公园空间分布

根据绿地公园的有效面积 S_i 和人均必需避难面积 A 估算出绿地公园的可容纳人口能力 C_i，其中 S_i 指绿地公园对外的有效开放空间，一般情况绿地、绿地公园等半开敞用地按照60% ~80%折算（参考2007年上海中心城区紧急避难场所规划报告）。人均必需避难面积按照满足避难活动人体的基本尺度（站、蹲、卧、躺）最低要求（张丽梅等，2005），设置 A 为0.5 ~1.5 m^2/p，和绿地公园避难等级保持一致。由绿地公园可容纳能力 C_i 和研究区常住人口数 P_j 可计算得出避难服务的供求比 R_j，计算公式如下：

$$C_{ji} = S_{ji}/A \tag{8-1}$$

$$R_{ji} = \sum_{i=1}^{m} C_i/P_j \tag{8-2}$$

式中，i 代表某一绿地公园；j 表示某一防灾单元，且 $i = 1, 2, \cdots, m$；$j = 1, 2, \cdots, n$。

基于绿地公园的各防灾区避难供求比（图 8-21），整个研究区的避难供求比为0.82，表现出较明显的供不应求现象；各区的供求比结果显示出明显的空间差异，长宁区和杨浦区均表现供大于求，而其他防灾分区出现不同程度的供给不足，其中虹口、静安、卢湾、黄浦四区供求比不足0.5。引起上述结果的主要原因在于各防灾分区内的人口分布和绿地公园的配置不匹配，间接地反映研究区现有绿地公园空间分配的不公平性。

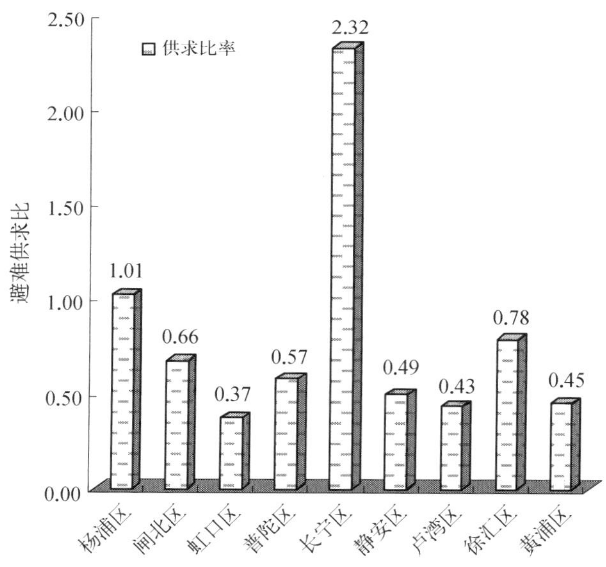

图 8-21　上海中心城区绿地公园避难服务的供求比率

4. 避难服务域分析

鉴于供求比只能从数量上反映上海市中心城区的总体避难水平，而实际情况是，居民避难时必然有时间或可达距离的限制，避难所建设与管理的费用受到财政投入的约束，以及保证研究区内居民避难的社会公平性。因此，本研究基于区位-配置理论，运用缓冲分析模型，分析各防灾区内绿地公园的覆盖率、重叠率和服务域，其结果对于避难贫乏区的识别，防灾绿地公园建设的优化选址，避难路线的设计及避难服务区划有着重要意义，为区域的防灾规划建设提供决策依据。在 ArcGIS 平台下，利用其空间分析模块之缓冲区分析（Buffer wizard），研究某一绿地公园 i 避难服务半径 D 为欧氏距离条件下服务范围 Sa，其定义为：

$$Sa = \{D \mid d(D, P_i) \leqslant D\} \tag{8-3}$$

基本操作流程如图 8－22 所示：

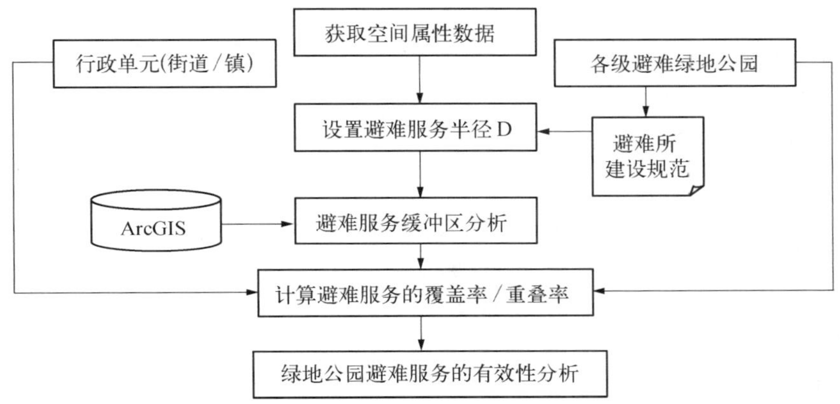

图 8－22　绿地公园避难服务缓冲区分析流程图

以区为单元，不同避难等级绿地公园服务半径 D 为权值建立缓冲区，得到服务面积，并采用以下公式计算某一防灾区 j 所有绿地公园避难服务的覆盖率 F_j 和重叠率 C_j。

$$F_j = (S_2 - S_4 + S_3)/S \tag{8-4}$$

$$C_j = (S_1 - S_2 - S_3)/S_1 \tag{8-5}$$

式中，整个服务面积 S_1；有效服务面积 S_2；绿地公园面积 S_3；行政边界外服务面积 S_4；区行政面积 S。

由计算结果表 8－6，表 8－7，图 8－23 可以看出，各区内的绿地公园在其避难服务半径内均不能覆盖整个区域，其中覆盖率达到 50% 的依次有长宁（85.83%）> 黄浦（63.20%）> 虹口（56.08%）> 卢湾（52.91%）；此外，由于绿地公园空间布局的不均匀，导致其避难服务在空间上出现不同程度的重叠现象，其中黄浦（60.47%）、卢湾（56.80%）、长宁（48.37%）重叠现象较为突出，其他区次之。综上分析，上海中心城区的绿地公园布局现状呈现“富余与紧缺”并存的不合理现象，显然不能满足各区的整体避难需求，因此，从满足整体避难需求角度出发，减少重复建设和加强绿地公园的新建是中心各城区防灾规划的重要部分。

表8-6　上海中心城区不同避难等级绿地公园缓冲分析结果

避难等级	整个服务区面(m^2)	中心城区面积(m^2)	覆盖率(%)
中心	48 222 910.33	279 208 737.00	17.27
固定	69 345 641.64	279 208 737.00	24.84
紧急	69 854 446.35	279 208 737.00	25.02
合计	187 422 998.31	279 208 737.00	53.57

表8-7　上海各中心城区绿地公园避难服务缓冲分析结果

区名	服务面积之和(m^2)	有效服务面积(m^2)	覆盖率(%)	重叠率(%)
闸北	21 739 799.05	13 349 978.19	49.93	37.55
杨浦	40 876 333.68	28 265 485.22	49.93	23.14
徐汇	30 207 948.31	24 440 796.53	46.89	15.76
普陀	27 384 947.97	18 194 603.80	34.76	23.26
卢湾	9 163 099.57	3 958 543.93	52.91	56.80
静安	4 518 622.06	2 881 079.44	39.18	36.24
黄浦	19 217 155.84	7 356 705.35	63.20	60.47
虹口	14 851 915.99	12 588 078.84	56.08	15.24
长宁	62 943 508.01	29 279 637.54	85.83	48.37

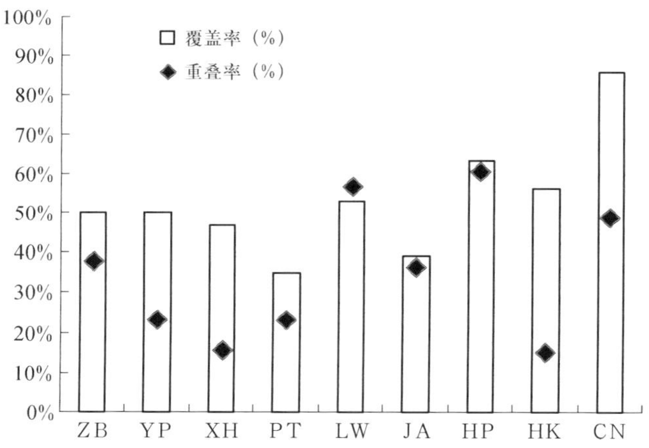

图8-23　上海中心城区避难服务覆盖率与重叠率分析结果

需要说明的是,缓冲分析仅从空间距离上考虑居民的避难可达性,尚未考虑绿地公园的避难能力与实际覆盖人口数之间的关系,仍不能准确地评价绿地公园布局的合理性,这将是下一步工作的重点。

5. *应急避难适宜性评估*

选择上海中心城区人口最为密集、地震灾害危害性指数最高(杨挺,2000)的黄浦区为对象,就区内绿地公园的避难适宜性进行评价。定量评价之前,参考避难场所规划的相关标准，制定了如下的基本准则，对备选场所进行预筛选。

（1）避难场所总面积应大于 1 hm^2。

（2）避难场所开放空间面积应大于 2 000 m^2。

（3）应避免位于断层带 200 m 以内地区。

（4）避难场所内，地形起伏不宜过大，保持场所内道路通畅。

（5）避难场所至少有一条主干道与之相连。

经筛选，黄浦区内共有蓬莱、人民广场、古城、人民绿地公园、延安绿地、黄浦外滩、广场绿地 1、广场绿地 2、广场绿地 3、绿地 1、绿地 5、绿地 8、绿地 12、绿地 13 共 14 处绿地公园符合以上准则（图 8－24）。

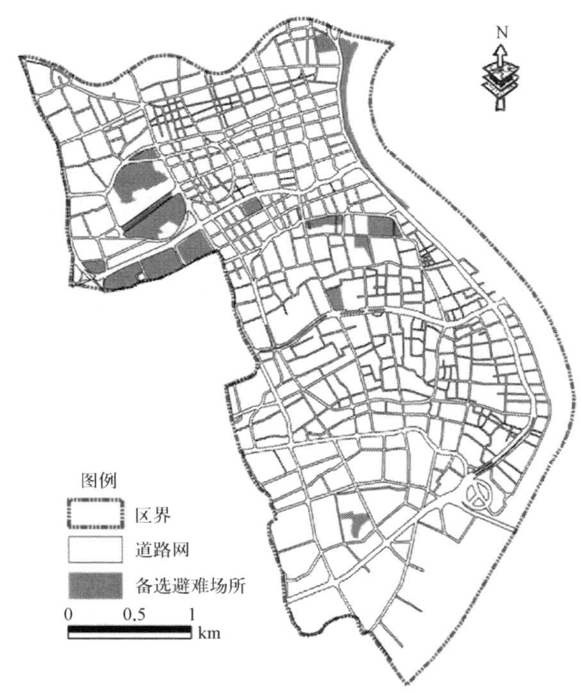

图 8－24　黄浦区备选避难场所空间分布图

本研究依据国内外研究成果，在避难所规划设置的基础上，建立以下评估准则。

1）安全性

避难行为是获取安全场所之行为，因此避难场所应考虑灾害可能引起的伤害，除了直接损坏外，还应包括次生灾害（余震、火灾）甚至衍生灾害（传染疾病、社会秩序混乱），避免灾害发生时避难场所受到灾害波及而失效。参考日本城市绿化技术开发机构提出的防灾公园规划建设效果评价标准，本研究设置了震后防火性能（主要从绿化带、水域的设置）、周边环境对其潜在影响（主要从高层建筑密度、周边道路宽度及密度）、内部基础设施配置完善性（公共厕所、内部道路、娱乐设施配置、休息场所布置等）三个定性指标，每个指标设定 4 个评价等级和评语系数（表 8－8，表 8－9），通过实地调研分别给予打分，并采用模糊优选法对区域内绿地公园进行安全性定量评价（表 8－10）。

表 8 - 8　备选防灾公园场所安全性实地调查表

调查对象：※※绿地公园		评价等级			
一级指标	二级指标	好	一般	较差	很差
震后防火性能 A1	绿化带分布 A11	√			
	水域面积 A12		√		
周边环境对其潜在影响 A2	高层建筑密度 A21			√	
	周边道路宽度 A22				√
	周边道路密度 A23			√	
基础设施配置完善性 A3	公共厕所 A31		√		
	内部道路宽度 A32	√			
	娱乐设施配置 A33		√		
	休息场所布置 A34			√	

注:"√"表示对实际调查结果的评判。

表 8 - 9　备选防灾公园场所安全性评价等级设置

等级	好	一般	较差	很差
系数	$A\geqslant 0.80$	$0.60\leqslant A<0.80$	$0.40\leqslant A<0.60$	$A<0.40$

表 8 - 10　备选防灾公园场所安全性调查结果

编号	名　称	A11	A12	A21	A22	A23	A31	A32	A33	A34	A
1	蓬莱绿地公园	0.60	0.30	0.50	0.70	0.80	1.00	0.70	0.60	0.75	0.66
2	人民广场	0.80	0.50	0.80	0.80	0.80	1.00	0.80	0.70	0.80	0.78
3	古城绿地公园	0.80	0.80	0.80	0.70	0.70	1.00	0.80	0.70	0.85	0.79
4	人民绿地公园	0.85	0.80	0.80	0.75	0.70	1.00	0.60	0.70	0.80	0.78
5	延安绿地绿地公园	0.70	0.30	0.50	0.50	0.60	0.60	0.60	0.40	0.75	0.55
6	黄浦外滩绿地公园	0.50	0.60	0.70	0.75	0.60	1.00	0.65	0.60	0.60	0.67
7	广场绿地公园 1	0.85	0.80	0.75	0.80	0.80	1.00	0.70	0.65	0.70	0.78
8	广场绿地公园 2	0.85	0.85	0.75	0.80	0.80	0.60	0.75	0.50	0.75	0.74
9	广场绿地公园 3	0.80	0.50	0.70	0.80	0.80	0.60	0.65	0.50	0.70	0.67
10	绿地 1	0.65	0.40	0.70	0.75	0.70	0.60	0.70	0.40	0.70	0.62
11	绿地 5	0.60	0.40	0.70	0.70	0.70	0.60	0.65	0.40	0.70	0.61
12	绿地 8	0.60	0.40	0.50	0.70	0.60	0.60	0.65	0.40	0.70	0.57
13	绿地 12	0.70	0.60	0.60	0.70	0.65	0.60	0.70	0.40	0.70	0.63
14	绿地 13	0.70	0.40	0.55	0.75	0.70	0.60	0.70	0.50	0.70	0.62

2）有效性

由于避难场所需要提供大量的避难人口来进行避难,避难场所在区位上的供给能力成为重点考虑因素,其中避难场所本身应具有足够的开放空间,有效地提供避难灾民之需求。由于地震灾害发生后,场所内建筑物遭到毁损与倒塌以及水域面积较大,使得避难的有效面积减少，因此需要将开放空间的比例纳入考量，来衡量其开放空间在灾时的效用。本研究选择以下表征指标描述避难场所的有效性。

（1）开放空间比：避难场所内建筑物容易因地震而倒塌，若非开放空间比率较高，在地震灾害发生时可能导致倒塌，造成二次灾害，倒塌的建筑也可能减少避难面积，此外，如果绿地公园内的水域面积也占用一定空间，反之，在使用上比较容易的进行相关的避难救灾设施配置。

（2）可容纳避难人数：避难场所本身可容纳避难人数是避难所服务能力的重要指标，可供避难人数越多，减灾效益就越高。台湾"9·21"地震显示，公共建筑在地震灾害影响下，倒塌概率颇高，影响了可避难面积，因此在可供避难人数指标计算上，是以该场所有效的开放空间面积除以人均所需避难面积求得。

基于以上两方面条件，我们对上海黄浦区备选防灾公园的基本信息进行了梳理（表8-11）。

表8-11　备选防灾公园的基本信息

编号	名　　称	总面积（m^2）	开放空间面积（m^2）	容纳人口数（个）
1	蓬莱绿地公园	24 709.51	23 814.04	23 814
2	人民广场	87 099.18	86 634.43	86 634
3	古城绿地公园	38 247.86	35 078.82	35 079
4	人民绿地公园	89 054.67	85 342.89	85 343
5	延安绿地绿地公园	15 396.21	15 396.21	15 396
6	黄浦外滩绿地公园	74 432.66	72 892.91	72 893
7	广场绿地公园 1	42 552.44	39 027.01	39 027
8	广场绿地公园 2	56 629.52	53 274.14	53 274
9	广场绿地公园 3	47 917.10	45 024.13	45 024
10	绿地 1	15 648.05	15 648.05	15 648
11	绿地 5	22 735.17	22 735.17	22 735
12	绿地 8	18 638.86	18 638.86	18 639
13	绿地 12	19 531.25	17 030.39	17 030
14	绿地 13	14 615.23	14 615.23	14 615

注：开放面积等于行政面积扣除建筑和水域面积，人均避难面积设为 1 m^2/人。

3）可达性

可达性是指避难场所与城市其他防灾空间系统（如医疗、消防、公安及物资供应地）空间上的相互联系，在避难所规划之前，应尽量考虑其区位，方便获得各种救灾资源，发挥避难需求功能。根据数据可获取性，本研究设置了以下指标表述可达性。

（1）与医疗系统之间的最短距离：保证灾时民众能及时获得医疗救护，离医院越近，避难所的服务功能越能发挥。与医疗的最近距离均通过 ArcGIS 网络分析模型（network analysis）计算获取，后面的最短距离计算方法相同。

（2）与消防系统之间的最短距离：灾害发生时，需要救灾设施通过防灾道路进行紧急支援与救护，消除火灾及隐患，以保护民众安全，应考虑消防设施在一定时间范围到达避难场所。

(3) 与公安系统之间的最短距离：灾害发生时，公安部门立即出动警力，分布在各避难通道，引导受灾民众有序避难及进入避难场所内维护秩序，以避免避难过程出现混乱或一些不法事件的发生。

利用手持 GPS(etrex)对黄浦区的消防、公安、医疗三类防灾空间系统进行准确定位，经坐标和投影转换，叠加到黄浦区道路网络图层。在 ArcGIS 下，调用 Network Analysis 的 OD Cost-marix 模型建立绿地公园与上述防灾空间系统的成本距离矩阵，并从优选出各备选防灾绿地公园至上述最近的防灾空间系统网络距离(表 8－12)：

表 8－12　备选场所与消防、公安、医疗子系统的最短距离

编号	名　　称	消防(m)	公安(m)	医疗(m)
1	蓬莱绿地公园	316.42	390.88	654.32
2	人民广场	190.70	30.21	854.35
3	古城绿地公园	758.08	777.42	489.45
4	人民绿地公园	476.04	375.05	600.49
5	延安绿地绿地公园	179.65	610.25	1 286.61
6	黄浦外滩绿地公园	975.97	159.93	675.15
7	广场绿地公园 1	182.88	840.18	1 225.84
8	广场绿地公园 2	182.88	638.75	829.22
9	广场绿地公园 3	437.40	406.12	531.54
10	绿地 1	448.45	105.96	274.73
11	绿地 5	442.43	367.31	402.59
12	绿地 8	133.79	150.03	483.47
13	绿地 12	915.19	40.16	637.49
14	绿地 13	420.04	326.40	581.03

根据指标导向性，将选取的指标分为正向型和负向型，分别进行数据预处理，并选用较为客观的熵值权重法确定各指标的权重。由熵值权重法的结果可知(图 8－25)，在避难适宜性评价的指标中，比较具有影响的指标有可容纳人口数(0.253 2)，三大防灾空间子统如公安(0.271 9)、消防(0.224 8)、医疗(0.199 5)。可容纳人口数指标的重要性较

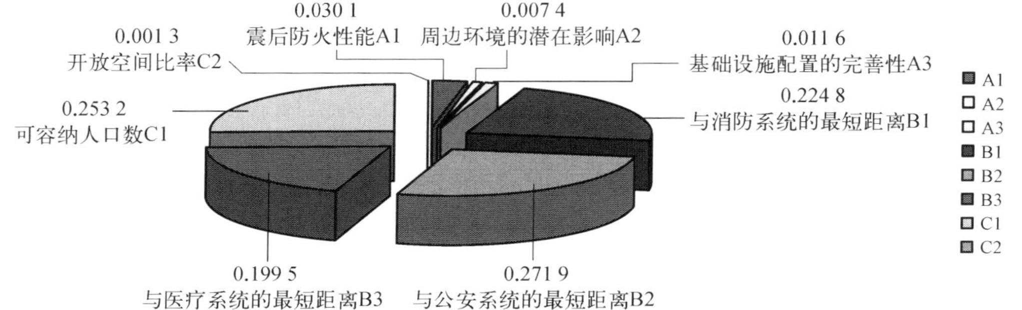

图 8－25　基于熵值法指标权重计算结果

高,体现出避难场所的服务能力对于避难场所的适宜性有着显著影响。防灾空间子系统指标代表避难场所与其他防灾救灾资源的空间联系,对于发挥整体减灾效益有重要作用,其权重值仅次于服务能力。此外,安全性指标也占有一定的地位,由于本研究选择的场所本身具有较大的安全性,通常是居民选择避难的理想场所。综合评价可以得到研究区备选防灾公园的避难适宜性评价结果(表8－13)。

表8－13　备选防灾公园的避难适宜性评价结果

编号	场所名称	A1	A2	A3	B1	B2	B3	C1	C2	SA
1	蓬莱绿地公园	0.013 6	0.005 0	0.008 9	0.127 0	0.199 4	0.225 2	0.001 3	0.032 3	0.612 6
2	人民广场	0.019 6	0.006 0	0.009 6	0.085 2	0.139 9	0.172 3	0.001 3	0.253 2	0.687 1
3	古城绿地公园	0.024 1	0.005 5	0.009 7	0.140 7	0.143 4	0.149 3	0.001 3	0.072 0	0.545 9
4	人民绿地公园	0.024 9	0.005 6	0.009 0	0.152 4	0.166 4	0.227 4	0.001 3	0.248 7	0.835 7
5	延安绿地绿地公园	0.015 1	0.004 0	0.006 8	0.000 0	0.024 7	0.003 1	0.001 2	0.002 7	0.057 6
6	黄浦外滩绿地公园	0.016 6	0.005 1	0.008 3	0.120 6	0.112 4	0.157 7	0.001 2	0.204 9	0.626 8
7	广场绿地公园1	0.024 9	0.005 8	0.008 9	0.012 0	0.000 0	0.000 0	0.001 2	0.085 8	0.138 6
8	广场绿地公园2	0.025 6	0.005 8	0.007 6	0.090 2	0.049 9	0.053 6	0.001 3	0.135 9	0.369 9
9	广场绿地公园3	0.019 6	0.005 7	0.007 1	0.148 9	0.085 7	0.112 4	0.001 2	0.106 9	0.487 5
10	绿地1	0.015 8	0.005 3	0.007 0	0.199 5	0.117 6	0.126 1	0.001 3	0.003 6	0.476 2
11	绿地5	0.015 1	0.005 2	0.006 8	0.174 3	0.178 8	0.218 2	0.001 3	0.028 6	0.628 3
12	绿地8	0.015 1	0.004 5	0.006 8	0.158 4	0.224 8	0.271 9	0.001 3	0.014 1	0.696 9
13	绿地12	0.019 6	0.004 8	0.007 0	0.128 0	0.120 3	0.149 2	0.001 1	0.008 5	0.438 5
14	绿地13	0.016 6	0.005 0	0.007 3	0.139 1	0.190 8	0.246 7	0.001 2	0.000 0	0.606 6

参考适宜性等级划分相关研究成果(黄典剑等,2006),对表8－13的评估结果进行等级设置,分为适宜(SA≥0.6)、较适宜(0.5≤SA＜0.6)、较不适宜(SA＜0.5)三个等级。由评价结果(图8－26)可知,黄浦外滩绿地公园、人民绿地公园、蓬莱绿地公园、人民广场、广场绿地公园3、绿地5、绿地8、绿地13达到适宜等级,主要分布在人民广场、外滩、豫园、半淞园街道;古城绿地公园为较适宜等级,分布在豫园街道区域内,而延安绿地绿地公园、广场绿地公园1、广场绿地公园2、绿地1 、绿地12为较不适宜等级,主要分布在人民广场、外滩和金陵东路街道。整体而言,人民广场街道和豫园街道内备选场分布较密集,符合避难场所建设要求也很多;外滩和半淞园街道保证至少有一个备选场所;此外,金陵东路街道由于绿地1规模小,容纳人口数有限,未达到避难场所建设要求,而南京东路、小东门、老西门、董家渡街道属于备选避难场所缺失最为严重地区,应引起足够重视。

6. 避难服务域分析

服务域分析通常采用建立缓冲区来实现,该方法简单容易操作,但其结果不太符合现实情况,因为任何服务设施都是通过道路网络实现资源的流动,其真实的服务范围应该是基于道路网络分析得出。因此,本研究通过先建立道路网络数据集,再进行服务域分析。本研究主要探讨绿地公园的避难服务,在对适宜性评价的基础上,进一步对较适宜的备选

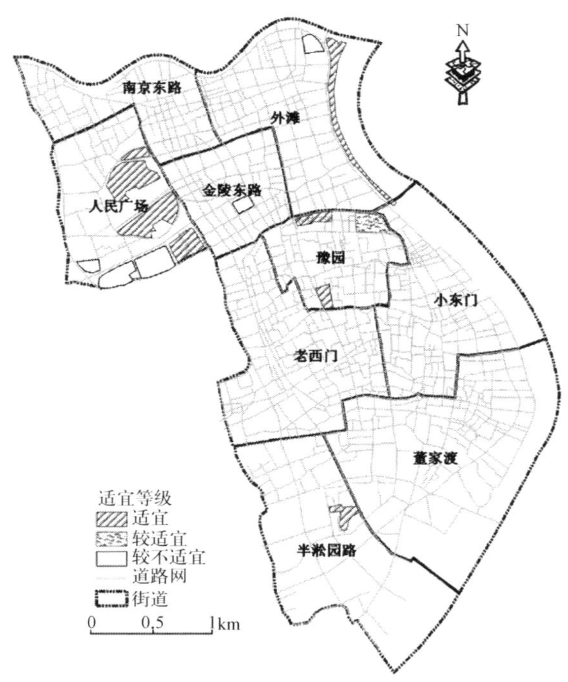

图 8－26　备选防灾公园的避难适宜性评价结果图

避难场所进行服务域分析，旨在得到优选后的场所真实的服务范围，通过与遥感影像的叠加，可明确判断某一区域归属于某一避难场所，同时可识别哪些地区缺少避难场所，从而为避难场所的规划提供决策依据。

以街道单元划分防灾避难圈，选择街道内适宜性评价结果最好的场所作为防灾服务中心，依据避难场所规定的服务半径，对其服务范围进行分析。本研究通过实地调查绿地公园的出入口位置及对应的道路，并以出入口为出发点，服务半径为 500 m，利用 ArcGIS 的网络分析模块进行服务域分析，并绘制出各出入口服务域的补集，以此作为该场所的有效服务范围。按照图 8－27 所示的流程来实现适宜避难场所服务域分析。我们对黄浦区适宜避难场所的服务域进行了分析（图 8－28）。

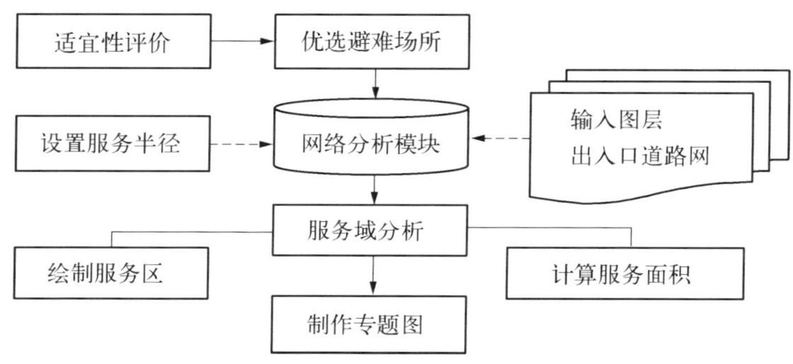

图 8－27　适宜场所避难服务域分析流程

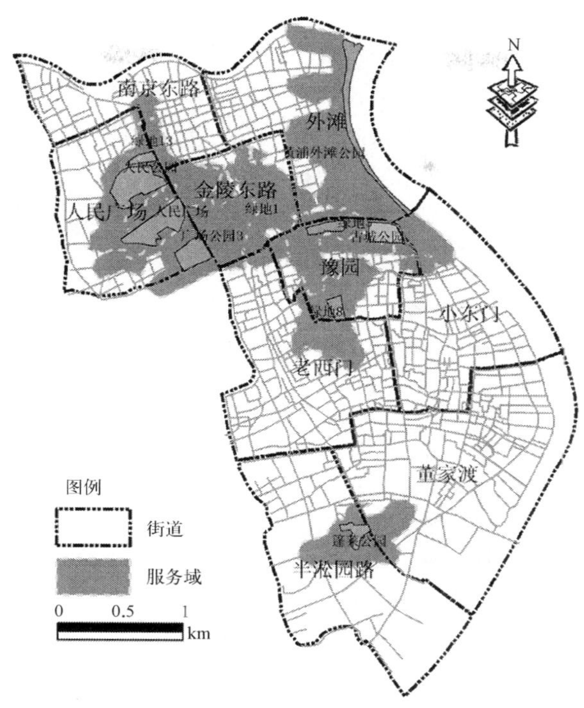

图 8－28 黄浦区适宜避难场所的服务域分析

由图 8－28 的分析结果可知，每个场所生成的服务域均是不规则的多边形区域，这和道路网络的结构有着密切相关；其次，服务范围集中在人民广场、金陵东路、外滩、豫园四个街道，而其他街道（小东门、董家渡）几乎没有接受到附近场所的避难服务，属于避难空白区。此外，在 ArcGIS 平台下，对各个场所的服务域面积进行计算（表 8－14），结果显示，与交通要道的连接性越好的场所，服务面积也就越大，如黄浦外滩绿地公园、人民广场、绿地 8。这一现象也表明，避难场所与道路的连通性很大程度上决定了其服务范围，在规划设置避难场所时，可充分考虑这一点。

表 8－14 适宜避难场所的服务域面积

编号	备选场所	服务域面积（m^2）	所属街道
1	蓬莱绿地公园	326 883.68	半淞园街道
2	古城绿地公园	376 119.65	豫园街道
3	人民广场	602 438.42	人民广场街道
4	广场绿地公园 3	497 727.20	人民广场街道
5	人民绿地公园	513 108.48	人民广场街道
6	黄浦外滩绿地公园	875 438.01	外滩街道
7	绿地 5	381 886.50	豫园街道
8	绿地 8	414 435.32	豫园街道
9	绿地 13	176 668.91	人民广场街道

7. 避难路径分析

在服务域分析结果的基础上,以黄浦区境内人口最为密集的区域为例,该区域是由绿地8提供避难服务,讨论避难最佳路线的设计。由于灾害事件在空间上具有较大的不确定性,本研究假设它为空间随机事件,服务域内任何一处都有可能发生灾害,并需要立即疏散到指定场所,利用最短路径模型分析得出最短路线(转向、路名)及总花费路程(表8-15)。本研究随机选择5处灾害事件发生地,避难场所的入口为4处,其分析结果如图8-29所示。

表8-15　绿地8服务域内避难路线模拟分析结果

编号	灾害事件	路　线	入口	总距离(m)
1	灾害事件1	→静土街→河南南路→	入口1	468.61
2	灾害事件2	→庄家弄→复兴东路→河南南路→	入口1	310.24
3	灾害事件3	→金家坊→	入口2	216.06
4	灾害事件4	→方滨中路→河南南路→	入口3	229.51
5	灾害事件5	→方滨中路→三牌楼路→昼锦路→果育堂街→	入口4	419.28

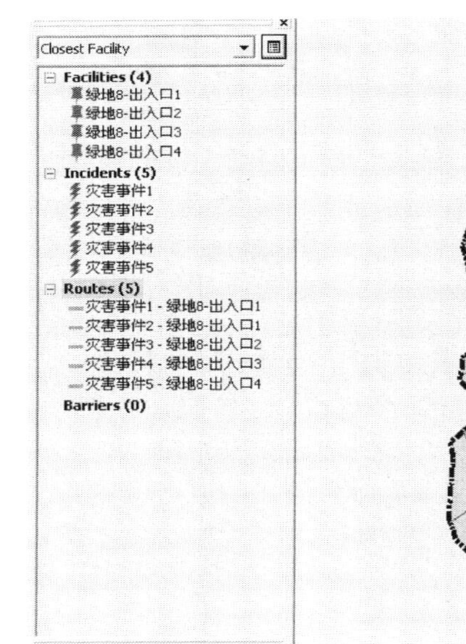

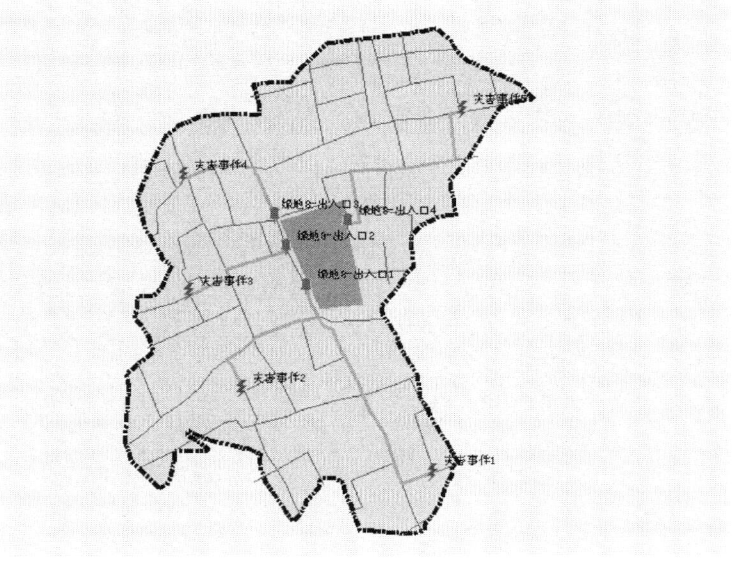

图8-29　绿地8服务域内避难路线模拟分析

三、城市防灾公园体系构建

通过对研究区内备选避难场所的适宜性评估和服务分析,我们可以识别哪些场所可以规划为指定避难场所,其空间上的服务范围为多大,同时判断哪些地区属于避难服务能力不足区域。为实现避难服务的公平性和最大覆盖性两个目标,本研究针对避难服务能力富余和不足两种情况提出优化方案。

首先,对于避难服务能力富余区域,由于避难场所布局密集,存在服务重叠现象,从成本最小化角度考虑,应选择服务面积最大且基础设施相对完善的场所。以人民街道为例,可选择人民绿地公园和人民广场作为最佳避难场所,豫园街道可选择古城绿地公园、绿地8 作为最佳场所。

其次,对于避难服务能力不足区域,又分考虑覆盖距离和不考虑覆盖距离两种方案讨论。选择黄浦区避难服务能力严重不足的小东门街道为例具体描述。

方案 1：不考虑覆盖距离的情景下,以避难场所建设费用最小化为目标,假设在财政费用限制下,最多只能规划一个避难场所时,优选最佳布局位置。计算任一居民点 i 到其他所有居民点的加权网络距离,优选出满足加权网络距离最小的居民点。为防止所选地区可能存在其他不适宜因素,应多筛选出几个候选场所,本研究选择加权网络距离最小的26、27、23 前 3 个场所,根据候选场所服务的居民点人口数设置避难场所规模的大小,并以备选场所与服务点的最大路网距离设置服务半径(图 8－30,图 8－31,图 8－32,表 8－16)。

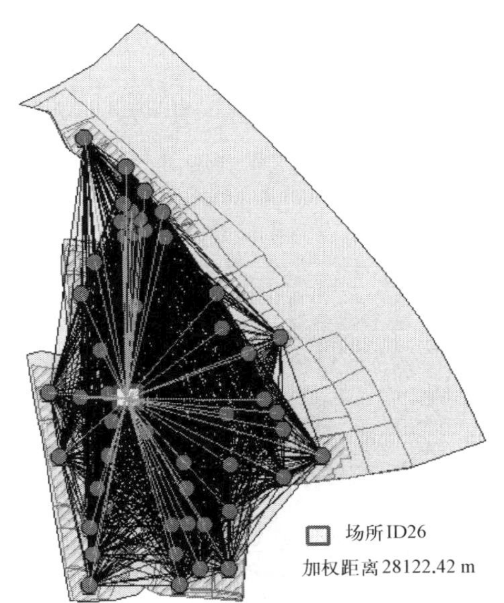

图 8－30　单点优化选址(26 号场所)

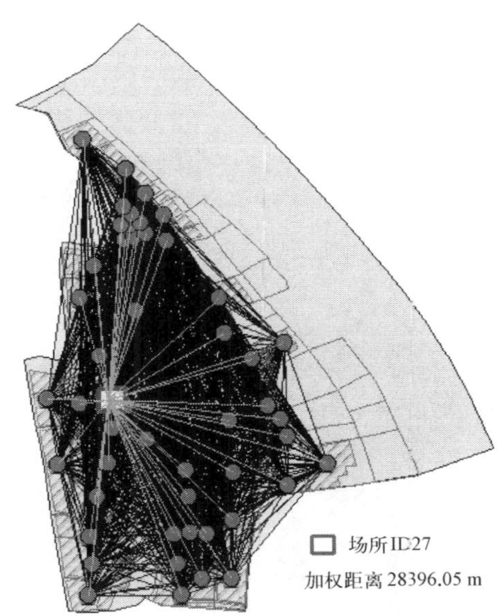

图 8－31　单点优化选址(27 号场所)

表 8－16　小东门街道新增防灾公园的单点优化选址结果

次序	场所(ID)	服务的居民点(ID)	加权距离(m)	最大覆盖距离(m)	场所规模(m^2)
Ⅰ	26	1, 2…50	28 122.42	900.45	$S_{Ⅰ} \times 1.5$
Ⅱ	27	1, 2…50	28 396.05	945.29	$S_{Ⅱ} \times 1.5$
Ⅲ	23	1, 2…50	28 735.42	1 008.26	$S_{Ⅲ} \times 1.5$

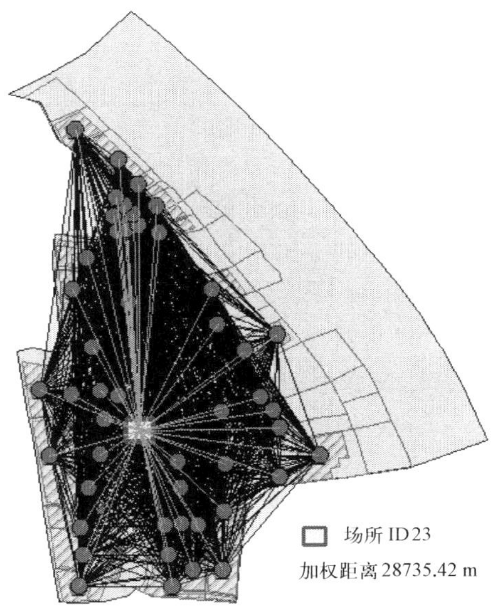

图 8 - 32　单点优化选址(23 号场所)

方案 2: 在考虑覆盖距离情景下,以避难服务覆盖全区为目标,设定覆盖距离 D 为 500 m,计算各居民点与其可达居民点之间的距离和居民点个数,依据 P -绝对中心值选址法确定避难场所的个数和空间位置。结果显示: 3、21、32、38 四个点满足整个研究区居民点的避难需求,为紧急防灾公园的最佳选址位置(图 8 - 33)。与方案一同理,依据四个点服务的居民人口数设置其建设规模,最终构成小东门街道防灾公园布局图(图 8 - 34)及各居民点防震避难归属(表 8 - 17)。

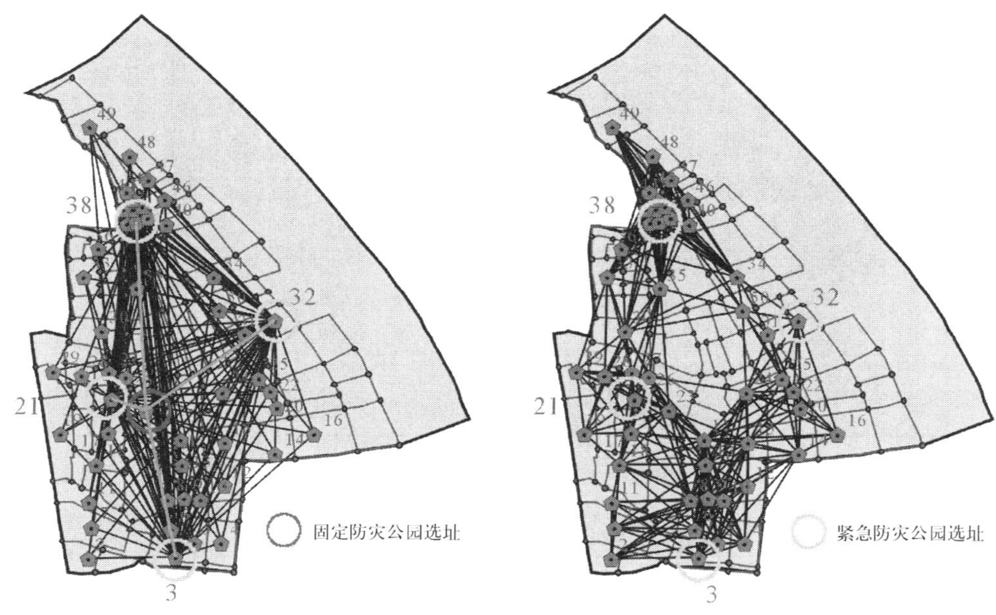

图 8 - 33　小东门街道新增防灾公园的多点优化选址结果

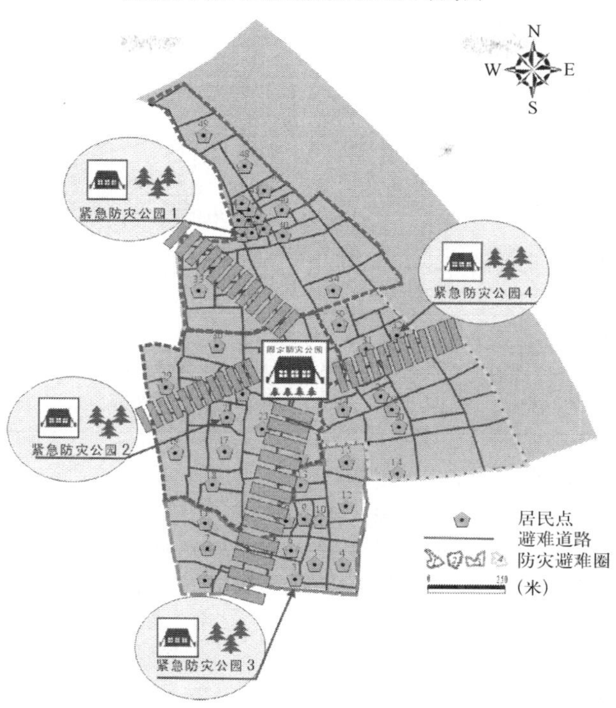

图 8－34　小东门街道防灾公园体系

表 8－17　小东门街道居民点避难归属分析结果

居民点	避难距离(m)	归属场所	居民点	避难距离(m)	归属场所
1	445.24	3	26	229.31	21
1	352.25	21	27	105.03	21
2	416.46	3	28	158.80	21
3	0.00	3	29	284.74	21
4	270.54	3	30	365.91	21
5	160.82	3	30	474.86	38
6	94.41	3	31	124.22	32
7	337.46	3	32	0.00	32
8	268.98	3	33	423.19	38
8	444.75	21	34	384.62	32
9	261.17	3	34	356.97	38
10	202.46	3	35	390.98	21
11	382.76	3	35	297.99	38
12	321.28	3	36	230.95	38
13	400.72	3	37	70.56	38
13	413.07	21	38	0.00	38
14	583.17	32	39	77.70	38
15	452.50	3	40	98.70	38
16	449.46	32	41	39.29	38
17	178.29	21	42	75.71	38
18	375.04	21	43	80.68	38

续表

居民点	避难距离(m)	归属场所	居民点	避难距离(m)	归属场所
19	366.04	21	44	126.94	38
20	338.18	32	45	117.11	38
21	0.00	21	46	114.48	38
22	284.06	32	47	157.93	38
23	121.48	21	48	233.21	38
24	428.85	32	49	362.79	38
25	237.57	32	50	183.34	32

参考文献:

侯燕,贾艾晨. 2010. 基于 ArcGIS 的洪灾避难方案选择研究. 水电能源科学,28(9):106－109.

黄典剑,吴宗之,蔡嗣经,等. 2006. 城市应急避难所的应急适应能力——基于层次分析法的评价方法. 自然灾害学报, 15(1):52－58.

黄诗锋,魏一鸣,杨存建. 1998. 灾民撤退网络流模型及其 GIS 模拟技术. 自然灾害学报, 7(3):65－70.

李超杰. 2007. 洪灾避难迁移决策支持系统关键技术研究与应用. 北京:首都师范大学硕士学位论文.

李发文. 2005. 洪灾避迁决策理论及其应用研究. 南京:河海大学博士学位论文.

李发文,张行南,冯平. 2005. 洪水灾害避难系统研究. 灌溉排水学报, 24(6):64－67.

李繁彦. 2001. 台北市防灾空间规划. 城市发展研究,(6):1－8.

李爽. 2007. 居民区人员应急疏散仿真研究. 哈尔滨:哈尔滨工业大学硕士学位论文.

刘苍字,虞志英. 2000. 杭州湾北岸的侵蚀/淤积波及其形成机制. 福建地理,15(3):12－15.

刘昌森,吕美丽. 1998. 上海地区地震放大效应的初步探讨. 上海地质, (1):7－13.

刘硕,贾艾晨. 2008. 洪灾中避难路线的选择研究. 水利与建筑工程学报,6(4):132－134.

刘永志,张行南,张文婷,等. 2007. 基于 GIS 和 OREMS 的洪灾避难系统. 灾害学, 22(3):17－21.

卢秀梅. 2005. 城市防灾公园规划问题的研究. 唐山:河北理工大学硕士学位论文.

马亚杰,苏幼坡,刘瑞兴. 2005. 城市防灾公园的安全评价. 安全与环境工程,(1):50－52.

孟菲. 2008. 上海成灾台风的气象特征与灾害风险评估. 上海:上海师范大学硕士学位论文.

清水正之. 1999. 公园绿地与阪神・淡路大地震. 城市规划,(10):56－58.

苏幼坡. 2007. 城市灾害避难与避难疏散场所. 北京:科学出版社.

万庆,励惠国. 1995. 蓄洪区灾民撤退动态模拟技术与方法. 地理学报(增刊):62－68.

杨挺. 2000. 城市局部地震灾害危害性指数(ULEDRI)及其在上海中的应用. 北京:中国地震局地球物理研究所.

袁建平,方正,卢兆明,等. 2005. 城市灾时大范围人员应急疏散探讨. 自然灾害学报, 14(6):116－119.

袁媛,汪定伟. 2008. 灾害扩散实时影响下的应急疏散路径选择模型. 系统仿真学报, 20(6):1563－1566.

张丽梅,许倩英,胡志良. 2005. 天津市避难场所人均用地指标取值研究. 城市, (3):30－32.

Gorge M, Vigitrust. 2006. Crisis management best practice — where do we start from?. Computer Fraud & Security (S1361－3723), 2006, (6):10－13.

Li X, Claramunt C, Kung H, et al. 2008. A Decentralized and Continuity-based Algorithm for Delineating Capacitated Shelter's Service Areas. Environment and Panning B: Planning and Design, 35(4):593－608.

Perry R W, Lindell M K, Greene M R. 1981. Evacuation Planning in Emergency Management. Lexington, Mass.

Urbina E, Wolshon B. 2003. National Review of Hurricane Evacuation Plans and Policies: A Comparison and Contrast of State Practices. Transportation Research Part A,37(3):257－275.